# EDGE INTELLIGENCE

KEY TECHNOLOGY AND MATURE PRACTICE

# 边缘智能

## 关键技术与落地实践

高志强　鲁晓阳　张荣荣　编著

中国铁道出版社有限公司
CHINA RAILWAY PUBLISHING HOUSE CO., LTD.

## 内 容 简 介

基于边缘计算这一新型的计算模式，边缘智能在更加靠近用户和数据源头的网络边缘侧训练和部署深度学习模型，从而改善应用的性能、成本和隐私性。本书以深入浅出的方式，讲解边缘智能体系架构和关键技术，从时代宏观背景引领到关键支撑技术细节剖析，再到落地实战应用，理论与实践并重，循序渐进，博采而精取，分别向读者清晰地展现了边缘智能的“云－边－端”体系架构、数据与信任、模型与安全、资源与优化的技术脉络与方法原理。同时，结合开源平台资源，按照智能安防、智慧电梯、智慧社区、智慧医疗、智慧交通等具体应用场景，给出所讲述理论的落地应用案例和编程开发指导，旨在平衡知识的深度与广度，明确入门与进阶路径，使读者更加深入全面地理解边缘智能理论及实践方法。

本书主要面向新一代信息技术初学者、程序开发者、前沿科技爱好者，尤其是在校大学生和相关领域研究人员。此外，学习进阶过程中，读者需要具备一定的编程功底和数学基础。

**图书在版编目（CIP）数据**

边缘智能：关键技术与落地实践 / 高志强，鲁晓阳，张荣荣编著．—北京：中国铁道出版社有限公司，2021.5

ISBN 978-7-113-27562-4

Ⅰ.①边… Ⅱ.①高… ②鲁… ③张… Ⅲ.①智能技术 Ⅳ.① TP18

中国版本图书馆 CIP 数据核字（2021）第 051940 号

书　　名：**边缘智能：关键技术与落地实践**
BIANYUAN ZHINENG: GUANJIAN JISHU YU LUODI SHIJIAN
作　　者：高志强　鲁晓阳　张荣荣

责任编辑：荆　波　　编辑部电话：（010）51873026　　邮箱：the-tradeoff@qq.com
封面设计：MXK DESIGN STUDIO
责任校对：苗　丹
责任印制：赵星辰

出版发行：中国铁道出版社有限公司（100054，北京市西城区右安门西街 8 号）
印　　刷：国铁印务有限公司
版　　次：2021 年 5 月第 1 版　2021 年 5 月第 1 次印刷
开　　本：787 mm×1 092 mm 1/16　印张：16　字数：360 千
书　　号：ISBN 978-7-113-27562-4
定　　价：99.00 元

# 前 言

随着新一代信息技术的发展，边缘智能已成为“智能+”的新风口。对于这个新概念，你可能既熟悉又陌生，会冒出一系列的问题：何为边缘智能，它与边缘计算什么关系，又与5G通信什么关系，云计算时代过去了吗，人工智能是如何演进为边缘智能的？通过本书的讲解，可以寻找到这些问题的答案。

本书的基本定位为“前瞻引领、体系创新”，重点在于梳理边缘智能的发展脉络，深入浅出地讲解何为边缘智能，在厘清概念范畴基础上探讨其关键技术和研究进展，并分享落地实践经验。

## 特色与亮点

（1）广度与深度的平衡

边缘智能是大数据、云计算、人工智能、智能芯片、边缘计算、联邦学习、区块链、5G通信等新一代信息技术大融合、大发展的产物，是面向“云－边－端”多领域技术综合集成的体系框架。因此，本书在理论的广度上，讲解了边缘智能的体系架构、数据、模型、资源；在实践的广度上，分析了智能安防、智慧电梯、智慧社区、智慧医疗、智慧交通等领域的应用及设计构想。同时，本书在理论的深度上，以开源平台资源为支撑，以“云－边－端”为框架，讲解了边缘智能中协同、信任、安全、优化等重要问题及解决方法；在实践的深度上，以危险物品检测、智能语音识别、垃圾图像分类、医疗数据管理、智慧交通应用系统等实践案例为核心支撑，进而避免了“程序简单初级、内容枯燥陈旧”的低级套路。

（2）理论与实践的结合

边缘智能是理论与实践深度结合的产物。没有新一代信息技术的发展，边缘智能体系就是“无源之水，无本之木”。因此，本书按照边缘智能的“云－边－端”框架，将边缘智能的理论学习与实践应用结合，并赋予相应的应用场景，尤其，将轻量级神经网络与危险物品检测结合、智能硬件模块与语音识别结合、基于联邦学习的计算机视觉与垃圾图像分类结合、联盟区块链与医疗数据管理结合、边缘智能与智慧交通应用系统结合，进而让理论指导实践，并让实践赋予理论更多的温度。

（3）开源与创新的支撑

开放的开源技术让普适价值回归到每一个人身边，是推动科技和产业革命的不竭动力，更是边缘智能技术体系“百花齐放”的真实写照。因此，本书所涉及程序均已在Github上开源，以期为人工智能技术的开源与知识共享传播贡献一份力量。此外，创新是科技进步的源泉，也是技术发展的不竭动力。本书的部分理论思考及实践案例是团队多年参加竞赛、学术交流、发明专利等创新成果的积累，也是本书在内涵上的重要特色。

## 学习建议与本书知识框架

希望通过本书的学习，读者可以从系统工程的角度对边缘智能体系进行思考，尤其重点理解如下观点：

边缘智能的关键是协同，重点是联合，具体为：架构的协同、数据的联合、模型的联合与资源的联合。

关于这句话的理解，可以将这一观点放在新一代信息技术发展的大背景下，从算法、算力、数据、网络、安全等角度对边缘智能发展的推动作用去思考，即可获得其中“真意”。

具体讲，架构的协同是基于“云－边－端”进行统一的架构设计，即将云端服务、边端资源、终端能力进行通盘考虑，进而为边缘智能的发展提供架构供体系支撑；数据的联合是对多源跨域异构数据进行深度安全可信的融合，进而打破各类约束条件下的“数据孤岛”，为边缘智能发展提供充足的数据支撑；模型的联合是面向“云－边－端”一体化架构在分布式、集中式、混合式部署模式下的具体化呈现，是实现高性能人工智能推理、训练的重要方式；资源的联合是整合“云－边－端”所涉及网络通信、计算、存储等资源的重要途经，是促进边缘智能高效落地应用的重要保障。

此外，本书各章节从知识前沿、领域关注、理论深度、具体案例等角度分别设计了相应的思维拓展模块题，可以启发读者研究思路。在参考资源部分，整理了大量开源代码资料，以期帮助读者提高动手实践能力。在参考文献部分，梳理了大量权威中文期刊、研究报告的公开资源，以期辅助相关研究的深入展开。

最后，纸上得来终觉浅，绝知此事要躬行，想要深入理解边缘智能，还需读者自己动手去进行理论推导、编程实践和实际应用，方可真正形成基于感性认识→理性认识→实践认识的闭合学习回路。

综上所述，本书的知识框架和学习思路如下图所示。

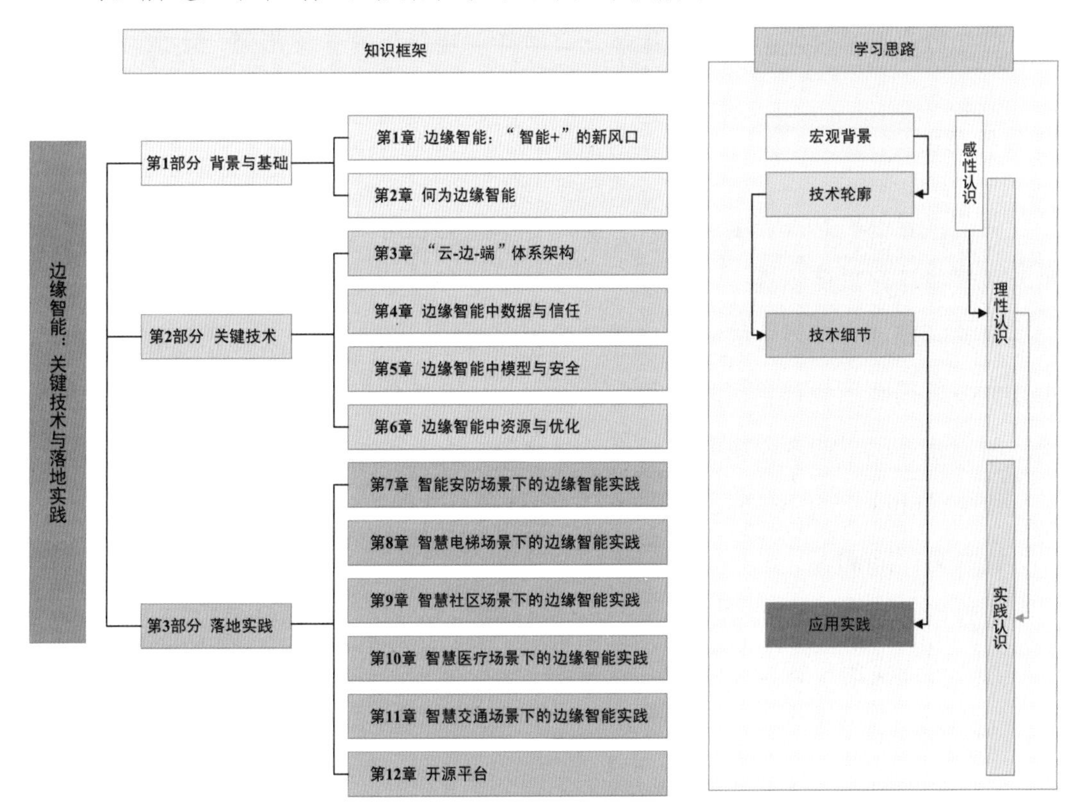


## 预期读者

（1）新一代信息技术初学者

边缘智能所涉及技术体系庞大，知识点繁多；同时，可选用资源又过度丰富，初学者容易无从下手。希望通过本书学习，初学者可以厘清知识脉络，找到适合自己的技术学习和发展路线。

（2）程序开发者

技术的生命在于应用转化，尤其在计算机科学领域，没有落地应用，技术很难有长远持续的发展。因此，希望本书中的实战案例讲解，对于具有一定开发基础的程序员、工程师，可以辅助其获得思路上的启发和实际应用场景的共鸣，为其所写代码赋予“有场景”的生命力，促进其对实际问题场景创造性地程序化描述，进而推动新一代信息技术的发展。

（3）前沿科技爱好者

开源是人工智能发展的必经之路，希望本书可为前沿科技爱好者提供共享技术、共享理念的交流平台，对开源社区建设、边缘智能知识的普及起到一定推动作用。

## 勘误与交流

由于作者水平有限，编著时间仓促，书中纰漏在所难免，恳请读者多提宝贵意见，批评指正，以促提高。

相关问题可以发团队邮箱：15891741749@139.com，本书源代码可以通过封底上方的二维码和下载链接获取使用；除此之外，为了保证读者获取配套资源的顺畅度，特制作了以下的备份链接，以备不时之需。

链接：https://pan.baidu.com/s/1eeCa5cM5waQbYtWE5RD_eA

提取码：him0

售后服务 QQ：3099797600

再次感谢您的反馈与交流。

高志强

2020 年 10 月

于 西安

# 目 录

## 第 5 章 边缘智能中的模型与安全



## 第 6 章 边缘智能中的资源与优化

## 第 9 章 智慧社区场景下的边缘智能实践



## 第 10 章 智慧医疗场景下的边缘智能实践

# 第 1 章　边缘智能："智能 +"的新风口

经过多年的技术积淀和应用拓展，边缘智能已成为"智能 +"的新风口。传统的网络边缘是直面多样化终端用户的主干网络末端，是衔接物联网生成数据、采集数据、处理数据的网络环境。目前，多源异构数据的极大丰富，促进了人工智能性能的极大提升，催生了大量从云端到边缘再到终端的全链路"智能 +"场景，形成了涵盖"云 - 网 - 边 - 端"多域主体的边缘智能体系。

作为本书的开篇章节，本章尝试从多个视角分析边缘智能产生的大背景，并以生活中最常见、最具代表性的"快递服务"案例对边缘智能应用进行剖析，希望读者可以在时代的"大背景"与应用的"小案例"中，感受到边缘智能并不"陌生边缘"，而是"熟悉有温度"。然后，本章按照从初期探索到"智能 +"演进，再到体系融合的发展阶段，带领读者循序渐进地认识边缘智能的宏大体系。最后，站在"智能 +"的新风口，领略边缘智能所处在的大融合、大发展、大繁荣、大有可为的新时代。

## 1.1　边缘智能产生的"大背景"

近年来，各国政府高度重视人工智能、边缘计算、大数据等新一代信息技术的发展，加之，国家级战略规划、科技助推政策的密集出台，不仅加快了资本向信息技术领域的流动，更催生了大量边缘智能业务需求场景。

### 1.1.1　新一代信息技术的推动发展

当前，以人工智能 AI（Artificial Intelligence）、区块链 BC（Block Chain）、云计算 CC（Cloud Computing）、大数据 BD（Big Data）、边缘计算 EC（Edge Computing）、联邦学习 FL（Federated Learning）、5G 通信等为代表的新一代信息技术（可以初步概括为"ABCDEFG"），已成为理论研究的焦点、应用实践的重点和社会发展的增长点。

如图 1-1 中新一代信息技术框架所示，海量、高速、异构、多样的大数据不仅给传统信息技术带来严峻挑战，更促进了信息技术（Information Technology，IT）到数据技术（Data Technology，DT）的演进。一方面，为满足爆炸式的数据计算存储服务需求，动态扩展、按需服务、高可靠性的云计算服务模式应运而生。另一方面，随着数据与计算能力前所未有的丰富，人工智能算法和芯片技术取得了突破性进展，AI 走出了实验室，走进了商业、工业、军事、生活等多个领域。

与此同时，联邦学习为大数据背景下的“数据孤岛”问题提供了安全的分布式机器学习框架；边缘计算为云计算面临的传输处理时延、网络拥塞、安全隐私问题提供了从“云端”向用户端“下沉”的解决方案，尤其在低时延、泛在连接、高带宽的 5G 通信技术助力下，云服务的“最后一公里”被打通，数据可以保留在智能芯片所加持的边缘设备终端，AI 应用可以下沉至网络边缘，加之区块链的安全可信保障，新一代信息技术大跨步进入了边缘智能的新时代。

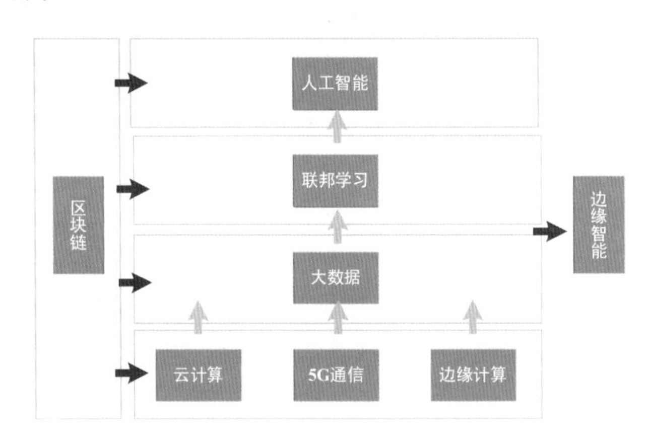


图 1-1　新一代信息技术框架

### 1. 大数据

在新一代信息技术演进的大事件中，大数据不仅被誉为“新时代的生产资料”，更是数据思维的重要体现。在图 1-2 所示的大数据技术发展时间轴上，牛津大学教授 Schnberger 在著作 *Big Data: A Revolution That Will Transform How We Live, Work and Think* 中指出，基于随机采样、精确求解、因果推理的传统数据分析模式已演变为全数据、近似求解、关联分析的大数据模式。

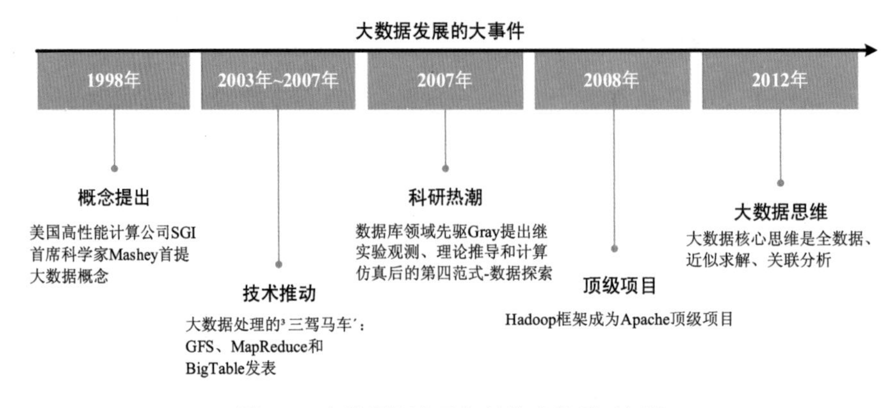


图 1-2　大数据概念及相关技术发展时间轴

## 2. 云计算

在云计算的发展脉络中，云服务不仅造就了像亚马逊、谷歌、微软、阿里等云服务巨头，更把"如同使用水、电一般按需获取云服务"的理念深入用户的生活中。如图 1-3 所示，以敏捷开发与运维（DevOps）、微服务、容器为代表的云原生（Cloud Native）技术概念已成为云计算发展的前沿。

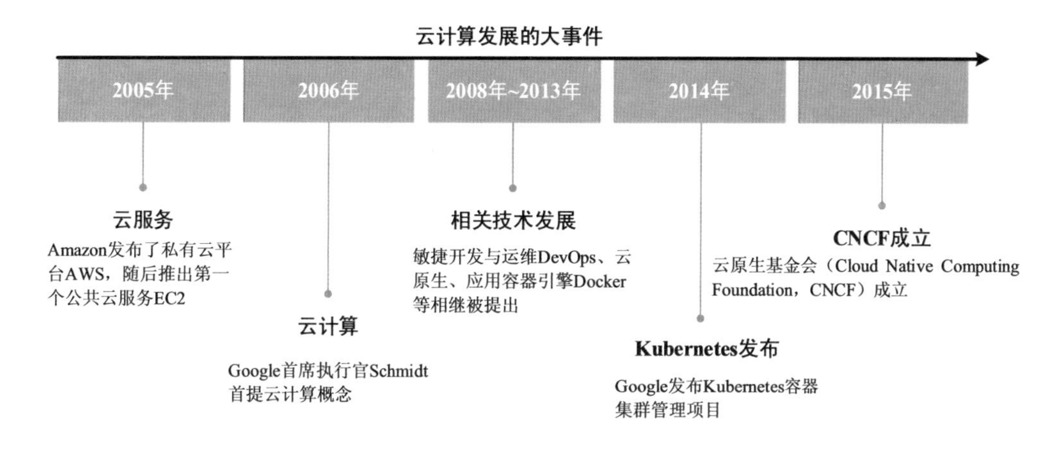


图 1-3　云计算相关技术发展时间轴

## 3. 人工智能

人工智能的研究远远早于大数据和云计算。据相关资料记载，人类对于人工智能的思考和探索可追溯到希腊神话中人类对人工智能及生命的幻想。然而，如图 1-4 所示，在人工智能的发展脉络中，1956 年的美国达特茅斯会议后，人工智能理论研究的序章才正式展开。尤其是在 2012 年的 ImageNet 大赛中，得益于训练数据增多、GPU 并行计算能力的提升，深度神经网络成为了人工智能在大量应用领域的重要代名词。

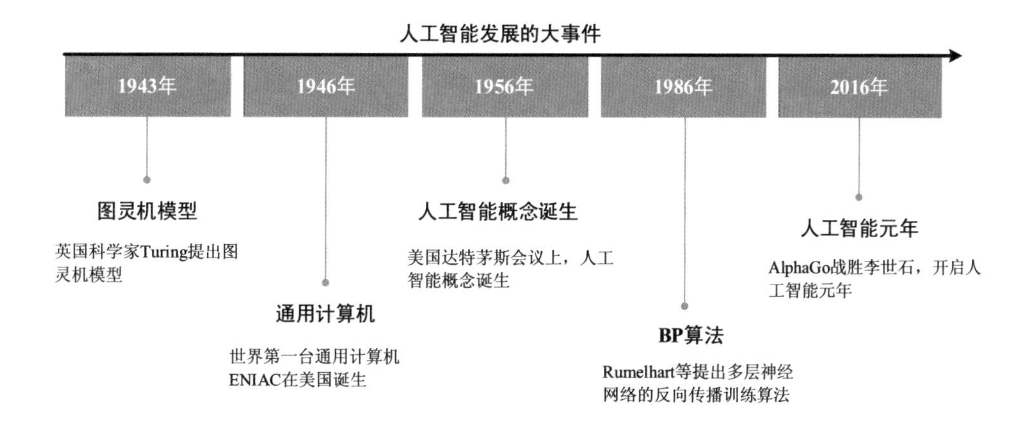


图 1-4　人工智能发展时间轴

### 4. 智能芯片

芯片是计算的"大脑"。随着面向智能计算设计的智能芯片性能不断提升，智能加持的云服务也真正可以从遥远的"云端"下沉到万物互联的"用户终端"。如图 1-5 所示，2017 年 Google 发布的 TPU 智能芯片开启了智能芯片元年，智能芯片发展进入了快车道，其中，寒武纪（Cambricon）发布了神经元网络单元 NPU，IBM 发布了类脑芯片 Truenorh，清华大学发布了第三代"天机"芯片，阿里巴巴发布了人工智能芯片含光 800，这些智能芯片为人工智能、云计算等强计算需求领域的持续发展提供了强大算力支撑。

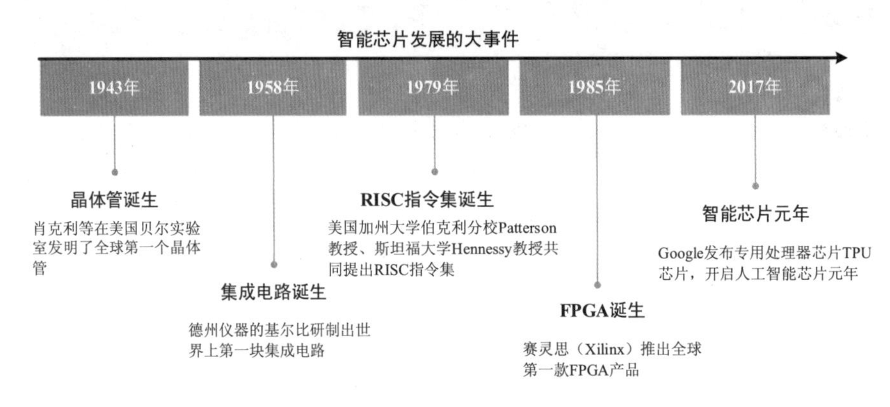


图 1-5　智能芯片发展的大事件

### 5. 联邦学习

在大数据时代，数据是机器学习等人工智能技术的"血液"。随着数据的极大丰富，人们对数据隐私、数据安全、数据利用的合规合法性也愈加重视；因此，为满足数据隐私、安全和监管要求，联邦学习技术应运而生。如图 1-6 所示，联邦学习是实现高效数据共享、解决数据孤岛问题的有效解决方案，为深度神经网络分布式部署、训练数据扩展等问题的解决带来了希望。尤其是基于 PyTorch 的 PySyft 框架、基于 TensorFlow 的 TensorFlow Federated 框架、中国微众银行的 FATE 框架、Uber 的 Horovod 等开源联邦学习项目的开展以及相关国际标准的筹备，这些工作对联邦学习的进一步推广具有重要意义。

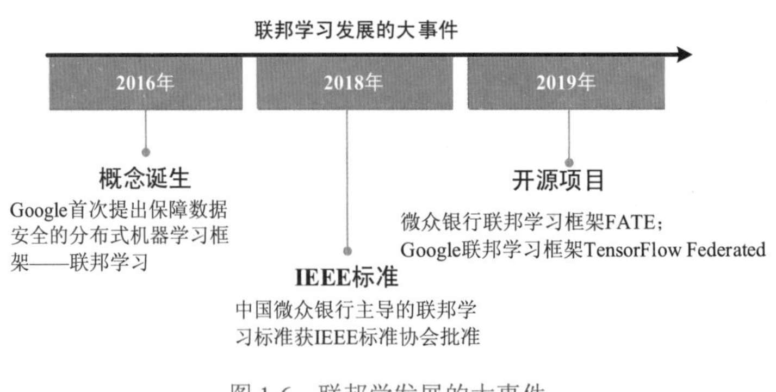


图 1-6　联邦学发展的大事件

### 6. 5G 通信

5G 通信技术无疑是当今各国科技“争锋”的重点领域，也是我国在“卡脖子”技术方面“弯道超车”的关键发力点。如图 1-7 所示，在中国 5G 元年后，华为发布全球首款旗舰 5G SoC 芯片 : 麒麟 990，并发布面向全场景的分布式操作系统 : 鸿蒙 1.0；高通发布全球首款集成调制解调器、射频收发器和射频前端的商用芯片 : 骁龙 X55 5G；三星发布首款 5G 集成移动处理器 :Exynos 980……时至今日，中国已成为 5G 通信领域的“高端玩家”，相信我国在以 5G 为代表的“新基建”发展中，会“风正帆悬，破浪前行”。

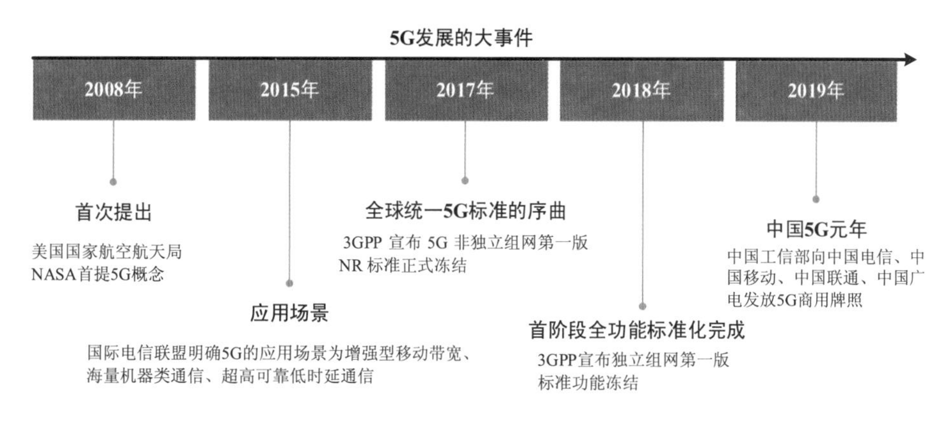


图 1-7　5G 发展的大事件

### 7. 边缘计算

云计算解决了用户按需享用云服务的问题，而边缘计算解决了万物互联背景下云服务向网络边缘用户端的延伸和扩展问题。如图 1-8 所示，在边缘计算的发展中，思科等联合成立开放雾联盟（OpenFog Consortium）。同时，5G 通信技术的关键使能场景涉及增强型移动宽带（Enhanced Mobile Broadband，eMBB）、超可靠低延迟通信（Ultra-reliable Low-Latency Communications，URLLC）、大规模机器类通信（Massive Machine Type Communications，mMTC）；因此边缘计算是 5G 的重要使能技术。

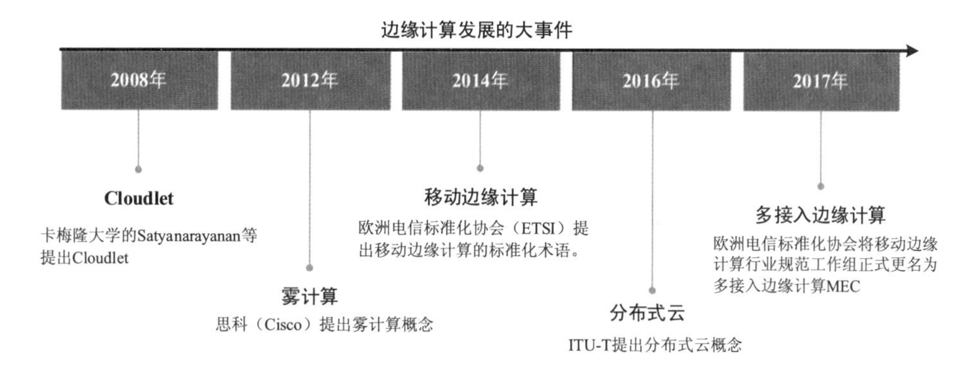


图 1-8　边缘计算发展的大事件

### 8. 区块链

与其说区块链的诞生是信息安全技术的重要里程碑，不如说区块链是以密码学为基础的信息安全技术的集大成者。如图 1-9 所示的区块链发展大事件中，密码学大师 Diffie 和 Hellman 的学术成果奠定了迄今为止整个密码学的发展方向，对比特币等区块链实践的诞生起到决定性作用。1992 年，差分隐私的发明者 Cynthia Dwork 及 Moni Naor 提出了基于工作量证明机制的垃圾邮件防范方法，该机制后来成为比特币的核心使能组件之一。可见，区块链技术的发展是大量密码学相关领域研究者不断开创、融合和拓展的成果结晶。

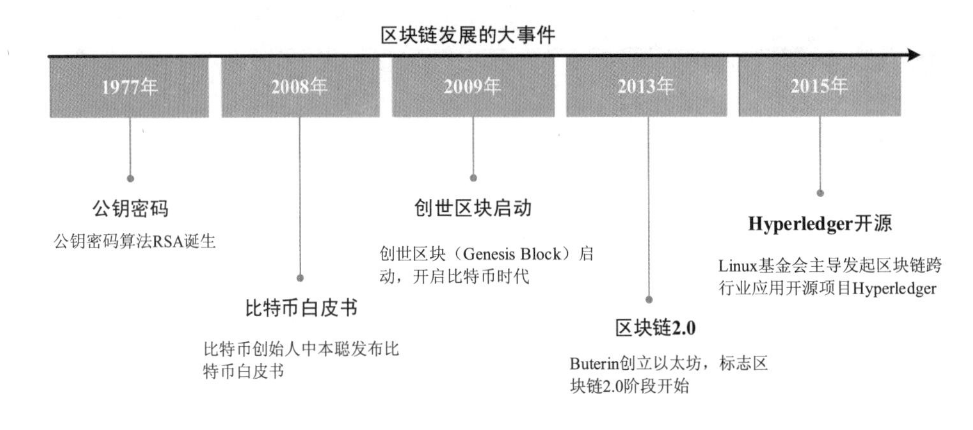


图 1-9　区块链发展的大事件

综上所述，新一代信息技术的发展不是一蹴而就的“远山愿景”，而是一步一个脚印逐步发展演进的技术体系。尤其是随着大数据、云计算、人工智能、智能芯片、边缘计算、联邦学习、区块链、5G 通信的发展，“智能 +”带来的大融合、大发展、大繁荣趋势变得势不可挡。因此，可以构想，5G 联通了云计算与边缘计算两端，助力大数据和人工智能下沉至网络边缘和智能终端，联邦学习、区块链协同打通“智能 +”安全应用的最后一公里，为技术和应用场景的深度融合、边缘智能开放架构体系形成提供了极为丰富的技术支撑。

## 1.1.2　国家政策的支持和引导

以我国为例，近年来政府高度重视新一代信息技术的发展，从“两会”到中央政治局常委会等重要场合，多项战略规划密集出台，鼓励引导基于新一代信息技术的国产安全可控体系快速发展，推动形成信息技术行业的安全可控和开放创新局面。图 1-10 梳理了我国在新兴技术领域的相关政策及发展规划。

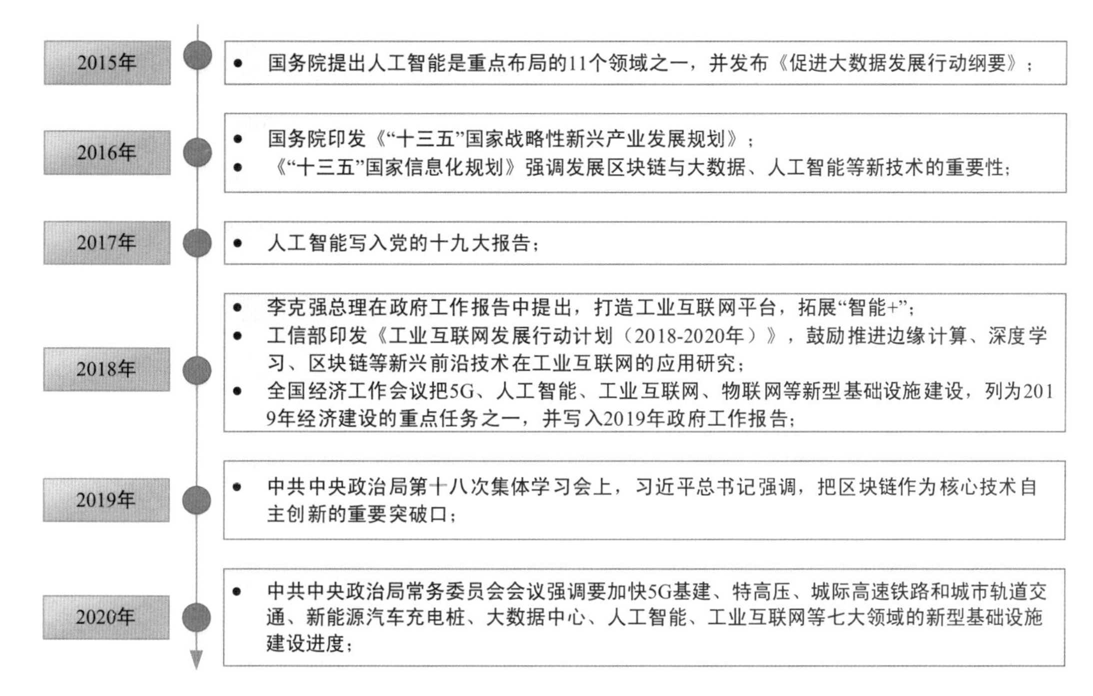


图 1-10　我国政府颁布的新一代信息技术相关政策

尤其，习近平总书记在 2020 年中共中央政治局常务委员会会议上强调，要加快 5G 基建、特高压、城际高速铁路和城市轨道交通、新能源汽车充电桩、大数据中心、人工智能、工业互联网等七大领域的新型基础设施建设进度。

此外，美国、日本、德国、法国、英国、韩国也陆续推出了各自的国家云计算、人工智能等新一代信息技术发展规划，并逐步上升为国家级战略。因此，在国家政策的支持和引导下，以融合人工智能、云计算、边缘计算等新一代信息技术为主要手段的边缘智能呈现出越来越清晰的时代特征，并不断被推送到技术浪潮的发展前沿。

### 1.1.3　资本与业务需求的推动

据不完全统计，从 2015 年到 2019 年底，边缘智能相关领域共发生 1700 多起投融资事件，总融资额达 1900 多亿元；预计到 2023 年，相关企业在边缘智能领域投资将超过 1 万亿美元；到 2025 年，边缘智能的总经济影响可能在 4 万亿到 11 万亿美元之间。以人工智能为代表的新兴企业将不断推进融资轮次，并增加融资额度。可以说，资本在不断追加边缘智能领域的热度，而新兴创新型企业则顺势而为，持续抢滩布局，"驶入"资本蓝海。

同时，受益于城市端边缘智能业务的规模化落地，以及边缘智能对实体经济的融合赋能，边缘智能的整体业务享有数十万亿级的市场空间。此外，由于边缘智能在落地过程中将重构传统产业价值链，既需要适应传统产业的特性，理顺传统利益链条，也需要与生态合作伙伴共同搭建最适宜产业赋能的架构体系；因此，边缘智能会在几轮“产品优化→渠道打通→商业模式验证→产业迭代”后，迎来高速、优质的落地发展。

从业务需求角度分析：一方面，到2027年，边缘端设备将达到410亿台，边缘端设备数量和网络流量持续快速增长，云计算面临海量数据处理需求以及网络带宽压力持续增加，而边缘智能可以实现在设备侧数据源头的数据收集与决策，既可以减轻云计算的计算负载，也能满足某些场景下对数据处理与执行时延的苛刻要求。

另一方面，边缘智能比其他技术更注重业务与产业应用的结合，更贴近产业落地与用户需求。以智能驾驶场景为例，尽管边缘计算可以提供基本的信息服务环境和计算能力，减少网络资源占用，增强实时通信能力，并在极低时延的情况下完成数据处理和执行服务；但是，智能驾驶的关键是定位导航、环境感知能力、自动控制等多种技术的智能协同。因此，融合了各种信息技术的边缘智能是从更高层次实现智能驾驶的关键环节。

随着新一代信息技术的发展，“云–边–端”协同业务需求的不断增加，以及资本不断推动的边缘智能产业规模化落地，边缘智能已成为横跨多种技术的融合体系，并在智慧城市、智慧社区、智能家居等垂直行业中形成了大量典型示范应用。

## 1.2 身边的边缘智能“小案例”

从本质上讲，边缘智能是云端智能的重要拓展。为加深对边缘智能的感性认识，我们首先通过介绍京东快递和菜鸟驿站这些贴近生活的“小案例”，直观感受生活中最常见、最具代表性的“快递服务”与边缘智能的发展关系。然后，结合智能快递柜的收费“风波”，讨论边缘智能应用的“最后一公里”问题，进而从生活中最为常见的物流服务场景入手，近距离感受边缘智能的温度与热度。

### 1.2.1 京东快递与菜鸟驿站

#### 1. 京东快递

网购已成为人们真实生活的重要组成，其背后的物流体系对O2O（Online to Offline）模式的支柱作用日益凸显。尤其在新冠疫情期间，物流行业大面积瘫痪，网购物品往往要积压多日才能送达，而在众多物流公司中，京东物流的表现极为亮眼，这得益于其强大的物流体系和高效的配送模式，京东物流在多个城市建立了仓储中心及物流配送站，不仅将配送压力下沉到各个配送站，更直接保障了其大量自营业务的配送需求，在缓解配送压力的同时，缩短了配送时间。

如图 1-11 所示，与传统的京东快递“小哥儿”不同，京东研发的快递包裹配送智能机器人是整个智能物流系统中末端配送的最后一环，具备高载荷、全天候、智能化和自主学习等优点，是物流行业“最后一公里”的全新解决方案；同时，也解决了边缘智能应用的实践落地问题。可以看出，京东高效智能的物流体系是人工智能、大数据、云计算、智能设备等多方面的深度融合，也是面向全链路智能的成功范例，为边缘智能的发展提供了重要实践思路。

图 1-11　京东快递配送智能机器人

### 2. 菜鸟驿站

与京东快递不同，菜鸟驿站是面向社区和校园的物流服务基础设施，其定位是“社会化物流协同，以数据为驱动力的综合平台”，为网购用户提供包裹代收服务是其主要业务方向之一，是满足消费者多元化物流服务需求“最后一公里”的重要商业服务模式。通过不断的优化提升，菜鸟驿站模式可以促进解决包裹代收、寄送异步、隐私保护、资源整合等问题，这与边缘智能中临时离线服务、低延时计算、边缘智能推断等功能“异曲同工”。

尤其是在包裹配送中，配送时间和用户接收时间往往不匹配，加之生活小区及校园等无法提供充足的快递存放场地，使得高速运转的物流体系在配送最后阶段面临“拥堵”问题。因此，菜鸟驿站可以充当快递小哥和用户间的专用快递存放点，利用如图 1-12 所示的智能手机软件，不仅解决了配送与接收的时间异步问题，也为保护用户隐私提供了解决方案，尤其是家庭住址、姓名等个人信息可以通过菜鸟驿站的“假名”方式得到保护。

图 1-12　菜鸟驿站智能程序

上述案例的物流体系中，京东快递解决了提货和运输问题，而菜鸟驿站解决了配送的差异化服务问题。同时，京东物流和菜鸟驿站构成了完整的网购通路，既包含类似于由5G通信等技术构建的基础网络设施，又包括对接商家的远端云服务、直接面对用户需求的服务终端、类似边缘计算节点的仓储中心及物流配送站，更包括具备边缘智能功能的包裹驿站。

因此，物流体系与边缘智能的体系脉络高度相似，即以“云－边－端”架构为层次划分，以基础网络承载各类业务流量，让原始数据保留在终端本地，计算和智能资源向物流体系“末梢”终端下沉，形成完整的全链路资源联合与技术应用体系——边缘智能。

### 1.2.2　智能快递柜收费“风波”

在新冠疫情期间，京东快递配送智能机器人在疫区“大显身手”，菜鸟驿站智能程序的使用已成为公众取快递的“标配”；与此同时，智能快递柜在居民小区、写字楼附近也“遍地开花”，其24小时的自助取件服务已成为边缘智能应用的“新型模式”。

图1-13是目前社区中部署的无人值守智能快递柜，其原理是通过RFID、摄像头等各种传感器进行数据采集，利用控制器完成边缘计算和复杂的控制逻辑，将处理结果反馈回快递柜终端，并将部分信息上传至云端；同时，提供短信提醒、扫描接入、RFID识别、摄像头监控等功能，从“24小时”服务的时间维度拓展了边缘智能应用的场景生态。

图 1-13　智能快递柜

然而，上海某快递柜宣布了一则重磅消息：从2020年4月30日开始，某快递柜将推出会员制服务。也就是说，以前免费使用的快递柜，超时后要收费了。

从本质上讲，智能快递柜是边缘智能的重要应用，然而面向资本的"收费制"和"资本圈地"商业布局，不仅严重破坏了"纯粹"的技术应用服务初心，也会遭到用户的抵制，用户送货上门的要求远远超过放入快递柜需求，最终导致"超时收费"大大增加了快递小哥的工作量。因此，收费时代的智能快递柜，尽管加速了边缘智能与商业服务的结合，但不能用力过猛，要循序渐进地融入用户习惯的生活场景，否则，欲速则不达。

### 【思维拓展】边缘智能与古代国家治理

边缘智能的"云－边－端"架构与古代国家的治理架构极为相似。"云"类似于君主，"边"类似于独立的行政区，可以组建自己的资源池（军队、财政、司法等），具有一定治理权力（能自主处理边缘端事务），并定期向君主报告（向云端汇聚数据）。此外，边缘端必须服从君主命令（遵循云端的统一管理）和保障所辖区域安全（确保边缘端数据安全）。尽管上述模式具有自主处理能力以及向云端定期反馈数据的机制，但随着边缘端数量的增加，"将在外，君命有所不受""尾大难掉""功高盖主"等带来的管理问题凸显，这就需要建立高效的协调治理制度，即明确哪些数据要定期汇报，哪些数据本地处理即可，哪些权限由边缘端自主完成……这都是边缘智能的主要任务，而且这是一个需要不断在技术与应用场景间迭代优化、反复实践的过程，进而形成统一高效的分布式协调机制和智能决策体系。

综上所述，边缘智能是依托类似京东物流的完整网络链路，整合类似菜鸟驿站的强大边缘节点，将人工智能从“第一公里”应用到“最后一公里”拓展的“云 - 边 - 端”一体化解决方案。

## 1.3 边缘智能发展的三大阶段

边缘智能的发展与物联网、移动通信、人工智能、云计算、边缘计算等新一代信息技术密切相关，其演进路线涉及前期探索、“智能 +”融合和体系化发展等三个重要阶段。

### 1.3.1 第一阶段：边缘智能探索

物联网（Internet of Things，IoT）和边缘计算技术是边缘智能发展的前提。到 2021 年，全球范围内将有超过 500 亿台终端设备，并将每年产生 847ZB 的数据。面对海量终端带来的数据压力，云计算的传输带宽、时延问题凸显，边缘计算可以丰富云计算的“神经末梢”，将计算下沉至网络边缘，就近向终端设备提供计算服务，更快速地缓解数据处理压力，更高效地完成任务反馈。

然而，云计算所面临的问题并没有完全解决，相应地，边缘计算的发展也面临一些问题。

（1）边缘计算下沉到什么位置？是下沉到边缘控制部分，还是下沉到数据源；尽管大量部署边缘计算可以降低时延，但相应的成本也随之提高。

（2）边缘计算的层级设置为多少？是单层的边缘计算，还是云边协同计算，或者是增加更多数量与层级的边缘节点？

（3）计算能力如何在边缘计算和云计算间配置，计算是如何在云与边缘间动态分配？目前常规模式为：边缘向云端汇集数据，云端向边缘下发控制指令，但其通信路径配置问题仍需探索。

此外，从 IoT 到边缘计算，再到 5G 通信高宽带、低时延和海量物联的应用场景，边缘计算如何与网络切片、软件定义、安全防护相结合，这些都是下一步发展中值得探索的关键问题。

### 1.3.2 第二阶段：“智能 +”边缘

随着人工智能的发展，“智能 +”边缘成为边缘计算的新方向。业务流程、终端部署与人工智能的不断融合，让边缘计算节点具有计算和决策能力，成为了边缘智能的雏形。

调查发现，在终端设备直接产生的数据中，只有 10% 是关键数据，其余 90% 都是无需长期存储的临时数据，在决策和分析阶段可用的有价值数据仅占 1%；因此，"智能 +"边缘可以让数据直接在生产端升值，极大地增强本地服务响应效率。此外，当缩短终端设备与计算单元间距离时，数据处理成本也会随之降低，可想而知，当"智能 +"沿着网络边缘的链路作叠加操作，整个业务流程将会变得功耗更低、时延更短、可靠性更高。尤其是将以卷积神经网络、循环神经网络、生成式对抗网络、深度强化学习等模型为代表的人工智能技术部署于边缘设备，可以极大地拓展传统云服务范围，解决边缘智能服务的"最后一公里"问题。

如图 1-14 所示，"智能 +"边缘涉及的主体包括云计算中心、边缘服务器、终端设备等 3 类，而人工智能在边缘计算场景的推理模式包括基于边缘服务器的模式、基于终端设备的模式、基于边缘服务器 – 终端设备的模式和基于边缘服务器 – 云计算中心的模式，其具体实现方式可划分为"边"智能、"端"智能、"边 – 端"智能和"边 – 云"智能，其主要区别为人工智能模型执行推理计算的位置不同。同时，"智能 +"边缘更注重智能与产业应用的结合，按照不同场景需求，可以提供相应的"智能 +"解决方案。然而，由于人工智能模型复杂，各组成部分间依赖性强，在具有明显分布式特征的资源受限网络边缘并行执行时会面临一定困难。

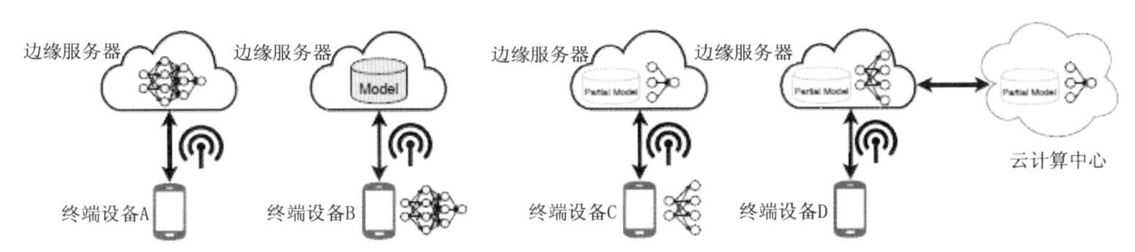


图 1-14　"智能 +"边缘的实现方式

### 1.3.3　第三阶段：边缘智能体系

经历了物联网数据和流量的爆发，边缘计算"神经末梢"式的计算模式以及"智能 +"的边缘赋能后，边缘智能终于演化为"云 – 边 – 端"一体化联合协同的完备体系。

边缘智能最主要的特征为"云 – 边 – 端"一体化联合协同。以无脊椎动物中智商最高的章鱼为例，其 60% 的神经元分布在腕足上，40% 的神经元集中于脑部，这个"用脚思考"的生物，就是云端大脑与边端小脑联合协同的有机体。

从云计算、分布式计算，到边缘计算，再到边缘智能，计算方式正在从云端下沉到边缘端，"智能 +"也从计算、数据能力源头的"第一公里"延伸至边缘应用落地的"最后一公里"。因此，边缘智能不是简单地搭建边缘计算框架，机械地应用人工智能，而是利用5G通信将云计算延拓到边缘计算，将人工智能分布至整个链路，融合网络、计算、存储、应用的核心能力，让大数据在网络边缘智能升值，使边缘智能体系与用户、业务深度结合，使体系性能整体提升，并对外提供敏捷连接、实时业务、数据优化、应用智能、安全与隐私保护的智能服务。

可以看到，边缘智能的核心理念是“服务”，与传统的云服务不同，边缘智能可以提供“云－边－端”一体化的智能服务，尤其是云原生技术体系中，容器、微服务可为“云－边－端”提供软连接，5G通信、智能芯片可视为承载人工智能应用的硬连接，因此，多端协同、软硬兼容、联合一体是构建边缘智能新形态的必然趋势。

不过，随着边缘智能的不断演进发展，技术、业务、商业模式等各方面面临的挑战仍然具有不确定性；在标准化、场景驱动、产业链协同、安全隐私等方面依然有大量工作需要完善。

## 1.4 站在“智能+”的新风口

边缘智能正处在“智能+”的新风口，在许多行业应用中都有着巨大的发展潜力。面对技术的新融合、应用行业的多维度、新兴市场的大繁荣，它既是信息产业领域未来竞争的制高点，更是产业升级的核心驱动力，其发展必将引发新一轮信息技术产业革命，未来可期，大有可为。

### 1.4.1 “智能+”技术的新融合

从物联网的边缘感知到边缘计算，再到“云－边－端”一体化的边缘智能，新一轮信息技术革命和产业变革正持续深入，尤其，5G通信技术是高带宽、低时延、泛在连接的关键使能技术，是云计算、边缘计算等技术的重要应用场景。同时，边缘智能天然的分布式架构与区块链的“去中心化”有着天然的互补性，利用区块链可以把云端核心节点能力下沉至边缘节点，核心节点仅控制核心内容或做备份使用，边缘节点通过灵活的协作模式以及共识机制，可以保证体系安全、可信和稳定的运行。

如图1-15所示，在“智能+”技术体系框图中，以5G通信为骨干网络，以区块链为安全可信载体保障，以边缘计算和云计算构建“云－边－端”一体化模式，利用联邦学习打破数据孤岛，利用智能芯片承载智能应用。因此，边缘智能是“智能+X”新兴信息技术体系的集大成者，是“智能+”新风口的技术推动力。

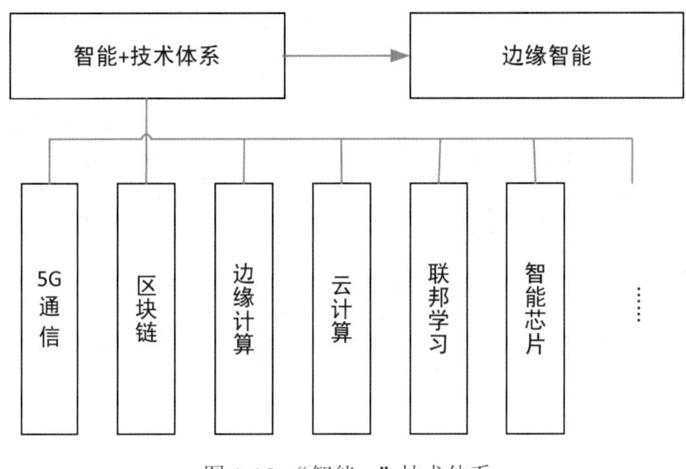


图 1-15　“智能 +”技术体系

## 1.4.2　应用行业的多维度

随着移动互联网和智能终端的快速发展，人工智能应用生态从云端向边缘端不断拓展，在边缘端设备上开发和部署智能应用的需求呈爆炸式增长，尤其在“万物互联”背景下，边缘智能的应用场景极大丰富。尤其是随着“智能 +”概念的提出，边缘智能的应用场景综合化趋势日渐明显，我们来看以下的场景。

（1）在图 1-16 的智能家居中，可利用智能硬件、边缘计算网关、网络环境、云计算平台构成一套完整的智能家居应用生态圈。

（2）在智能零售领域，无人便利店、智慧供应链、客流统计、无人仓储等都是热门的前沿应用方向。

（3）智能交通系统通过对交通中车辆流量、行车速度进行泛在采集和关联分析，将视频检测的高带宽、低时延需求不断向边缘设备倾斜，可以有效提高通行能力，降低环境污染。

（4）在智能医疗领域，通过边缘智能体系可以打通医院系统、电子病历、分级诊疗等环节，既可以提高诊疗服务个性化水平，又可以提升数据治理的智能化水平。

（5）在图 1-17 的无人驾驶场景中，按照系统工程思维，将人工智能技术与边缘智能场景深度融合应用，集成惯导、视觉传感器、激光雷达等硬件设备与深度神经网络、强化学习等智能模型于一体，正不断将无人驾驶从 L4 级推进到 L5 级。

图 1-16　智能家居

图 1-17　无人驾驶

### 1.4.3　新兴市场的大繁荣

据权威机构 Gartner 预测，2021 年将有 40％的大型企业项目引入边缘智能，到 2022 年边缘智能将成为所有数字业务的必要需求。据中国信息通信研究院测算，预计 2020 年到 2025 年，以边缘智能为代表的新一代信息技术将直接带动经济总产出约 10.6 万亿元，直接创造经济增加值 3.3 万亿元。此外，国家新一代信息技术创新发展试验区以及近年来的“科创板”也被不少高新企业视为理想的融资渠道。同时，如图 1-18 所示，在边缘智能市场中，新一代信息技术和相关产业融合的步伐不断加快，融合软件定义、数据驱动、平台支撑、服务增值、智能主导的新型“智能 +”体系关注度不断攀升，未来大有可为。

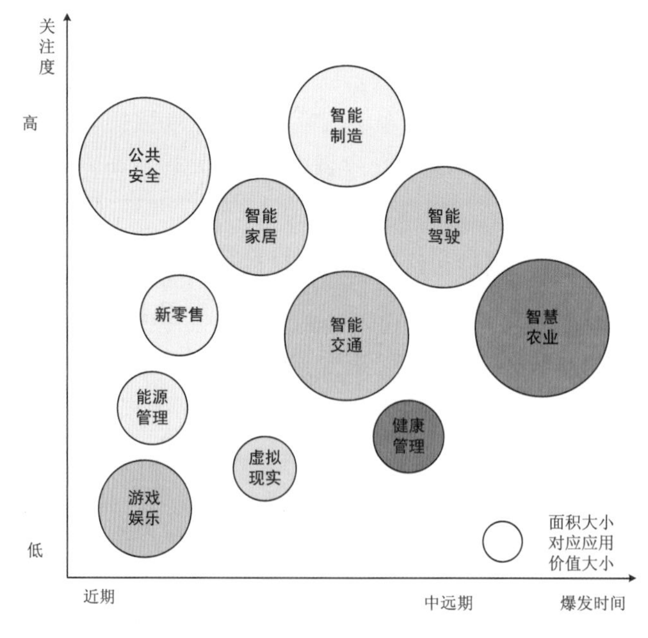


图 1-18　边缘智能市场

2020 年 3 月，中共中央政治局常务委员会会议上提出的新型基础设施建设（即"新基建"）为"智能 +"市场的进一步发展和繁荣指明了方向，尤其是与传统基建相比，以 5G、人工智能、物联网为代表的新型信息化数字化基础设施建设的内涵更加丰富，涵盖范围更广，更能体现数字经济特征，更加侧重于突出产业转型升级，能够更好地推动中国经济向好发展，符合加快推进产业高端化发展的大趋势。

## 1.5　本章小结

本章重点梳理了边缘智能产生的三大背景，介绍了京东快递、菜鸟驿站案例与边缘智能相关的物流体系发展情况，从古代国家治理架构角度对边缘智能进行拓展分享，并分析了边缘智能发展的三个阶段，结合"智能 +"的新风口，对边缘智能的技术发展、应用场景、市场前景进行展望。为便于理解，本章的相关观点凝练如下：

（1）科学研究的四大范式：实验观测、理论推导、计算仿真、数据探索。

（2）在传统数据分析模式（随机采样、精确求解、因果推理）基础上，基于全数据、近似求解、关联分析的大数据模式成为新的研究与应用焦点。

（3）在国家战略、政策指引和支持下，以边缘智能为代表的新一代信息技术呈现出越来越清晰的时代特征，并被推到了技术浪潮的发展前沿。

（4）物流体系与边缘智能的体系脉络高度相似，即以"云 - 边 - 端"架构为层次划分，以基础网络承载各类业务流量，通过数据、计算、智能的终端下沉，形成完整的全链路资源联合与技术应用体系。

（5）边缘智能是依托类似京东物流的完整网络链路，整合类似菜鸟驿站的强大边缘节点，将人工智能从"第一公里"应用到"最后一公里"拓展的"云 - 边 - 端"一体化解决方案。

（6）边缘智能是"云 - 边 - 端"一体化协同的完备体系，其最主要特征为"云 - 边 - 端"一体化协同，其关键在于"联合"。

本章力求平衡边缘智能的"大背景"与"小应用"，以期从宏观角度增进读者的感性认识。下一章将从具体支撑技术的演进、重要研究方向、重要应用场景等角度擘画边缘智能的技术轮廓。

# 第2章　何为边缘智能

近年来，以深度学习为代表的人工智能技术和以边缘计算为代表的新型计算范式已成为新一代信息技术发展应用的两大方向；然而深度学习强大的特征学习能力高度依赖于高密度并行计算资源，故而在面向万物互联的边缘计算设备上应用受限；除此之外，随着计算资源与云服务的不断向用户端下沉，以物联网传感器为基础的传统边缘设备却无法满足高实时性、高计算性能任务的需求。幸运的是，人工智能和边缘计算的深度融合与协同应用可以缓解各自的发展瓶颈，并催生出了边缘智能以及边缘智能技术体系。

本章主要帮助读者明确边缘智能的定义，从网络通信、计算服务和“智能+”角度梳理边缘智能的发展脉络，并从安全性、资源消耗等角度分析边缘智能面临的挑战及主要研究方向，最后以4个典型应用场景为例，分析边缘智能的落地应用情况。

## 2.1　边缘智能的定义

小蚁科技创始人兼CEO达声蔚曾将边缘智能（Edge Intelligence, EI）比作是人工智能的“最后一公里”。其实，从系统工程的方法论角度分析，边缘智能是以终端智能为重要表现形式的全链路智能体系，不仅提供了一种将人工智能部署于边缘计算设备的智能服务模式，更强调使物联网的关键边缘设备都具备数据采集、计算、通信和智能分析能力。

边缘智能尚未有明确严格的学术定义，但由于其概念涉及多领域的交叉融合，并强烈依赖于工程应用场景；因此，边缘智能的定义通常以描述式为主。下面给出边缘智能的狭义定义和广义定义。

【狭义角度】边缘智能是远离核心网，最靠近用户侧网络边缘的各种终端设备所具备智能的集合。

【广义角度】边缘智能是“智能+”的重要范畴，其核心理念是“服务”，是云计算服务向网络边缘服务的重要延拓，是5G通信的重要应用场景；同时，容器部署、微服务开发等云原生技术为边缘智能的落地实现提供了开发解决方案。

因此，参考图2-1中体系架构，边缘智能以搭载智能芯片的边缘终端设备为主体，以人工智能为核心，是联合云计算、边缘计算、联邦学习、区块链、5G通信等技术的“云－边－端”一体化智能体系。

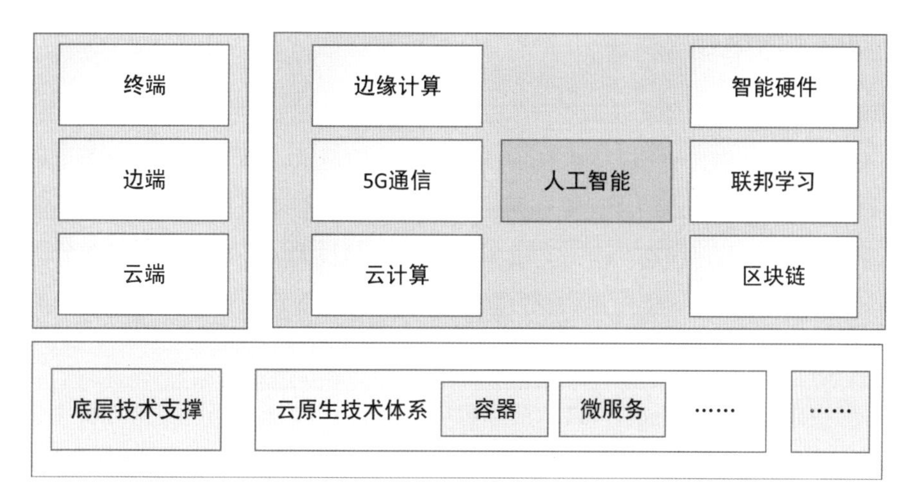


图 2-1　边缘智能体系架构

在边缘智能场景中，人工智能通常以深度学习模型形式体现。终端设备通过将深度学习模型的推理或训练任务卸载到临近的边缘计算节点，以完成终端设备的本地计算与边缘服务器强计算能力的协同互补，进而降低移动设备自身资源消耗和任务推理的时延或模型训练的能耗，以保证良好的用户体验。

同时，将人工智能部署在边缘设备上，可以为用户提供更加及时的智能应用服务。而且，依托远端的云计算服务模式，根据设备类型和场景需求，可以进行近端边缘设备的大规模安全配置、部署和管理以及服务资源的智能分配，从而让人工智能在云端和边缘之间按需流动。总体而言，边缘计算和人工智能彼此赋能，催生了融合计算与智能的崭新范式——边缘智能，目前，已成为集“产、学、研”于一体的前沿学科与应用领域。

明白了边缘智能的定义和体系架构，下一节中我们从几个不同的难度了解一下边缘智能的发展与演进。

## 2.2　边缘智能的前世今生

边缘智能的概念并非横空出世，而是与大量智能应用场景密切相关，其演进路线既得益于相关信息技术的突破，又植根于智能家居、智慧城市等应用场景的极大丰富。尤其是随着用户侧复杂智能应用的实时性需求愈加突出，传统大规模数据在云端的传输延时弊端便日渐凸显。借助边缘智能，贴近用户侧的智能应用可以极大地提高用户服务质量。下面从网络通信、计算服务和“智能 +”等三个角度梳理边缘智能的前世今生。

### 2.2.1 网络通信角度的演进

边缘智能体系的形成与发展离不开信息通道的承载。尽管美国封杀华为时，任正非曾提出这样的观点："华为的5G技术只负责信息的传输通道，并不会去触及通道所承载的内容。"但从华为云计算、边缘计算、网络通信设备、智能手机等业务的迅猛发展情况来看，很难将"通道"与"内容"分开，尤其是网络通信技术的发展，促进了万物互联，更极大地推动了网络通信与智能应用的深度融合，边缘智能体系的演进发展势不可挡。

1．物联网

物联网（Internet of Things，IoT）的起源可追溯到1991年，当时英国剑桥大学特洛伊计算机实验室的科学家们利用便携式摄像头"远程"监控咖啡机的工作状态。如图2-2所示，这套半工作半休闲的设备和网络就是物联网的雏形，也称作"特洛伊咖啡壶的故事"。

图2-2 特洛伊咖啡壶的故事

基于互联网等信息通道，物联网可以支持用户间、物与物间的信息交换和通信，实现不受空间、时间限制的长期快速的通信连接。在新一代物联网发展规划中，"云、管、端"是其发力的三个主要领域，其中，"云"涉及海量信息的处理计算问题；"管"涉及数据信息的传输问题；"端"则是指智能化终端。

目前，主流的物联网体系架构可分为感知层、网络层和应用层。其中，感知层的作用是通过传感器进行大规模的分布式数据获取与状态辨识，采用协同处理的方式完成信息的采集、传输、加工与转换等工作，是典型的动态交互过程。网络层以解决长距离传输问题为主，主要的通信技术包括卫星通信、低功耗广域网络、蜂窝网络等。应用层主要解决人机交互的问题，具有设备发现、管理、信息利用 / 分发等关键功能。

物联网的特征可概括为全面感知、可靠传输和智能处理，具体涉及传感器、网络、无线通信、射频识别、信息安全、嵌入式开发等技术，已广泛应用于交通运输、环境保护、医疗、商业金融、家庭社区等多个领域。然而，万物互联必然会产生大量数据，如何进行数据的高效传输和处理是亟待解决的难题；因此，物联网与云计算、边缘计算、人工智能等技术的结合应用是其发展的重要方向。

2. 移动通信

作为网络通信技术发展的前沿，5G 通信技术不仅为未来生活勾勒出美好蓝图，更是我国在该领域“弯道超车”的关键支点。下面介绍移动通信从 1G 到 5G 的发展演进历史。

（1）1G 语音时代

第一代移动通信系统（1st Generation，1G）基于频分多址（Frequency Division Multiple Access，FDMA）和模拟调制解调技术实现，即将模拟信号进行调制 / 解调，然后利用无线频谱资源进行信号传输。尽管当时没有现在的移动、联通和电信等运营商，却有着 A 网和 B 网之分，那个模拟时代的主宰者是爱立信和摩托罗拉两家公司，但 1G 所采用的模拟通信系统经常出现串号、盗号等现象；如图 2-3 所示的“大哥大”，就是 1G 时代的标志。

图 2-3　1G 时代的“大哥大”

（2）2G 文本时代

第二代移动通信系统（2nd Generation，2G）主要采用数字的时分多址（TDMA）和码分多址（CDMA）技术，具有保密性强、频谱利用率高、业务支撑范围丰富、高度标准化等优势。此外，最早的文字短信正是从 2G 开始，同时手机具备了简单的上网功能，但只能浏览文本信息。如图 2-4 所示的“小灵通”就是 2G 时代的代表。

图 2-4　小灵通

（3）3G 图片时代

第三代移动通信系统（3rd Generation，3G）的核心目标是实现移动宽带多媒体通信，可以说，从 2G 到 3G 的演变实际上是移动通信系统从以语音为核心业务向以数据为核心业务的演变过程。目前，3G 主要存在 WCDMA、CDMA2000 和 TD-SCDMA 三种标准，分别由欧洲、美国高通公司和中国主导；其中，WCDMA 是全球使用范围最广、终端种类最多的 3G 标准，占全球 3G 市场份额的 80% 以上。

（4）4G 视频时代

第四代移动通信系统（4th Generation，4G）的主导标准有两个：Wireless MAN-Advanced（即 WiMax 的升级版）和 LTE-Advanced（中国主导的 TD-LTE 归属此类）。2013 年中国正式向中国移动、中国电信、中国联通颁发 4G 牌照，开启了中国的 4G 时代。4G 以 LTE 系列技术为基础，以 OFDM、MIMO 等技术为代表。

（5）5G 万物互联时代

第五代移动通信系统（5th Generation，5G）以高数据速率、低延迟、节能、低成本、高系统容量和大规模设备连接为目标，以解决人－人、人－物、物－物间连接为核心问题。其关键适用场景包括：

- 增强型移动宽带（Enhanced Mobile Broadband，eMBB）业务，可为移动设备提供更高数据速率通信支持，满足超高清视频、虚拟现实、交互式游戏等需求；
- 超可靠低延迟通信（Ultra-reliable Low-Latency Communications，URLLC）业务，可为工业自动化、远程手术、交通安全和控制以及自动驾驶等场景提供高质量、低延迟的通信服务；
- 大规模机器类通信（Massive Machine Type Communications，mMTC）业务，具体可满足智慧家庭及楼宇、智慧农业等场景的海量设备连接需求。

5G 可以称作是多种技术的组合与统一，其新技术包括大规模天线技术、超密集组网技术、新型多载波技术、新型多址技术、新型调制编码技术、全频谱接入与共享技术、软件定义网络技术、网络功能虚拟化技术等。这些技术相互关联、相互促进，充分发挥“技术集大成”的优势，不断在复杂度和性能之间寻找最优平衡，以促进 5G 美好愿景的实现。因此，5G 技术的发展与边缘智能、联合智能体系的发展“异曲同工”。

从总体历史回顾来看，我国移动通信的发展历程是一部从无到有、从有到优的自强史，“1G 空白、2G 跟随、3G 突破、4G 同步”，现阶段正努力实现“5G 引领”。

**【思维拓展】手机的发展历史**

手机的发展历史与移动通信技术密不可分。1973 年，摩托罗拉公司成功研制出世界上第一部“便携式”移动电话。时隔十年，在 1983 年，摩托罗拉终于推出了世界上第一台便携式手机。而中国的第一台手机出现在1987年，其型号是摩托罗拉3200，俗称“大哥大”，这也正式揭开了1G时代的大幕。在2G时代，进入中国大陆的第一台手机为爱立信GH337，时间是1995年。之后，苹果公司于2007年发布iOS手机操作系统，开启了智能手机的可触摸宽屏时代。Google公司于2008年研发的Android手机操作系统成功打入了智能手机市场，目前已成为智能移动终端操作系统界的“翘楚”。

如今，在5G的超高带宽和超低时延网络能力加持下，智能手机必将与高清视频、虚拟现实、增强现实、边缘计算、物联网等深度融合，激发出更多的智能手机应用。

---

### 2.2.2 计算服务角度的演进

目前，计算服务在朝着资源的集中化和边缘化两个方向发展。前者以云计算为代表，利用超强的计算能力集中处理大量数据；后者则面向移动终端应用，将云计算的集中化资源向边缘端推进。其中，雾计算将计算能力和数据分析应用扩展至网络边缘，而边缘计算将决策能力下沉到边缘节点。

#### 1. 云计算

2006年，云计算（Cloud Computing）概念被首次提出，以分布式计算（Distributed Computing）、并行计算（Parallel Computing）、效用计算（Utility Computing）、网络存储（Network Storage）、虚拟化（Virtualization）、负载均衡（Load Balance）等传统计算机和网络技术为基础，融合发展演进形成云计算服务和商业模式。

简单讲，云计算是依托于网络的可动态弹性伸缩的计算服务模式，以资源池化、弹性计费、高可靠性为主要特点，以公有云、私有云、混合云为部署模式；其常规架构可分为基础设施服务（IaaS）层、平台即服务（PaaS）层和软件服务（SaaS）层。其中：

- IaaS层通过虚拟化技术对计算、存储、网络进行统一管理和访问控制，按照计量方式对外提供服务；
- PaaS层以分布式平台服务为主，具有服务调度、查询、选择和工作流等功能，负责资源、任务、用户、安全、计费管理以及性能监控等任务，对外提供应用程序开发、数据库、试验、托管等平台服务；
- SaaS层将应用软件统一部署在云端服务器上，对外提供定制化的软件运行设施维护和管理等服务。

#### 2. 移动计算

移动计算是无线环境下利用多种智能终端设备进行数据传输及资源共享的分布计算模式。通常，移动计算系统由移动终端、无线网络单元（Mobile Unit，MU）、移动基站

（Mobile Support Station，MSS）、固定节点和固定网络连接组成；其中，无线通信利用多种复用技术，为移动设备提供基础的数据交互能力，提升传输带宽和数据速率。与固定网络上的分布式计算相比，移动计算具有较高的移动性、频繁的断续性、网络通信的非对称性、电源的有限性等特点；其主要关键技术包括移动计算通信协议、情景感知、应用任务无缝迁移技术、移动计算软件平台及移动通信的信息安全等。

尽管与移动计算的组成部件、应用模式相似，普适计算（Ubiquitous Computing）更强调计算和环境融为一体，以保证能够在任何时间、任何地点、以任何方式进行信息的获取与处理。正如普适计算中典型项目 Oxygen 的目标一样，“使丰富的计算和通信能力像空气一样无所不在，并自由地融入人们的生活之中”。因此，普适计算强调“以用户为中心”，利用移动设备和可穿戴设备提供“无所不在”的普适服务。

3．移动云计算

移动云计算是云计算技术在移动互联网中的重要应用，具体指通过移动网络，以按需、易扩展的方式，获得所需基础设施、平台、应用等资源的服务交付与使用模式。其体系架构如图 2-5 所示，移动用户通过基站等无线网络接入方式连接到互联网上的公有云。

公有云的数据中心分布在不同地理位置，可为用户提供可扩展的计算、存储等服务。内容提供商也可以将视频、游戏和新闻等资源部署在适当的数据中心上，为用户提供更加丰富高效的内容服务。对安全性、网络延迟和能耗等方面要求更高的用户，可以通过局域网连接本地微云，获得具备一定可扩展性的云服务。同时，本地微云也可以通过互联网连接公有云，以进一步扩展其计算和存储能力，为移动用户提供更加丰富的服务资源。

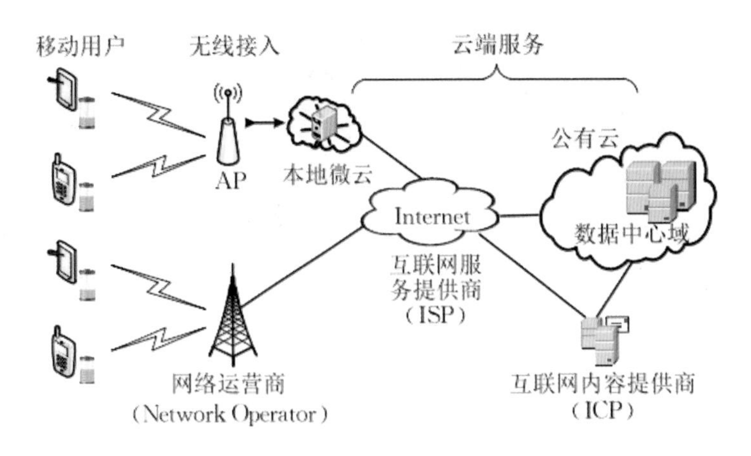


图 2-5　移动云计算体系架构

由此可以看出，移动云计算通过云端的集中处理为移动终端提供云服务。当前移动云计算面临的挑战包括移动端计算存储资源受限、用户移动性较大等，涉及的关键技术包括计算迁移技术、基于移动云的位置服务等。

4．雾计算

2011 年，思科（Cisco）公司主导并提出雾计算概念。根据 OpenFog 计算联盟的定义，雾计算是一种水平的系统级体系架构，可以沿着从云到物的数据链路向用户分配就近的计算、存储、控制、网络等资源。

图 2-6 为雾计算的三层计算模型，其外边缘由大量资源受限设备、网络集成设备和 IP 网关设备构成；中边缘由局域网和蜂窝网构成；内边缘以基于广域网的云计算数据中心为核心，进而形成雾计算的层次模型。此外，雾计算基于新一代的分布式计算模式，具有明显的“去中心化”特征，数据的存储及处理更依赖于本地设备，进而可以减少通过网络或向上传输到云计算层的数据量。

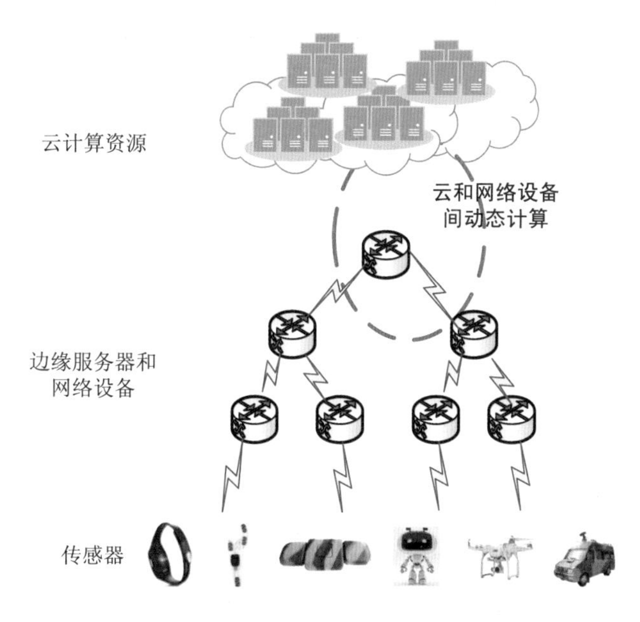


图 2-6　雾计算模型

5．边缘计算

传统云计算将海量数据传输至云端，极易造成网络拥塞，尤其在 5G 条件下，数据处理的实时性需求愈发强烈。因此，边缘计算模式应运而生。边缘计算（Edge Computing）是指在靠近物或数据源头一侧进行网络、计算、存储和应用的服务模式，即在数据产生源头附近分析、处理数据，避免冗余的数据流转，进而减少网络流量和响应时间。

如图 2-7 所示，边缘计算将处理、分析能力下沉至更靠近数据源的网络边缘节点，而非完全依靠云服务，这样可以弥补云计算在计算实时性、数据隐私安全等方面的缺陷。主要的边缘节点包括通信基站、边缘服务器、网关设备以及终端设备。

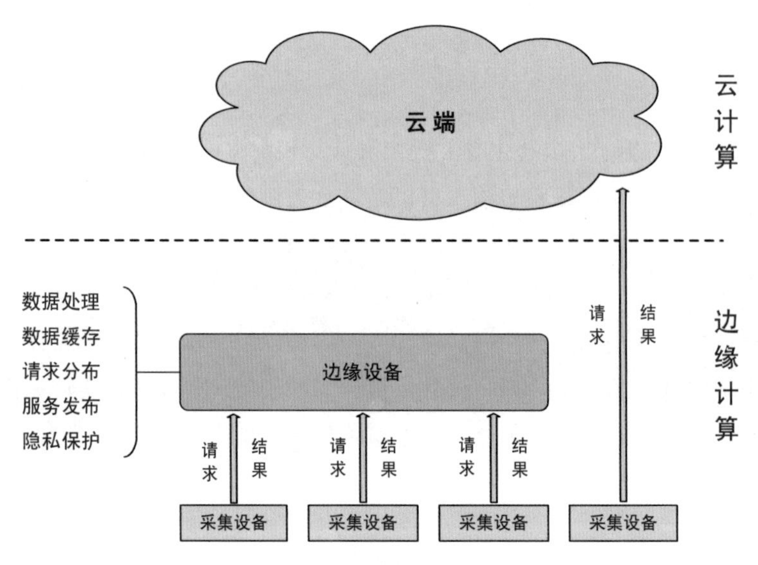


图 2-7　边缘计算模式

如图 2-8 所示，与雾计算模型类似，按照计算能力、时延和稳定性要求，边缘计算也可分为三层，即物边缘、移动边缘和云边缘，其优势有以下几点：

（1）在网络可访问性和延迟方面，将设备放置在网络连接条件差的恶劣环境下，可以降低数据上传到云端的成本；

（2）在带宽成本方面，支持数据本地处理，尤其大流量业务的本地卸载可以减轻回传压力，有效降低成本；

（3）在安全性方面，数据仅在数据产生端和边缘设备之间交换，无需全部上传至云端，降低了数据泄露风险，进而保护了数据安全和用户隐私。

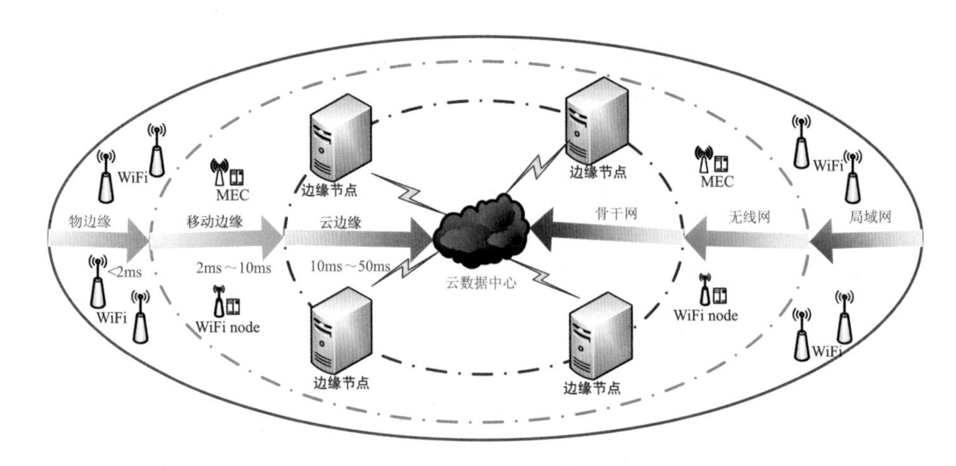


图 2-8　边缘计算的三层结构

此外，与边缘计算概念相似，Cloudlet（微云）被视为“盒子里的数据中心”，在端与云之间增加一个 Cloudlet 层，将计算放置在用户的近端，以扩展移动云服务模式并降低响应时延。基于云计算技术标准，Cloudlet 可以提供低时延响应的云服务、可扩展的边缘计算分析以及隐私保护等能力。

### 6. 多接入边缘计算

作为 5G 的重要业务应用需求，超大带宽、极低时延场景对网络接入技术提出了更高要求，即超大流量需要内容的本地化，低时延则将核心网功能下沉部署至网络边缘，Wi-Fi、蓝牙、ZigBee 等多种网络类型终端设备的海量接入更触动了互联网行业的“痛点”。

因此，如何融合多种网络接入方式，将远端云计算数据中心的超强计算能力、人工智能算力下沉至移动用户终端成为亟待解决的问题。如图 2-9 所示，依托核心网、接入网，将云服务与边缘云（即边缘计算基础设施）联通，构成完整的网络接入和数据通路，这样多接入边缘计算（Multiple Access Edge Computing, MEC）应运而生；该模式最早被称作移动边缘计算，后来，为融合更多异构的网络接入方式，欧洲电信标准协会（ETSI）将其命名为多接入边缘计算，即将边缘计算从电信蜂窝网络进一步延伸至其他无线接入网络。目前，MEC 的关键技术包括计算卸载、数据缓存、本地分流等。

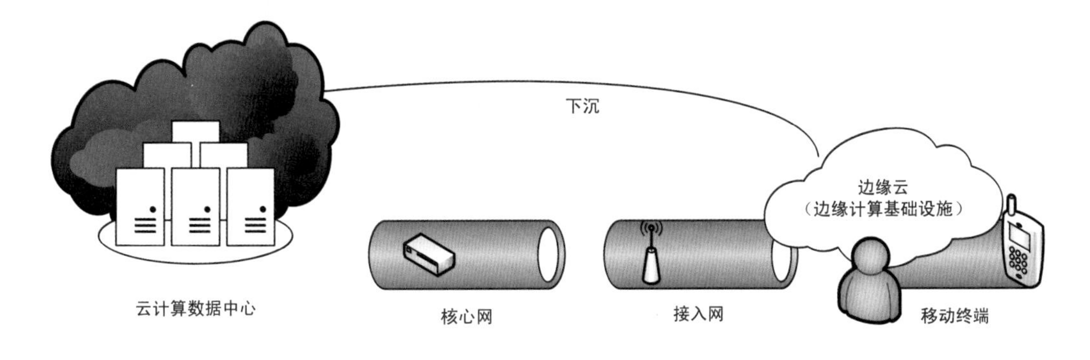


图 2-9　多接入边缘计算架构

## 2.2.3 “智能 +”角度的演进

“智能 +”角度的演进路线是人工智能与物联网、人工智能与边缘计算等新一代信息技术大融合、大发展的轨迹，既植根于技术，又面向应用，更引领未来。

### 1. “智能 +”物联网

“智能 +”物联网（Artificial Intelligence + Internet of Things，AIoT）兴起于 2018 年，它就是 AI 技术与 IoT 技术的融合，即通过物联网产生、收集各种传感器的实时信息，并利用大数据分析技术和更高级形式的人工智能，构建万物数据化、万物智联化的智能化生态体系。上述愿景的实现，除了需要技术上的不断革新外，成果的落地与应用更是现阶段“智能 +”物联网领域亟待突破的核心问题。

从广义角度来看，AIoT 是人工智能（AI）与物联网（IoT）技术在实际落地应用中的融合。而万物互联、人机交互的关键基础就是数据，AI 通过分析、处理历史数据和实时数据，可以对未来的设备和用户习惯进行更准确的预测，使设备变得更加智能，进而提升智能产品的效能和用户体验。“AI+”不仅让 IoT 有了连接的“大脑”，更让数据在 IoT 中有了发挥价值的方向。

如图 2-10 所示，AIoT 的应用场景十分广泛，其技术落地已形成了一套成熟的方案：以“云 + 端”的形式构成各个细分场景的应用矩阵，即布设在场景中的感知设备将数据传至云平台各个智能系统单元，通过设备互相感知，系统相互配合，完成一系列物联网场景的智能联动。主要的典型应用场景包括智能家居、智慧社区、智慧城市等。

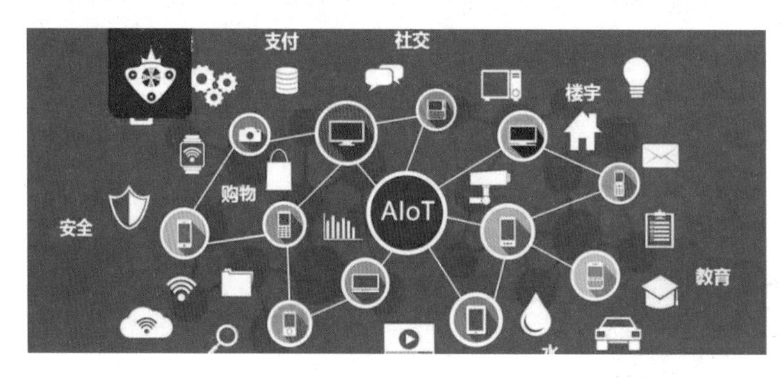


图 2-10　AIoT 应用场景

## 2. “智能 +”边缘计算

随着移动互联网和智能终端的发展，人工智能应用生态从云端向边缘端不断拓展，在边缘端设备上开发和部署智能应用的需求呈爆炸式增长，“智能 +”边缘计算已成为新的前沿趋势。加之时延、带宽和隐私等约束条件，在边缘节点执行人工智能计算中的推断甚至训练过程正在成为边缘赋能的重要组成。

沿着 AIoT 的思路，“智能 +”物联网侧重于各类移动终端的智能，而“智能 +”边缘计算则侧重于“端 + 边”的智能，即将智能更靠近用户终端或数据源头，完成终端设备的本地智能与边缘服务器的智能协同与互补，并智能地进行数据流转和决策迁移。

继续借用第 1 章中边缘计算与章鱼类比的例子，“智能 +”边缘计算相当于分布式计算的“一个大脑 + 多个小脑”的模式，既可以把云上的智能模型快速迁移到线下的边缘，将云上智能改造为边缘可用的轻量级智能，以适配边缘软硬件环境和使用场景，又可以打通云 / 边 AI 数据流通道，构建统一线上线下的技术生态。

相关研究预测，在全球所有人工智能推理（或分析）运算中，发生在边缘侧的比例将从 2007 年的 6% 暴增到 2023 年的 43%。因此，持续的创新将带来越来越多的消费者级和企业级“AI+”边缘计算设备。同时，从产业角度讲，“智能 +”边缘计算不只是人工智能的硬件形态，更是软硬结合、立体化应用的综合体系，这样才能真正解决技术、业态和模式的痛点。

### 3．边缘智能体系

从物联网到边缘计算，再到边缘智能，人工智能是该演进路线的顶层牵引力。在“智能 +”物联网阶段，万物智联是其美好愿景；在“智能 +”边缘计算阶段，万物智算是其发展目标；而在边缘智能阶段，以“技术大融合、场景大丰富、体系大智能”为其主要特征。此外，边缘计算的本质是让“计算从中央走向边缘”，而边缘智能体系强调“智能从中央走向边缘的同时更要形成反馈回路”，进而构成“智能 +”和“+ 智能”的双向回路体系。

然而，“智能 +”和“+ 智能”不是简单的叠加和套用，而是以大数据、云计算为基础，以智能芯片为人工智能算法载体，以联邦学习打通“数据孤岛”，以区块链等网络安全技术建立安全屏障，以 5G 通信建立高速万物智联通路，对数据、计算、智能进行多维度、多层次的深度集成，形成边缘智能体系。

从边缘计算角度讲，边缘智能基于万物智能连接，是从云端智能应用的“第一公里”到边端“最后一公里”落地的全链路智能体系，需要打通涉及“云 - 边 - 端”的多域“数据孤岛”，建立面向多域的安全屏障，优化多域资源的分配与调度模式。尤其是针对边缘服务的动态任务迁移与智能决策问题，以深度强化学习为代表的人工智能技术可以自动抽取最优迁移决策与高维历史数据之间的映射关系，从而当给定未知计算任务时，相应的人工智能模型可以迅速将其映射到最优的迁移决策模式中。

从人工智能角度讲，边缘智能也涉及模型训练和推断两部分，其中模型训练主要是利用大量智能终端采集的数据来训练智能模型，即根据已有数据拟合深度神经网络模型及参数。推断主要是基于完成训练的模型对未知数据进行预测，可将其部署在云端、靠近数据产生端的边缘侧，是面向“云 - 边 - 端”应用的新一代信息技术融合体系的基础。

**【思维拓展】“寒武纪”——中国智能芯片新势力**

与 5G 通信技术、北斗卫星导航技术一样，智能芯片也是人工智能时代中国“弯道超车”的关键发力赛道。研究表明，2019 年 AI 芯片的市场规模超过 80 亿美元，预计到 2026 年将增长至 700 亿美元；尤其是在中国新兴的 AI 初创公司中，寒武纪于 2020 年 7 月 20 日正式登陆科创板，总市值突破 1000 亿元。如表 2-1 所示，寒武纪先后推出了用于终端场景的寒武纪 1A、1H、1M 系列芯片、基于思元 100、270 芯片的云端智能加速卡系列产品以及基于思元 220 芯片的边缘智能加速卡。由于寒武纪成立仅四年，而且研发支出巨大，成立至今尚无法盈利，相关芯片的大规模商业化还有很长一段成长之路。

表 2-1　寒武纪的“云—边—端”产品

| 产品类型 | 寒武纪主要产品 | 推出时间 |
|---|---|---|
| 终端智能处理器 IP | 寒武纪 IA 处理器 | 2016 年 |
| | 寒武纪 IH 处理器 | 2017 年 |
| | 寒武纪 IM 处理器 | 2018 年 |
| 云端智能芯片及加速卡 | 思元 100（MLU100）芯片及云端智能加速卡 | 2018 年 |
| | 思元 270（MLU270）芯片及云端智能加速卡 | 2019 年 |
| | 思元 290（MLU290）芯片及云端智能加速卡 | 芯片样品测试中 |
| 边缘智能芯片及加速卡 | 思元 220（MLU220）芯片及边缘智能加速卡 | 2019 年 |
| 基础系统软件平台 | Cambricon Neuware 软件开发平台（适用于公司所有芯片与处理器产品） | 持续研发和升级，以适配新的芯片 |

此外，比特大陆、地平线、云知声、探境科技、思必驰（深聪智能）、清微智能、燧原科技、天数智芯、ThinkForce 等中国“芯”公司，在智能家电、可穿戴设备、安防、家居、车载等多业务方向发力，大量产品可应用于云端、边缘和终端的多种边缘智能场景中；尤其从安全性、智能应用、资源优化等维度为边缘智能的发展提出了新的时代课题。

从宏观角度讲，边缘智能涉及网络通信、计算服务、“智能 +”等三条发展主线，并形成了丰厚的技术积累；然而这三条主线并非独立演进，而是相互促进、相互补充、相互融合，尤其从安全性、智能应用、资源优化等维度为边缘智能的发展提出了新的时代课题。

## 2.3　边缘智能面临的挑战及研究方向

从发展角度看，边缘智能伴随着物联网、云计算、边缘计算、人工智能等技术而出现；从理论角度看，边缘智能是涉及信息安全、智能优化、移动通信等多领域的交叉学科问题；本质上讲，边缘智能的前提是安全，核心是智能，关键是优化。下面介绍边缘智能面临的主要挑战以及研究方向。

### 2.3.1　面临的挑战：安全、智能应用和优化

边缘智能发展处于起步阶段，仍面临着众多挑战；尤其是数据安全与隐私保护，多样化智能设备的“云 - 边 - 端”应用，计算、存储、网络等资源的优化调度等诸多问题亟待解决。

#### 1. 安全性问题

基于物联网形成的万物互联基础设施，多源异构、凌乱繁杂、多域动态的海量数据可以在边缘智能体系中不断地采集、处理、流转、使用和存储；因此，保障数据及边缘智能体系的安全性和可靠性极为重要，主要体现在以下方面：

（1）兼容性及复杂性问题。尽管物联网实现了万物互联，但以多接入边缘计算为代表的网络技术，以及各种各样边缘端设备的存在，不同设备、网络、软件间的接口、协议、标准差异导致跨设备跨域交互困难，软硬件体系复杂，难以兼容统一，更为构建全面可兼容的安全防护体系带来巨大挑战。

（2）攻击方式多样。在边缘智能体系中，“云 - 边 - 端”多域的安全问题更加突出；从应用设备到数据处理，再到网络传输，每一个硬件设备、每一个流程、每一个节点乃至每一次操作，都可能成为被攻击的目标。同时，人工智能不仅拓宽了传统边缘计算的安全边界与框架认知范畴，更带来了 AI 算法本身的安全挑战。

（3）潜在风险更大。万物互联的边缘智能体系希望打通数字世界与物理世界的最后一道屏障，不仅要实现“数字孪生”，更要做到完美映射。这不仅涉及个体生物特征、衣食住行、交通轨迹的用户隐私安全，同时也延伸到个人财产安全乃至公共安全层面。例如，自动驾驶的危险情况处置、可穿戴设备的健康体征检测和智慧家居的控制等潜在风险问题。

### 2. 智能应用问题

边缘智能体系的核心是智能，即利用人工智能在“云 - 边 - 端”全链路发力的智能应用体系。在通常情况下，人工智能的最大优势在于它可以通过对音频、图像、环境或思维方式的处理，形成面向各类信息智能化分析处理的通用模式。尤其是当无法理解模型运算情况时，人工智能可以很好地实现由结果现象回溯到本质的处理模式。例如，针对大量杂乱、看似无关的原生数据，可以采用人工智能方法对数据进行处理、分类，提取出有用的数据特征。然而，由于人工智能方法包含大量的并行计算，尤其是当前人工智能大部分计算任务都部署在云计算中心等大规模计算资源集中的平台上，这极大地限制了人工智能带给终端用户的便利。

为此，边缘智能的应用面临如何将“智能”下沉至边缘端的核心问题，以打通“云 - 边 - 端”智能应用的“最后一公里”。

一方面，边缘设备端算力不足，云端智能服务响应时延大，云边都面临难以支撑全链路智能应用的困境。

另一方面，人工智能算法的模型训练、分析等都需要大量数据，且对设备的计算能力有较高的要求，而边缘设备往往不能满足其所需要的存储空间及计算能力，使得人工智能应用受限。因此，降低人工智能模型复杂度和发挥分布式多端协同优势将成为应对挑战的重要发展方向。

### 3. 资源优化问题

边缘智能体系复杂，其资源涉及从传感器端数据源到云计算数据中心路径上的任意计算和网络资源，不仅包括云端的海量资源，还包括贴近用户的多样化终端设备，以及网络通信链路。尤其是在边缘端部分，边缘设备的计算、存储能力往往远远弱于专用服务器的计算和存储能力，无法满足人工智能模型训练所需的大量计算和存储资源。同时，部分边缘设备仅具有小型供电设备，无法满足智能计算所需的能耗。

根据 Cisco 云指数的预测，到 2021 年，全球范围内将有超过 500 亿的终端设备，每年产生的数据总量将达到 847ZB。相比而言，到 2021 年，全球数据中心的存储能力预计仅能达到 2.6ZB，而网络流量为 19.5ZB。因此，云端的计算存储资源将面临巨大压力，需要充分调度边缘智能体系中边与端的能力，协同优化整个体系的资源，进而形成面向边缘智能体系的资源全局优化解决方案。

从“云－端”协同到“云－边－端”三体协同计算，这不仅是边缘智能时代的计算组合形态，更是满足“低时延、大带宽、大连接、本地化”需求不可或缺的基础架构。因此，“云－边－端”资源需要相辅相成、相互配合、互为延拓，其优化问题也是边缘智能技术研究的一大热点。

### 2.3.2. 研究方向：安全、智能、协同、优化

针对边缘智能的上述挑战，其主要研究方向包括两大方面：一方面是安全类问题，可以通过密码学、联邦学习、区块链等方法将人工智能应用到面向云端和边缘端的全链路；另一方面是面向应用的资源优化问题，包括“云－边－端”协同、模型压缩等。

#### 1. 安全与智能

在边缘智能体系中，数据是支撑人工智能的“血液”；通常情况下，数据无法同时聚集于统一的数据中心，而是分布在“云－边－端”不同的地理区域，这样既形成了大量“数据孤岛”，又带来了数据隐私和安全问题，更增加了监管难度。尤其是大量用户敏感信息的采集、存储、分析等存在极大的隐私泄露风险，第三方不可信或潜在攻击不仅限制了边缘智能的发展，更激化了数据流通与安全保护之间不可调和的矛盾。

作为安全的分布式机器学习框架，联邦学习为解决上述矛盾提供了解决方案，具体来讲，联邦学习不需要聚集边缘智能体系中的原始数据，而是利用分布在多节点的数据共同建立一个联合的人工智能模型。在模型训练中，多个节点与中央服务器交换模型参数，但不交换本地原始训练数据，这样不仅极大地减少了数据隐私泄露的风险，更增强了数据及整个体系的安全性。

此外，利用密码学方法也可以有效抵御对边缘智能的隐私性、可用性的攻击，但是会导致计算消耗的压力。为了平衡抵御攻击的有效性、数据可用性以及计算消耗间关系，可以采用基于安全多方计算、差分隐私和秘密共享等方法的协同模式。

进一步讲，安全多方计算、差分隐私等方法给出了部分安全及隐私保护解决方案，但

其代价为模型性能的降低、系统效率的牺牲。因此，如何平衡这种矛盾是实现边缘智能体系安全的重要研究方向。

2. “云－边－端”协同

为弥补边缘设备计算、存储等能力的不足，满足人工智能方法训练过程中对强大计算能力和存储能力的需求，可以通过边缘与云端、终端设备之间的协同计算来实现，主要包括“边－云”协同、“边－边”协同、“边－端”协同和“云－边－端”协同四种模式，其中，“云－边－端”协同服务模式已成为信息技术架构的发展趋势；同时，泛在连接的终端促使大量异构终端接入边缘智能体系；因此，可以兼顾设备的异构性、通信的异步性和资源的多样性，设计“云－边－端”协同的高效融合架构、机制和模式是联合智能需要考虑的重要问题。如图 2-12 所示，在常规协同模式中，往往将训练过程部署在云端，将训练好的模型部署在边缘设备端。显然，这种服务模式能够在一定程度上降低人工智能模型训练对边缘设备计算、存储等能力的要求；然而，这种模式过于简单，无法充分调动“云－边－端”的全局资源，更无法实现面向智能终端的个性化智能应用。

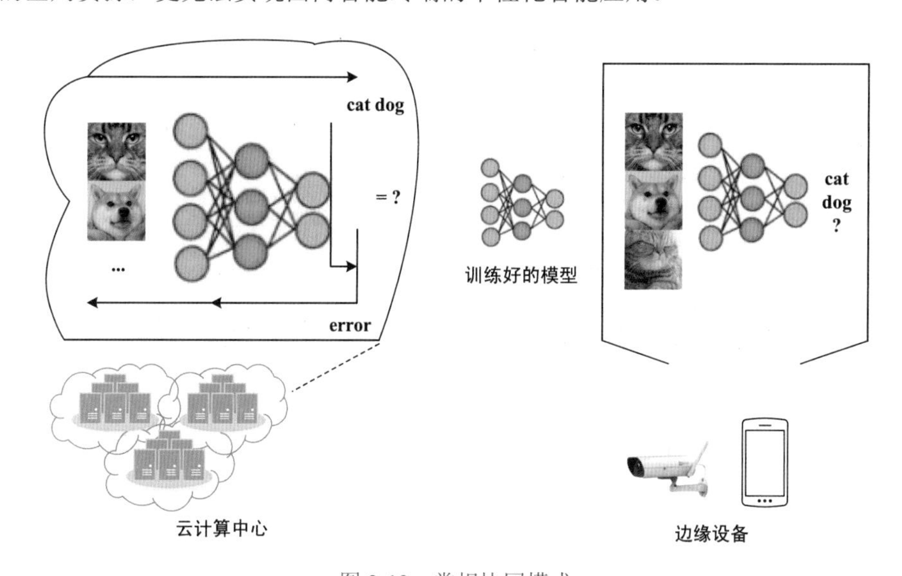


图 2-12　常规协同模式

3. 模型压缩

为了将人工智能模型部署在边缘设备上，可以采用模型压缩的方式对深度神经网络模型进行定制化改造。这种改造可以分为两种方法。

方法一：模型划分，即将人工智能模型划分为面向强算力和弱算力两部分，如图 2-13 所示，将计算量大的计算任务卸载到边缘端服务器进行计算，而计算量小的任务则保留在终端设备本地，实现边缘服务器和终端设备的推断与协同训练，以有效降低深度学习模型的推断与训练时延。然而，不同的模型切分点会导致不同的计算时间，因此需要选择最佳的模型切分点，以最大化地发挥终端与边缘协同的优势。

方法二：以稀疏化为代表的模型压缩方法，具体方案可以是在不影响准确度的前提下，采用降维（低秩）、随机稀疏模式、子抽样、概率量化等方案中的一种或多种组合。例如，可以在训练过程中丢弃非必要数据、稀疏代价函数等。图 2-14 展示了一个裁剪的多层感知网络，网络中许多神经元的值为零，这些神经元在计算过程中不起作用，因而可以将其移除，以减少训练过程中对计算和存储的需求，尽可能使训练过程在边缘设备进行。

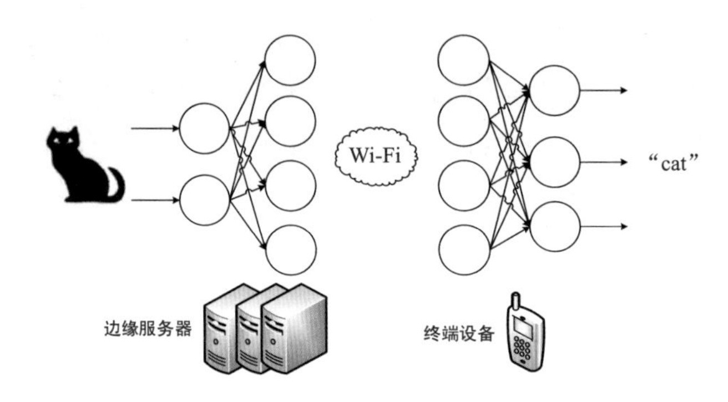


图 2-13 边缘服务器与终端设备协同推理

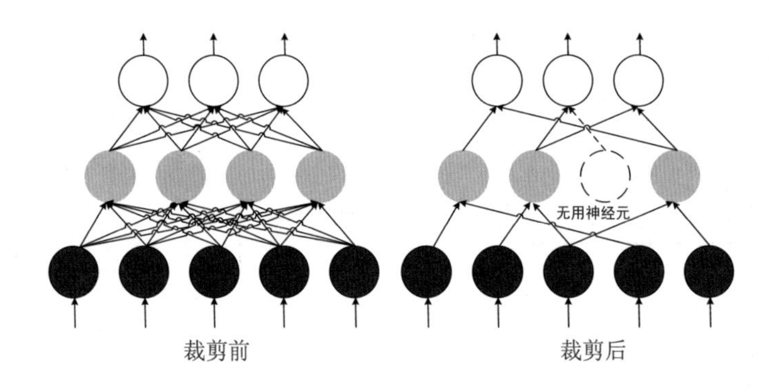


图 2-14 模型裁剪

### 4. 体系建模与资源调度

边缘智能体系涉及“云－边－端”的多样化基础设施，计算、存储、通信等资源能力由云、边、端顺序依次降低。而体系建模与资源调度的性能优化需要兼顾能耗、性能、资源消耗、成本、服务质量、安全等多方面度量指标。

通常，边缘智能体系的建模方法包括解析模型法、Peri 网法、整数规划法、随机过程法等；而资源调度的一般策略是在综合考量不同设备的计算和存储能力以及传输带宽前提下，根据任务类型，实现“云－边－端”设备之间的任务迁移和资源动态调度。

从整体来看，相关研究、进展和应用还处于发展阶段，未来的发展可以着力以下关键点：

（1）在资源受限场景中，网络连接状态直接影响“云－边－端”的通信效率，需要设计灵活的终端本地模型更新方式、多域参与方的选择机制、负载容错机制、模型压缩方法、模型协同推理与训练方式，以解决存储、计算、网络连接、续航能力等资源受限带来的建模与调度问题。

（2）在面向“云 - 边 - 端”的边缘智能体系中，5G 通信、边缘计算等技术推动了大量异构终端的泛在接入，而数据通常以非独立同分布、非对齐、多噪声等形式存在，这些形式极大地增加了模型建立、性能分析和评估的复杂性，尤其是参与方的模型训练效果会因载体设备的存储、计算、网络连接状态和续航能力变化而有所不同。因此，如何兼顾跨异构设备学习、断续网络连接、异步通信、减少通信消耗 / 提升通信效率等问题，构建高效的全局优化体系和资源调度模式是重要的研究方向。

尽管边缘智能尚处于发展的起步阶段，面临着数据安全与隐私保护、多样化智能设备的“云 - 边 - 端”应用、多种资源的优化调度等众多挑战，但随着 5G 通信、边缘计算、人工智能等新一代信息技术的发展，边缘智能的“云 - 网 - 边 - 端”全链路的应用场景也会不断丰富，“智能 +”的新风口已然形成。

## 2.4　边缘智能的重要应用场景

边缘智能在各类场景都有大量的潜在应用，我们可以从人工智能与边缘计算的行业应用角度去探索：

- 在人工智能领域增加边缘计算技术，形成覆盖更广、性能更优的“云 - 边 - 端”全域应用效果；
- 在边缘计算等领域中，引入智能硬件与智能算法，形成优化的计算节点部署、高效的任务迁移等方案。

下面从无人驾驶、智能安防、智慧家居、工业机器人等角度分析边缘智能的应用场景。

### 2.4.1　无人驾驶

无人驾驶是传感器、通信、自动控制和人工智能等技术的集成应用，是未来汽车技术的关键发展方向。

无人驾驶具备典型的“云 - 边 - 端”边缘智能架构：

- 在端的部分，包括大量可获取原始环境和车辆自身状态数据的传感器，通常涉及 GPS/IMU、激光雷达、摄像头和声呐等。然后，通过对来自不同传感器的数据进行有效融合，实现定位（Localization）、物体识别（Object Recognition）、物体追踪（Object Tracking）等感知功能；

- 在边的部分，利用机器人操作系统和相关硬件平台，整合行为预测、路径规划、安全避障等决策功能，以满足可靠性和实时性等要求；
- 在云的部分，基于分布式计算和分布式存储两方面功能可对无人驾驶提供强大资源支撑，主要任务包括高精度地图的产生和深度神经网络模型的训练等。

美国国家公路交通安全局（NHTSA）将无人驾驶功能分为0~4级，美国机动工程师协会（SAE）将无人驾驶技术分为0~5共6个等级。通过表2-2可以看出，SAE与NHTSA的主要区别在于对完全自动化的进一步细分上，SAE突出强调了行车对环境与道路条件的要求。

表2-2　NHTSA和SAE的无人驾驶分级

<table>
<tr><th colspan="2">自动驾驶分级</th><th rowspan="2">称呼（SAE）</th><th rowspan="2">SAE定义</th><th colspan="4">主体</th></tr>
<tr><th>NHTSA</th><th>SAE</th><th>驾驶操作</th><th>周边监控</th><th>支援</th><th>系统作用域</th></tr>
<tr><td>0</td><td>0</td><td>无自动化</td><td>由人类驾驶者全权驾驶汽车，在行驶中可以得到警告和保护系统的辅助</td><td>人类驾驶者</td><td rowspan="3">人类驾驶者</td><td rowspan="4">人类驾驶者</td><td>无</td></tr>
<tr><td>1</td><td>1</td><td>驾驶支援</td><td>通过驾驶环境对转向盘和加减速中的一项操作提供驾驶支援，其他驾驶动作由人完成</td><td>人类驾驶系统</td><td rowspan="4">部分</td></tr>
<tr><td>2</td><td>2</td><td>部分自动化</td><td>通过驾驶环境对转向盘和加减速中的多项操作提供驾驶支援，其他驾驶动作由人完成</td><td rowspan="4">系统</td></tr>
<tr><td>3</td><td>3</td><td>有条件自动化</td><td>由无人驾驶系统完成所有的驾驶操作，根据系统请求，人类驾驶者提供适当的应答</td><td rowspan="3">系统</td></tr>
<tr><td rowspan="2">4</td><td>4</td><td>高度自动化</td><td>由无人驾驶系统完成所有的驾驶操作，根据系统请求，人类驾驶者不一定需要对所有系统请求作出应答，在限定道路和环境条件中驾驶</td><td rowspan="2">系统</td></tr>
<tr><td>5</td><td>完全自动化</td><td>由无人驾驶系统完成所有的驾驶操作，人类驾驶者在可能的情况下接管，在所有的道路和环境条件中驾驶</td><td>全域</td></tr>
</table>

无人驾驶是边缘智能体系所涉及技术和应用的集中体现，场景极其复杂。在技术层面面临天气恶劣、行车安全、隐私保护、车联网、5G通信等挑战；在社会伦理层面，需要应对事故追责、驾驶立法等问题，因此，无人驾驶不仅被誉为人工智能技术的圣杯，更是边缘智能应用的系统工程综合实践。

### 2.4.2　智能安防

近年来，安防领域将越来越多的数据从云中心迁移到摄像头、传感器等网络边缘位置，这样不仅可以节省带宽、降低成本，提升服务响应速度与可靠性，更将人工智能从云端下沉至传统云服务难以覆盖的深山、矿井、远海航船等地方。

毋庸置疑，智能安防的核心终端设备是摄像头，因此依托摄像头的边缘存储计算的私有化部署将成为边缘智能时代的新业务和普遍场景。而且，边缘智能可以为智能安防提供涉及底层芯片、终端设备、网络设备、云端平台等一体化的全栈全场景式解决方案：

- 全场景是指包括公有云、私有云、各种边缘计算和物联网行业终端产品的使用部署场景；
- 全栈是指包括芯片、芯片使能、训练和推理框架和应用使能在内的全堆栈技术解决方案。

因此，边缘智能在安防领域的实践从根本上打破了人工智能应用落地的壁垒，突破了算力、存储、网络传输等诸多限制。具体讲，利用 5G 等网络通信技术可以解决海量监控摄像头终端的互联互通问题，利用内容分发网络等技术可以解决边缘节点的边缘计算服务与监控流量传输问题，进而在云端与终端之间实现就近的监控数据处理和访问服务。

此外，智能安防既是监控数据流量传输的“大场景”，又是维护社会稳定、保障人民安居乐业的“大支撑”。目前，边缘智能在城市安全防控、交通监管调度、公共基础设施管网优化、智能巡检、民生服务等方面发挥着重要作用。尤其，智能终端感知和分析能力提升了城市精细化管理的效率。例如，在基于边缘智能的梯联网中，可以通过各类传感端实时监测电梯运行状态，降低电梯故障率，保护乘客的使用安全；在基于边缘智能的城市安防系统中，利用智能摄像头对出入人员进行身份比对，实时感知异常事件，及时甄别和预测出可疑人员，以及潜在安全隐患，从而优化社会治安力量，提升社会治理的智能化水平。

总之，安防行业正处于一个从传统安防走向智能安防重要的转折点，依托边缘智能体系，将有助于拓展安防行业发展路径，并全面加速拥抱智能时代的到来。

### 2.4.3 智能家居

智能家居通过万物互联，将家庭中的各种智能设备（如温湿度传感器、照明厨房、客厅、卧室、卫浴等全屋家电）连接起来，通过网络通信、智能控制、数据联动共享等功能提升家居的安全性、便利性和舒适性，不断从家庭自动化发展为体系化的家庭智能。如图 2-15 所示，与边缘智能体系的“云 - 边 - 端”对应，智能家居所使用的智能硬件可以划分为云服务、硬件和智能手机应用三部分，其中，智能设备之间通过局域网实现协同联动，各部分的内在逻辑在云端进行智能备份与定时同步更新。

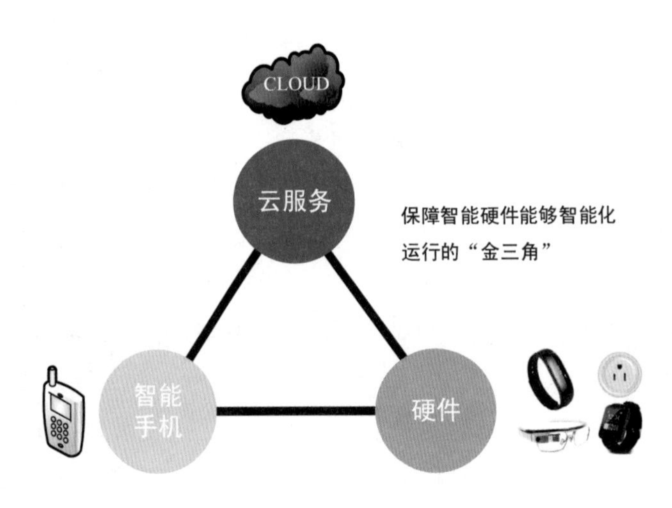


图 2-15　智能家居与智能硬件

基于云计算服务的传统智能家居，过度依赖云平台的资源支持。尤其是当出现网络故障时，智能设备就“智能全无”；另外，服务响应速度、延迟也是其应用瓶颈。而在基于边缘智能体系的智能家居中，智能网关就是边缘智能的主控制载体，可以处理用户信息并根据用户设置或者习惯做出全局优化的智能设备控制决策，在网络无法访问时，依然可以进一步提升智能家居体验。

目前，基于边缘智能的智能家居应用主要采用人工智能“领班”模式，可以通过智能音箱来调度设备之间的联动，并朝着自主感知用户生活行为习惯与环境变化的人工智能“管家”模式发展。以智能家居的防盗功能为例，通过门窗传感器 + 智能网关 + 智能摄像头的组合，可以实现边缘计算、云端上传、实时记录和异常报警等功能。

然而，由于智能家居直接面对人们的生活起居，个人隐私安全问题也不断凸显。尤其是像 Amazon Echo 智能音箱一样的智能设备已成为智能生活的“入口”，可以不断获取用户的图像、声音等个人数据，并在用户无法干预的情况下上传至云端，这存在巨大的隐私泄露和数据滥用风险。因此，在享受边缘智能带来居家智能乐趣的同时，将数据限制在家庭环境下，最大限度地保护用户隐私，既是法律、规范的强制措施，也是相关企业的行业准则，更是边缘智能的重要关注点。

### 2.4.4　工业机器人

机器人智能化一直是制造业的革命性技术，工业机器人通常位于“封闭”的工业互联网环境中，而“云－边－端”协同既是工业互联网的重要支柱，更是促进要素资源高效利用和生产过程柔性配置的关键；因此，边缘智能体系与工业机器人的集成具有天然联系，为满足工业应用的实时性要求，降低网络和 IT 资源消耗，边缘与云端协同开展数据分析已成为工业机器人应用的普遍做法。

基于高性能计算芯片、实时操作系统、边缘分析算法等技术的工业机器人，可以利用工业物联网和大量传感器，从网络接入点采集高速、复杂的机器数据，通过边缘端、云端数据分析模型，对现场工业数据进行实时分析和敏捷决策。其中，边是工业制造的大脑和神经，兼容多样性连接协议、应用系统，可实现“云－边－端”协同分析、灵活定制化的智能服务。

在工业机器人解决方案中，利用边缘计算网关在本地部署轻量级应用，可实时判断工业机器人及工业环境的故障隐患，实现生产过程中设备自主实时控制和远程实时控制。其中：

- 设备自主控制主要体现在基于 5G 的移动边缘计算技术的端到端通讯，将服务器下沉部署在无线网络边缘，降低终端与服务器交互的跳数，大幅降低端到端的时延；
- 远程实时控制则以实时监控视频流为载体，依托 5G 的高带宽、低时延模式实现。

工业机器人的传感和智能感知极为重要，因为机器人的人工智能系统的性能在很大程度上取决于为这些系统提供关键数据的传感器性能。基于大量高精度传感器数据，可以支持工业机器人知觉和意识模型的训练。如图 2-16 所示，协作机器人需要使用来自近场传感器及视觉传感器的数据，但是云端离线部署速度达不到协作机器人的实时、低延时响应需求，故将人工智能的训练和推理部署至工业互联网边缘，即机器人设备中。这种分布式人工智能模型依赖于高度集成的处理器，其特征包括：

- 利用丰富外围设备对接不同传感器；
- 基于机器视觉的高性能处理功能；
- 深度神经网络推理加速；
- 适于边缘部署。

图 2-16　工业机器人

此外，在工业机器人领域的应用中，基于边缘智能的物流机器人可以在较少人为参与的环境中，提取货物并把货物运送到包装站，甚至完成拣货、包装、交付等任务。但在特定环境中的移动需要传感器定位、三维建图、冲突检测等功能。

## 2.5 本章小结

本章给出了边缘智能的描述式定义，梳理了边缘智能的发展脉络，并分析了边缘智能面临的挑战及主要研究方向，最后从无人驾驶、智能安防、智能家居、工业机器人等场景，讨论了边缘智能的前沿应用情况。为便于读者理解相关概念，特将重要知识点凝练如下：

（1）边缘智能的狭义定义：远离核心网，最靠近用户侧网络边缘的各种终端设备所具备智能的集合；

（2）边缘智能的广义定义："智能+"的重要范畴，以服务为核心理念，是云计算服务向网络边缘服务的重要延拓，是5G通信的重要应用场景，以容器部署、微服务开发等云原生技术为落地实现的综合解决方案；

（3）边缘智能的核心架构：以搭载智能芯片的边缘终端设备为主体，以人工智能为核心，是联合云计算、边缘计算、联邦学习、区块链、5G通信等技术的"云-边-端"一体化智能体系；

（4）5G通信的关键适用场景包括增强型移动宽带（eMBB）、超可靠低延迟通信（URLLC）和大规模机器类通信（mMTC）业务；

（5）雾计算将计算能力和数据分析应用扩展至网络边缘，而边缘计算将决策能力下沉到边缘节点。

（6）边缘计算的本质是让"计算从中央走向边缘"，而边缘智能体系强调"智能从中央走向边缘，同时形成反馈回路"，进而构成"智能+"和"+智能"的双向回路体系；

本章是第1篇背景与基础的结尾，在第1章所述边缘智能的宏观背景下，梳理边缘智能的技术体系轮廓。下一篇将从架构、数据、模型、资源角度对边缘智能体系的核心技术进行详细剖析，第3章我们首先了解一下"云-边-端"体系架构。

# 第3章 “云－边－端”体系架构

早在电信时代，程控交换中心、程控交换机、电话便形成了早期的“中心－边缘－端”架构形态；在互联网时代，数据中心、内容分发网络（CDN）、移动电话/个人电脑（PC）延续了这种架构形态；到边缘智能时代，低时延、大带宽、高并发和本地化的计算服务需求激增，终端算力上移，云端算力下沉，边缘端算力融合，云计算中心、小（边缘）数据中心/网关、智能终端传感器则形成了明显的“云－边－端”层次结构，这正是边缘智能的核心架构。因此，“云－边－端”天然互补，相辅相成，缺一不可。

本章以系统工程方法论为指导，介绍系统工程的相关理论，以建立边缘智能的“云－边－端”体系架构为目标，重点讲解“云－边－端”体系架构模型的概念框架、层次结构、协同模式和度量指标，最后指出重要的前沿发展方向。

## 3.1 系统工程方法论

从中国古代阴阳八卦与阴阳五行说，到完整的人体系统思想，再到宋明理学中天地人系统模式思想等，无一不折射着系统思想的智慧。本节以系统思想为核心，首先讲解了系统工程的基本概念和逻辑步骤，然后分析了相关基本方法，为边缘智能体系架构模型的建立提供指导。

### 3.1.1 系统工程概述

1978年，钱学森院士指出：“系统工程是组织管理系统的规划、研究、设计、制造、试验和使用的科学方法，是一种对所有系统都具有普遍意义的科学方法。”因此，系统工程是组织管理系统的一种综合技术，涉及线性规划、非线性规划、博弈论、排队论、库存论、决策论等一系列运筹学方法。

系统工程所研究的问题具有多主体、多属性和多层次特征，所涉及的优化和决策方法具有交叉融合特点。其研究对象是由相互联系、相互制约的多个组成部分构成的整体，可以利用运筹学理论和方法以及信息技术进行分析、预测、评价、综合集成，从而使系统性能达到最优。因此，系统工程既是技术过程，又是管理过程。其技术过程遵循“分解—集成”的系统论思路和渐进有序的开发步骤；管理过程包括技术管理过程和项目管理过程。

在工程系统的研制方面，其本质是建立工程系统模型的过程，即从技术过程层面进行系统模型的构建、分析、优化和验证工作；从管理过程层面进行系统建模工作的计划、组织、领导和控制。因此，系统工程包括系统建模技术和建模工作的组织管理技术两个方面，其中，系统建模技术包括建模语言、建模思路和建模工具。

系统工程方法包括传统的霍尔三维结构模型、切克兰德软系统工程方法论、钱学森提出的从定性到定量的综合集成系统方法论以及顾基发等创建的物理－事理－人理（Wu-li-Shili-Renli，WSR）系统方法论等。系统工程中各阶段逻辑步骤的先后顺序并不严格，在实践中往往会出现反复、循环，如图 3-1 所示。

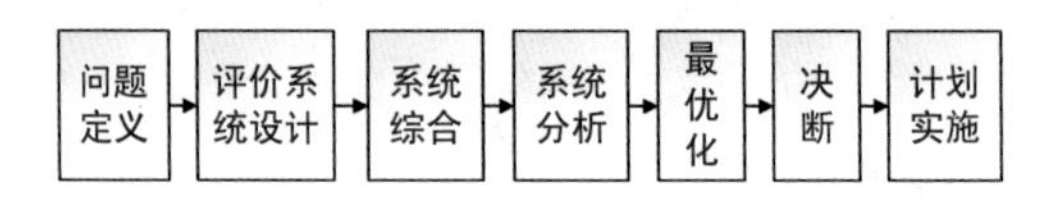


图 3-1　系统工程的逻辑步骤

## 3.1.2　基本方法

系统工程方法论是指处理系统工程问题的一整套思想和原则，是运用方法的方法。其中，处理与实物有关系统的方法论称为硬系统方法论（Hard Systems Methodology，HSM），处理实物层次以上人类活动系统或者两类交织系统的方法论，称为软系统方法论（Soft Systems Methodology，SSM）。

系统工程不仅研究物质系统，也研究非物质系统，并从全局、整体角度处理系统。具体讲：

一方面，硬系统方法论按照目标导向的优化过程，可以解决给定的结构化或程序化问题，但是对于有人参与的社会经济类系统问题却无能为力；

另一方面，为解决含有大量社会、政治以及人为因素的非系统性问题，问题导向的软系统方法论认为对社会系统离不开人的主观意识，即社会系统是人主观构造的产物，可为系统内成员自由开放辩论、表现各种世界观、改进系统方案提供一套系统方法。软系统方法的步骤如图 3-2 所示。

以处理硬系统工程问题的霍尔三维结构为例，如图 3-3 所示，其主要涵盖时间、逻辑、知识三个空间维度。

- 时间维度包括最初规划阶段至后期更新阶段所必须遵循的七大基本程序，即规划阶段（调研、工作程序设计阶段）、拟定方案阶段（具体计划阶段）、研制阶段、生产（施工）阶段、安装阶段、运行阶段和更新（改进）阶段。
- 逻辑维度明确了时间维度上各个阶段所应遵循的相关逻辑先后顺序，包括问题确定、目标选择、系统综合、系统分析、优化、决策和实施计划。
- 知识维度阐释了为确保各个阶段、步骤顺利展开所应用到的全部知识、技术等。

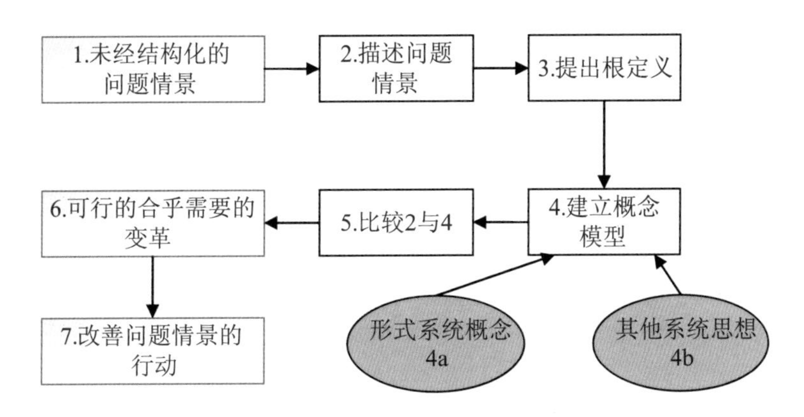


图 3-2　软系统方法步骤

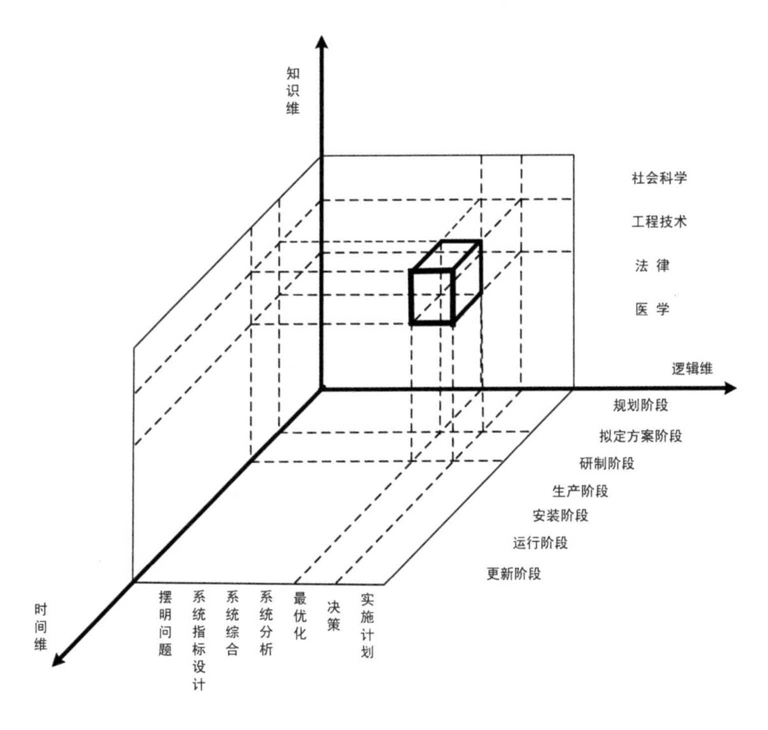


图 3-3　霍尔三维结构

另外，通过将时间划分阶段以及逻辑实施步骤进行相应的集成与综合，可以建立用于系统分析、设计、优化的系统工程活动矩阵。

此外，钱学森院士提出的定性定量相结合的系统工程方法在社会、经济、生态等方面也产生了深远影响，该方法具体包括系统建模、系统仿真、系统分析、系统优化、系统运行、系统评价六个方面：

- 系统建模是指利用数学模型、逻辑模型等描述系统结构、输入 / 输出关系和系统功能的过程，即用模型研究来反映对实际系统的研究；

- 一系统仿真是借助计算机对系统模型进行系统行为和功能模拟，相当于在实验室内进行系统实验研究；
- 一系统分析是通过系统仿真研究系统在不同输入下的反应、系统动态特性以及系统未来行为的预测等；
- 一系统优化的目的是要找出使系统具有最优、次优或满意的功能策略和决策；
- 一系统运行是指决策的实施过程，即系统的实际运行过程，也是决策的实践检验过程；
- 一系统评价是对系统决策的实施进行全面评价，以找出问题，提出新目标，并开始下一循环。

因此，结合边缘智能不断演进的“云－边－端”一体化计算新格局，按照系统工程面向过程的状态序列分解，以及由“硬”到“软”再到“整合”的技术脉络，可为边缘智能体系架构研究以及主要问题的解决提供从定性到定量的方法论指导。尤其是在体系架构模型的概念框架定义、层次结构设计方面具有极为重要实践意义。

## 3.2 体系架构模型

边缘智能不仅依赖于边缘计算、人工智能应用的双重推动，更得益于联邦学习、区块链、5G 通信等新一代信息技术的合力作用。因此，“云－边－端”三体协同是目前高效、实时、安全解决边缘智能的资源需求、任务需求、服务质量、隐私保护等问题的最佳方案。

### 3.2.1 概念框架

针对边缘智能体系中数据共享、任务协同、资源调度等方面需求，结合联盟区块链、深度强化学习、联邦学习等技术，从数据融合、模型联合、资源整合三个角度，可以将边缘智能的核心概念框架定义为“云－边－端”一体化联合智能架构（Federated Intelligent Architecture of Cloud-Edge-Device，FIA C-E-D）。如图 3-4 所示，该框架既充分考虑了提升整个体系架构的系统功能，又兼顾了“云－边－端”的实际计算、通信、能耗等因素约束。按照系统工程原理，FIA C-E-D 概念框架由实体集合 E 与关系集合 R 构成，其宏观定义为：

$$\text{FIA C-E-D} = \{E, R\} \tag{3-1}$$

其中，实体 E 包括云、边、端三个层次的实体域，具体可分别对应分布式云计算数据中心提供的云服务、边缘智能服务、智能终端服务；关系 R 包括三个实体域间联系与实体域内部联系，具体涉及数据、模型、资源三个视角下的三大类关系，如下：

- 边缘智能多域实体间多源异构数据的共识、安全信任关系；
- 分布式人工智能模型推理、训练的协同关系；
- 计算、存储、网络通信等资源的联合调度关系。

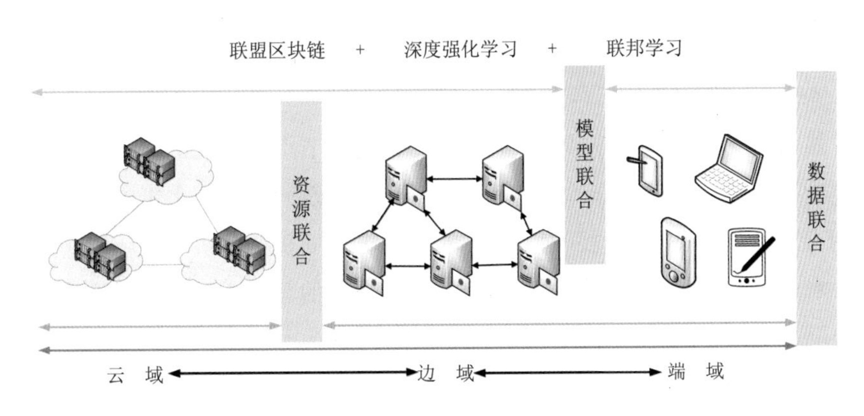


图 3-4 FIA C-E-D 概念框架

如图 3-4 所示的 FIA C-E-D 概念框架，可采用基于联盟区块链、联邦学习技术解决边缘智能体系中“云 - 边 - 端”多域实体间数据融合、模型联合面临的安全信任以及共识协同问题，基于深度强化学习的计算迁移模型解决算力、存储、网络通信等资源受限调度问题，具体可从以下三个方面进行考虑。

（1）基于轻量级联盟区块链的联邦学习模型。

从安全性维度建立面向边缘智能的应用体系，利用联邦学习、轻量级联盟区块链建立多域数据、模型资源的安全联合机制。

首先，通过设计轻量级联盟区块链的共识机制，可以提高体系的容错性和抗恶意攻击能力，保证数据的防篡改、防泄漏、可溯源能力，进而解决多域数据的安全联合问题；然后，设计基于本地差分隐私的联邦学习模型参数安全加密机制，并通过将模型参数上传至联盟区块链，解决模型的安全联合问题。最终，通过基于轻量级联盟区块链的联邦学习模型，实现跨域可信的资源安全联合。

（2）面向“云 - 边 - 端”联合架构的轻量级神经网络压缩方法。

目前，目标检测、态势理解、精准推送等边缘智能任务的核心功能多由深度神经网络模型实现，因此，需要考虑如何在算力、通信等资源受限环境下，构建面向“云 - 边 - 端”联合架构的轻量级神经网络模型，并安全地进行模型训练与推理，以实现面向多域任务的智能协同。

针对“云 - 边 - 端”联合架构各域计算能力特点，设计适合“云 - 边”的模型压缩方法，然后将轻量级模型下发至边缘终端，基于“边 - 端”的联邦学习模式，利用终端的个性化用户数据训练和微调下发的轻量级模型，以满足模型的安全训练与推理。最终，通过模型压缩，让移动终端可以运行满足计算密集型任务需求的高可用性、轻量级神经网络模型，即使在远端的云服务资源不可用的恶劣条件下，依然可以降低任务执行时间。

（3）基于深度强化学习的低时延动态资源调度。

由于在边缘智能环境下部分基于高性能神经网络模型的时延敏感任务无法在资源受限

的移动终端运行，因此，需要研究“云－边－端”联合架构下低时延动态资源优化问题。

此外，在实际部署应用中，可以基于“云－边－端”一体化联合智能架构设计多维度协同机制，覆盖高度分散的终端节点、冗余完备的边缘节点、强大的云端中心节点，形成动态、弹性的层次结构边缘智能体系，利用不同层级云及同层级云水平方向的协同机制，增强单云的可靠性及突发情况的应对能力；利用端云协同机制解决动态环境下的计算任务迁移问题；利用终端间、端边间协同机制完成移动设备的算力、存储、网络通信等多维度资源调度协同处理。

### 3.2.2 层次结构

边缘智能是融合云计算、边缘计算范式和人工智能等技术的“云－边－端”三体协同体系，通过在“云－边－端”间进行内容（任务）转发、存储、计算、智能分析等工作的协同联合，可以提供低响应时延、低带宽成本、全网调度、算力分发等端到端服务。

需着重指出的是，边端紧贴用户场景，可以提供面向不同垂直行业场景的数据预处理或本地服务闭环管理运维，云端通过统一管理边缘节点资源和业务能力，支撑边缘节点的注册发现、配置管理、业务下发、运维信息上报等部署场景，“云－边－端”层次结构如图 3-5 所示。

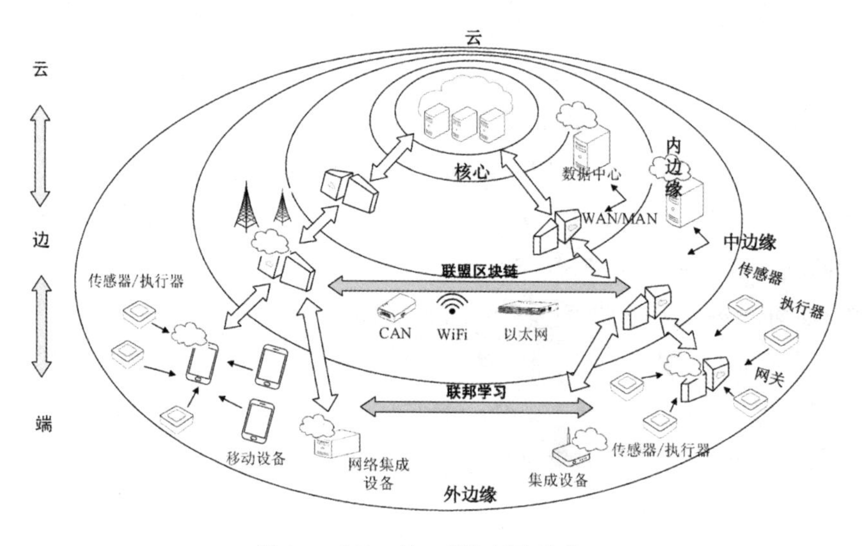


图 3-5 “云－边－端”层次结构

从系统工程角度，边缘智能的层次结构可以划分为内边缘、中边缘、外边缘三层。

（1）内边缘

内边缘以分布式云计算数据中心为核心，是一套云原生的协同开放架构，可将丰富的云端业务能力延伸到边缘节点，实现容器、设备、应用集成、视频业务能力的协同，支撑快速构建边缘端业务处理能力，提供涵盖端侧设备、应用、视频数据的连接，按需承载物联感知、AI 推理、应用集成、近场计算等解决方案。

（2）中边缘

中边缘包括多种网络接入环境和边缘计算设备，主要由两种类型的网络组成，即局域网和蜂窝网络。局域网包括以太网、无线局域网和校园区域网络；蜂窝网由宏蜂窝、微蜂窝、微微蜂窝和毫微微蜂窝组成。明确地说，中边缘涵盖了用于托管云端服务的各种设备。

（3）外边缘

外边缘也被称为极端边缘或远边缘，代表边缘智能的最前端，包含资源受限设备、集成设备和 IP 网关设备三类设备；例如，传感器、执行器、智能移动终端等。

按照系统工程的实体和关系分析方法，边缘智能体系架构模型的本质是对云、边、端三个主体域的垂直划分，而主体域之间的关系描述则以协同关系为核心。接下来我们将详细讲解“云 - 边 - 端”间的不同协同模式，以期从更多维度展现边缘智能的架构体系。

## 3.3 协同模式

5G 时代，终端算力上移、云端算力下沉，在边缘形成智能融合。然而，边缘智能面临智能算法资源需求与边缘设备资源受限、服务质量与隐私保护、智能应用需求多样化与边缘设备能力有限等多对矛盾。按照“纵向到端、横向到边、全域覆盖”的思路，实现“云 - 边 - 端”多域主体间的全局性协同是解决上述矛盾的关键。如图 3-6 所示，本节从边缘智能场景下的四种协同模式出发，讨论“云 - 边 - 端”天然互补的协同关系。

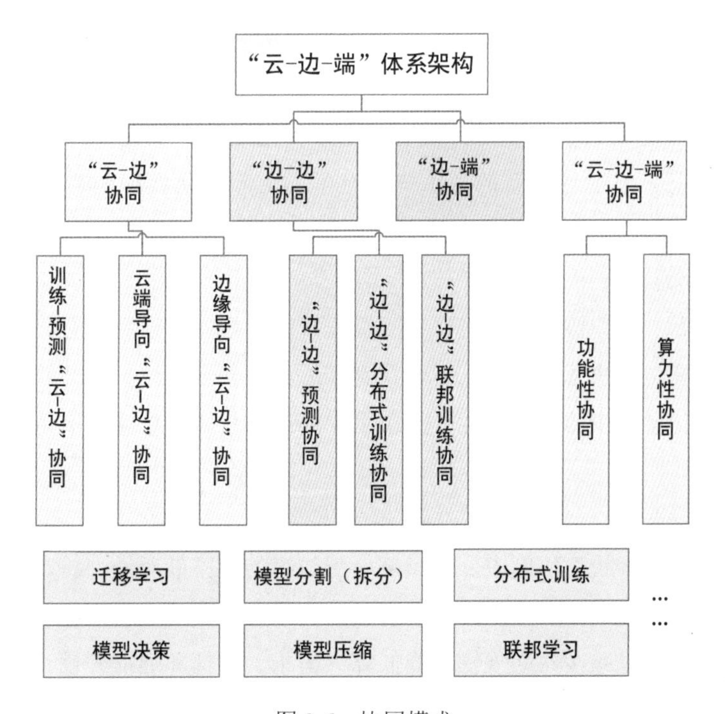


图 3-6 协同模式

### 3.3.1 “云–边”协同

云端与边缘协同是目前研究和探索最多的一种协同模式，边缘负责本地范围内的数据计算和存储，云端负责大数据的分析挖掘和算法训练升级。在“云–边”协同中，云端和边缘有如下三种协同模式。

（1）训练–预测“云–边”协同

云端根据边缘上传的数据来设计、训练、升级智能模型，边缘端负责数据采集和基于实时数据的最新模型预测。该协同模式已经应用于无人驾驶、机器人控制、视频检测等多个领域，谷歌公司的 TensorFlow Lite 框架可作为该模式的开发入门工具。

（2）云端导向“云–边”协同

云端除了模型训练之外，也会进行部分预测工作。例如，在神经网络模型分割中，云端进行模型前端的计算任务，然后将中间结果下发给边缘，边缘继续执行预测工作。该协同模式的关键是在平衡计算和通信消耗间找到合适的模型分割点，尚处于研究阶段，真实场景应用较少。

（3）边缘导向“云–边”协同

云端只负责初始训练工作，边缘除了实时预测外，还利用自身数据训练模型，使最终模型能够满足终端的个性化需求。该协同模式也处于研究阶段。

在“云–边”协同中，涉及的关键技术主要包括迁移学习、模型分割和模型压缩。

（1）迁移学习

在传统“云–边”协同中，迁移学习可以节省标注样本的人工时间，使模型通过已有标记数据向未标记数据迁移，从而建立起源域到目标域的映射，训练出适用于目标域的模型。在边缘智能场景下，需要将模型适用于不同场景，因此，可以利用迁移学习保留模型的原始信息，然后通过新的训练集进行学习更新，从而得到适用于新边缘场景的智能模型。

（2）模型分割

在云导向“云–边”协同中，需要将规模较大的神经网络模型进行分割，一部分在云端执行，一部分在边缘执行。因此，需要找到合适的分割点，尽量将计算复杂的工作留在云端，然后在通信量最少的地方进行分割，将中间结果传输至边缘，实现计算量和通信量之间的权衡。

（3）模型压缩

在边缘导向“云–边”协同中，为了部署于边缘的模型能有效训练，克服边缘算力受限问题，可以利用神经网络模型压缩技术解决这一难题，即通过模型参数共享和剪枝等方式减少非重要参数，以减少网络规模，降低算力需求、存储和通信开销。此外，权值量化也可以减少模型计算量。

### 3.3.2 “边－边”协同

边缘与边缘之间的“边－边”协同主要用于解决以两个问题：

- 单个边缘计算能力有限，需要多个边缘协同配合，提升系统整体能力。例如，利用单个边缘进行神经网络模型训练既耗费大量时间和算力，又容易因数据有限导致模型过拟合（为了得到一致假设而使假设变得过度严格）。因此，需要“边－边”协同训练；
- “数据孤岛”问题。边缘的数据来源具有较强的局部性，需要与其他边缘协同以完成更大数据范围的任务。

在“边－边”协同中，有如下三种协同模式。

（1）“边－边”预测协同

云端完成模型训练，根据边缘的算力情况拆分模型并分配到边缘设备上，使每个边缘设备执行一部分模型，以减少计算压力。该模式一般适用于手机、手环等计算能力受限的边缘之间。

（2）“边－边”分布式训练协同

边缘上拥有整个模型或者部分模型，并作为计算节点进行模型训练，训练集来自边缘自身产生的数据。按照协同规则，将训练得到的模型参数更新到中心节点（参数服务器）以获得完整模型；因此，设计高效的参数更新算法以平衡带宽消耗和模型准确率是该协同模式的研究热点。

（3）“边－边”联邦训练协同

为实现数据安全和隐私保护，某个边缘节点保存最优模型，每个边缘作为计算节点参与模型训练，并在不违反隐私规定情况下向该节点更新参数。相比于“边－边”分布式训练协同，该模式侧重数据隐私，边缘节点是数据的所有者，可以自主决定参与学习的时机；而在分布式训练中，中心节点占据主动地位，具有边缘闲置资源的管理权限。

在“边－边”协同中，涉及的关键技术主要包括模型拆分、分布式训练和联邦学习。

（1）模型拆分

与“云－边”协同相似，在边缘之间协同也需要模型的拆分，而且针对不同的边缘以及边缘资源的动态性，需要拆分模型的次数和分割点的位置更加多样化，常常需要考虑运行时资源的动态变化，以平衡资源利用率、推断准确率、处理速率、能耗等方面的因素。

（2）分布式训练

在边缘智能场景下，可以利用边缘的闲置资源进行模型训练。但与云计算分布式训练不同，边缘节点的计算能力差异极大，并且同一个边缘节点在不同时刻的计算能力也有差异。因此，需要综合考虑边缘设备资源的动态变化，以及不同地理空间的速度、通信质量和带宽差异。

（3）联邦学习

在保障数据交换安全和隐私前提下，联邦学习利用多个计算节点进行模型更新，即在一个公共节点上建立虚拟共有模型，其他节点在隐私规定约束下向该节点更新参数，最终形成最优模型。目前联邦学习已在谷歌、微众银行、平安银行等公司初步应用。

### 3.3.3 “边－端”协同

“边－端”协同中的“端”指智能终端设备，主要包括传感器设备、摄像头、工厂机械设备等。“边－端”协同主要解决边缘节点的能力增强问题。在“边－端”协同模式中，终端负责采集数据并发送至边缘，同时接收边缘的指令进行具体的操作执行；边缘负责多源数据的集中式计算，发出指令，对外提供服务。该模式在智能家居和工业物联网中具有广泛应用，已成为人工智能应用落地的关键一环。

在“边－端”协同中，涉及的关键技术主要包括模型轻量化和模型决策。

（1）模型轻量化

在“边－端”协同下，边缘作为计算任务的主体和系统的核心中枢，需要承担更多的计算任务。因此，在资源受限场景下的模型压缩和轻量级模型设计就显得尤为重要，需要在保证模型精度的同时，大规模降低模型的参数数量。

（2）模型决策

目前，深度神经网络模型的规模越来越大，参数数量也越来越多，但在边缘智能场景下，受限的终端资源无法运行适用于云端的大规模模型，而且不同场景对准确率也有不同要求。因此，可以通过模型决策技术来平衡模型的资源消耗量和准确率，牺牲一部分准确率以换取较好的实时性，进而得到最符合边缘智能场景需求的模型。

### 3.3.4 “云－边－端”协同

“云－边－端”协同将利用整个链路上的算力、智能等资源，并将智能分布在由“云－边－端”构成的一体化连续频谱上，以充分发挥不同设备的优势，全方位地解决各个主体域的矛盾，如图 3-7 所示。“云－边－端”协同主要分为功能性协同和算力性协同两种协同模式。

（1）功能性协同

基于不同设备所处的地理空间、所担当的角色的不同而承担不同的功能。例如，终端负责数据采集，边缘负责数据预处理，云端负责多源数据处理和服务提供等。

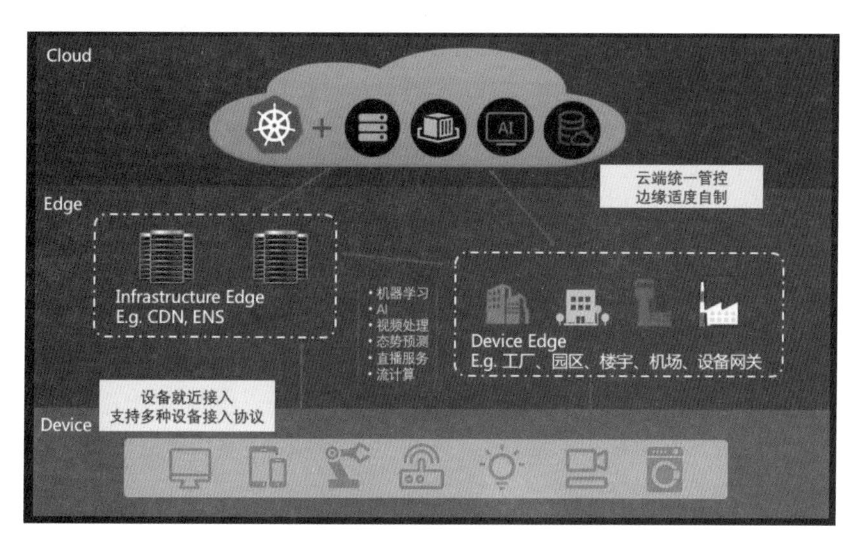


图3-7 “云-边-端”协同

（2）算力性协同

基于对不同设备算力的考虑，不同层级的计算设备承担不同算力需求的任务，包括任务的纵向分割和分配等。

在“云-边-端”协同的一般模式中，云端通常以分布式云计算数据中心为支撑，支持微服务、容器、DevOps等云原生技术体系，对边缘上传的数据进行挖掘、分析、应用，同时对算法模型进行训练和迭代，并将优化后的模型分发到边缘节点，以保证边缘节点及终端设备智能模型的不断更新和升级，进而完成动态迭代闭环；边缘具备资源分配、数据处理和本地决策能力，实现终端设备接入控制、动态调度、多节点协同、数据清洗缓存、低时延响应等功能；终端具备本地计算、“边-端”协同和完全卸载能力。

“云-边-端”协同所涉及的关键技术涵盖了前文介绍的各类技术，包括模型分割、模型压缩、联邦学习等。除此之外，在系统级别上，“云-边-端”协同技术还包含大数据治理、联盟区块链、任务调度优化等技术。在硬件级别上，还包括专用芯片、嵌入式开发等，相关内容会在后续章节介绍，这里作简单了解即可。

通过结合覆盖“云-边-端”多域主体的层次结构和多种协同模式，可以初步实现边缘智能的概念框架。如何从边缘智能的概念模型进一步向落地应用迈进呢？则需要通过相关度量指标对边缘智能体系进行评估和验证。

## 3.4 度量指标

在“云-边-端”体系架构中，度量指标是衡量模型性能的关键和重要依据。针对不同的优化问题，这些指标既可以是优化目标，也可以是问题约束。本节将讨论边缘智能中性能、资源使用、成本、能耗、服务质量、安全性等指标。

### 1. 性能

性能指标涉及应用性能和系统性能两部分，其中：

（1）应用性能与执行时间、延迟和吞吐量相关，任务完成时间可能取决于多个任务的计算时间，加上资源间的数据传输时间，总执行时间取决于计算和传输步骤的关键路径；

（2）系统性能根据应用程序的时延进行评估，时延可分为处理时延和传输时延，应用处理所有任务花费的时间称为处理时延，将数据包发送到目的地的通信时延称为传输时延。在资源调度问题中性能评估使用较多，通常用来评估调度和缓存求解器的可扩展性，并分析连接到云端传感器的平均等待时间和吞吐量。

### 2. 资源使用

由于边缘智能终端设备的容量有限，为设备分配任务时需要考虑到当前可用的资源，通过负载分析可以优化任务配置。尤其，稀缺资源的高效使用至关重要。以 CPU 和内存为代表的边缘智能终端资源是有限的。在某种程度上，可以牺牲执行时间来换取 CPU 的使用，对于某些非时间敏感型应用程序而言，这是可以接受的。此外，内存资源消耗对运行大型深度神经网络模型也构成了严格的限制。

除了 CPU 和内存之外，智能终端设备和边缘资源之间以及边缘资源和云之间的网络带宽也是稀缺资源；尤其，不同设备间地理位置隔离，通信在不同的计算层级间协同，带宽的限制都是一个挑战。值得注意的是，与性能指标（可以称之为跨越多个资源的全局度量）不同，资源使用需要分别在每个边缘智能节点和链路上考虑资源消耗情况。

### 3. 成本

在边缘智能中，大量依托云端资源，无疑会大大增加服务成本，而智能终端大量的野蛮部署也会增加管理成本。同时，将数据回传至云端，算力消耗与传输成本都是巨大的。因此，云端算力下沉，终端数据上移，边缘智能融合，不仅是对计算存储、网络资源的优化配置，更是对成本的极大节约。

### 4. 能耗

能源也可被视为稀缺资源，但与其他资源类型不同，所有资源和网络都消耗能源，即使空闲资源和未使用的网络元素也消耗能源，且其能耗随着使用的增加而增加。同时，能耗还取决于功率消耗的时间量。能源对于边缘智能“云－边－端”架构的每一层级都是重要的，在智能终端设备方面，电池电量通常是其性能的决定因素；在边缘资源方面，通常不由电池供电，故能耗不那么重要；在云端，能耗非常重要，电功率是云计算数据中心的主要成本驱动因素。同时，由系统工程思维可知，边缘智能体系与环境密不可分，故其整体能耗也很重要。

### 5. 服务质量

在边缘智能的“云 – 边 – 端”体系架构中，许多因素都会影响服务质量（QoS）；例如网络中可用的计算机资源以及消耗资源的联网终端设备数量，需要根据“云 – 边 – 端”个性化需求与优势，实现各类设备、用户的管理与控制，对外提供最合适、最经济的计算发生位置。

### 6. 安全性

上述度量指标容易被量化；然而，可靠性、安全性和隐私这些涉及体系架构安全的指标却难以被量化的。沈昌祥院士曾指出：“任何一个安全模型，如果在现实社会找不到对应，那么这个模型一定是错的，因为它违反了社会规律”。因此，现实中是无法通过优化问题来达到安全目的，而是应该通过适当的架构和技术解决方案来保障安全。例如，可以通过增加冗余计算来实现可靠性，通过适当的加密技术来实现安全性，通过匿名化保护个人数据的隐私性。

需要注意的是，为达到安全的优化目标，其解决方案通常与成本、性能相冲突。例如，增加冗余可能会提高可靠性，但同时它会导致更高的成本。同样，从安全性的角度来看，偏好具有高信誉度的服务提供商是有利的，但也可能导致更高的成本。因此，度量指标通常是冲突和目标之间的最佳权衡。

### 【思维拓展】浅析“度量衡”

度量是计量性能的重要方式，而指标是衡量目标的参数，因此，在“云 – 边 – 端”体系架构中，度量指标是衡量和描述性能的重要依据。其实，度量指标与我国古代的“度量衡”具有密切渊源。

度量衡是计量物体的长度、容积和重量的标准的总称；其中，度是计量长度，量是计量容积，衡是计量重量。据史书称，黄帝设立了度、量、衡、里、亩五个量；舜召集四方首领把各部族的年月四季时辰、音律和度量衡协同起来；夏禹治水使用规矩准绳为测量工具，并以自己的身长和体重作为长度和重量的标准。随着人类交换行为的发展和生产力的进步，度量衡也在不断变化，经历了由粗糙变成精细，由简单变成复杂的演变过程。

尤其，秦王朝统一的度量衡制度为两千多年封建社会所沿用，形成了我国计量科学独特的体系，给当时的商业和经济发展提供了便利，保证了国家赋税和俸禄收入的标准化，对国家实行赋税制和俸禄制的统一产生了积极的推动作用。此外，重要典故出处如下：

- 《礼记·中庸》（第二十八章）：“今天下车同轨，书同文，行同伦。”
- 《史记·秦始皇本纪》：“一法度衡石丈尺，车同轨，书同文字。”

---

## 3.5 前沿方向

本节结合5G时代的边缘智能具有万物智联、低时延、大带宽、高并发、本地化等特征，从区块链、边缘云原生容器、机器人系统角度探讨“云－边－端”体系架构的前沿发展方向。

### 3.5.1 “云－边－端”区块链

尽管“云－边－端”体系架构可以支撑统一管控、智能下沉以及端到端的云计算服务，但身份认证、数据安全、隐私保护等难题仍亟待解决。与边缘智能特性高度相似，区块链无需集中授权，可以提供一种透明、安全、可审计的分布式数据账本。因此，融合区块链和边缘智能将加速“云－边－端”体系架构的成熟，助推基于“云－边－端”区块链的下一代产业互联网基础设施形成。

“云－边－端”区块链技术集P2P网络技术、共识算法、跨链技术、分布式哈希技术、自证明文件体系以及Git等技术于一体，按照面向边缘智能的“区块链互联网”模式，在云计算、边缘计算、5G、区块链等技术助力下，实现“万物互联，无处不在”的基础性创新应用。例如，分布式网络分发协议链（Distributed Network Protocol Chain，DNP）是基于分布式数据存储与点对点传输的“云－边－端”底层公链，可以为分布式、低延时、高密度连接场景提供强大的第三方服务能力。

Polar Chain是星际比特公司推出的面向边缘智能的去中心化对等网络生态系统，如图3-8所示，其优势如下：

- 降低时延，扩展带宽。边缘计算利用本地部署的优势，在边缘网络进行数据处理和存储，分散化布局对网络带宽的要求更低，加之距离用户终端较近，因此时延得到有效缩短；
- 获取网络需求定位。当终端接入无线网络时，本地计算节点可以确定设备的地理位置，识别用户的网络需求，提供基于位置和用户的分析；
- 资源本地化。在本地部署的边缘计算平台相对独立，可以更加轻松地利用本地资源，发展本地服务和应用；
- 支持设备异构性。边缘计算平台提供新的入口，支持多样化的异构软件设备；
- 提高资源利用率。很多智能终端在非工作状态下处于闲置状态，边缘计算可以在无线网络中对其加以利用，实现物理资源共享。

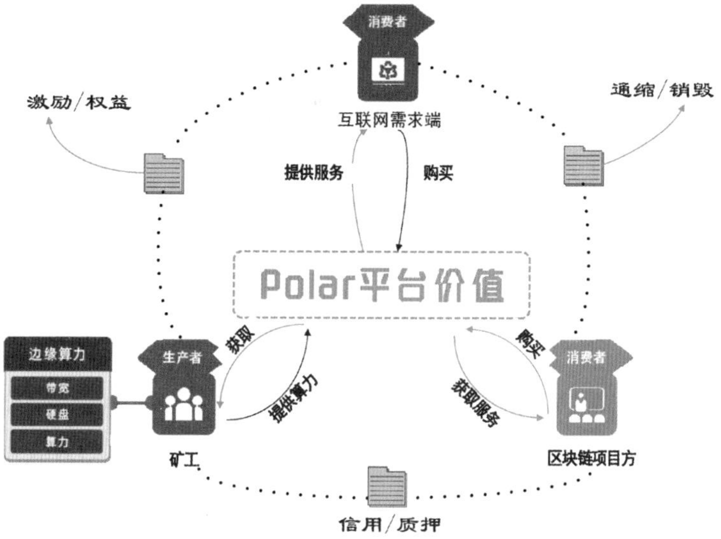

图 3-8 Polar Chain 价值体系

可以说，Polar Chain 就是“云 - 边 - 端”架构下传统边缘计算和区块链技术的有机结合，在视频加速、在线 VR、CDN 服务扩展、物联网、车联网等边缘智能场景具有广阔的发展前景，其系统结构如图 3-9 所示。人工智能和区块链结合形成的去中心化计算范式将成为下一代 IT 基础设施。

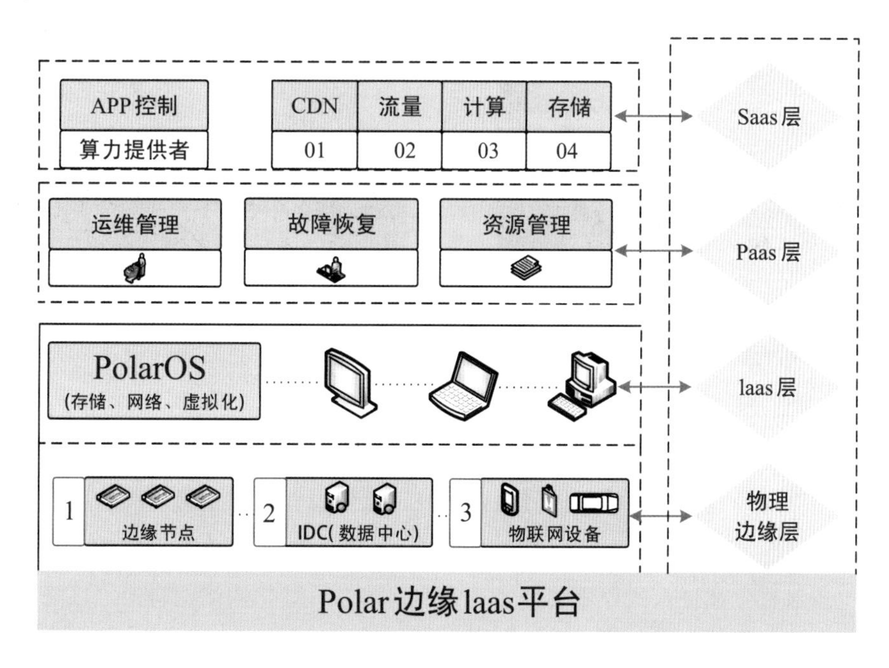


图 3-9 Polar Chain 系统结构

### 3.5.2 边缘云原生容器服务

云原生（Cloud Native）是2013年提出的一种架构思想集合，包括DevOps、持续交付（Continuous Delivery）、微服务、敏捷基础设施（Agile Infrastructure）和12要素（The Twelve-Factor App）等主题；其中，DevOps是涵盖Dev（开发人员）+Ops（运维人员）的一组过程、方法与系统的统称；其总体架构包括资源调度、分布式系统服务、应用定义与编排等技术组件与一系列技术对接标准。

由浙江大学、华为等企业共同建立的云原生基金会（Cloud Native Computing Foundation，CNCF）是当前容器、微服务领域最活跃的社区之一，目前已经包含20多个开源项目、超过500种开源技术。尤其，以Kubernetes API为基础，大量云原生项目可支持serverless、AI、大数据等多种场景。

从本质角度讲，容器是与操作系统的其他部分相隔离的一系列进程。图3-10为虚拟化技术与容器技术的简单对比，与虚拟化技术不同，容器可共享同一个操作系统内核，将应用进程与系统其他部分隔离开。具体讲，虚拟化技术是使用虚拟机监控程序模拟硬件，从而使多个操作系统能够并行运行；而容器提供了可移植性和版本控制，运行时所占用的资源更少，支持跨多个云环境的容器管理编排。

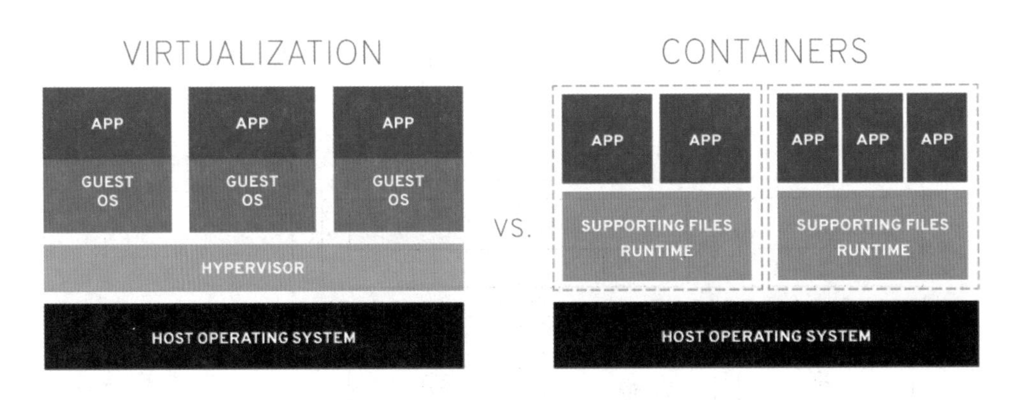


图3-10 虚拟化技术与容器技术

值得重视的是，在“云－边－端”一体化新格局下，边缘云原生技术生态不断发展。2019年，阿里云发布了致力于实现“云－边－端”一体化协同的边缘容器（ACK Edge Kubernetes），拓展了云原生技术的边界，并已在智能楼宇、智慧停车、物业管理、人脸识别、千人千面等场景中落地应用。其中，边缘云原生容器技术是通用的容器云原生基础设施，可以更好地实现数据协同处理、应用部署，尤其是在延时敏感、带宽有限的情况下，可以按照主流云原生非侵入式原则实现“云－边－端”一体化的弱网自治，以降低边缘资源维护成本。

边缘容器服务架构（如图3-11所示）的端边、云边、边边协同是其重要的原生特质，通过融合计算平台，可实现底层资源的统一云管控和算力资源接入，并支持边缘自治、边缘安全容器、边缘智能等需求。整体的边缘云原生容器服务具有如下价值：

- 资源弹性伸缩，按需购买，按量付费；
- 降低运维难度，实时可视化监控，海量节点极简运维；
- 安全可靠，故障迁移能力；
- 服务效率高，极简动态配置。

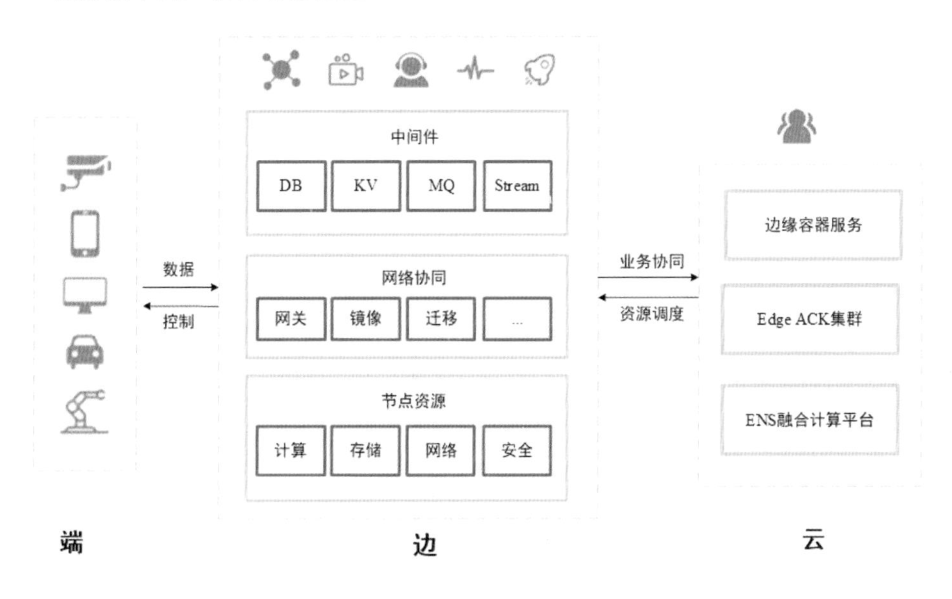


图 3-11　边缘容器服务架构

### 3.5.3 “云 - 边 - 端” 一体化机器人系统

机器人的发展历程（如图 3-12 所示）可划分为机器人 1.0、2.0 和 3.0 阶段，实现从感知到认知、推理、决策的智能化进阶。而在即将到来的机器人 4.0 时代，云端大脑分布在“云 - 边 - 端”的全链路，依托边缘智能体系提供更高性价比服务，具备规模化的感知、智能协作、理解、决策、自主服务的能力。

作为机器人 4.0 的必由之路，“云 - 边 - 端”一体化的无缝协同计算将克服网络带宽以及延迟的制约，形成以机器人本体计算为主，云端处理非实时、大计算量的任务为辅的系统架构，无缝地在“云 - 边 - 端”上合理地处理基于高清摄像头、深度摄像头、麦克风阵列以及激光雷达等传感器采集的海量数据，实现精准感知理解环境、多模态感知融合、实时安全计算、终端计算（机器人本体）- 边缘计算 - 云计算协同的自适应人机交互功能。

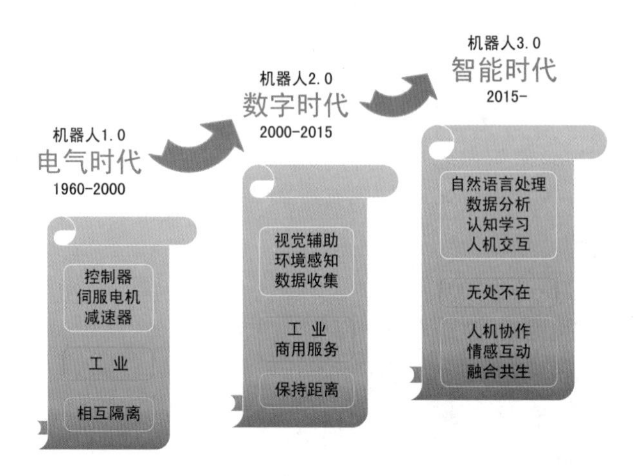


图 3-12　机器人发展历程

其中，在实时安全计算方面，未来服务机器人将处理大量涉及用户隐私的数据（如视频、图像、对话等）。"云－边－端"一体化架构可以构建隐私数据的安全传输、存储、监测机制，并且限定其物理范围，保证机器人系统即使被远程攻击劫持后也不会造成物理安全损害。此外，按照边缘智能模式，边缘服务器可以在网络边缘、靠近机器人的地方处理机器人产生的数据，减少对于云端处理的依赖，形成一个高效的"云－边－端"一体化机器人系统。

图 3-13 是"云－边－端"一体化机器人架构图，我们可以看到信息的处理和知识的生成与应用是在"云－边－端"上分布式协同处理完成的。云侧提供高性能计算、模型训练支持以及通用知识存储；边缘侧可以提供有效的算力支持，并在边缘范围内实现协同和共享；机器人终端完成推理引擎部署、实时协同计算、任务迁移等能力，在"云－边－端"一体化架构下支撑机器人获得认知能力的持续进化。

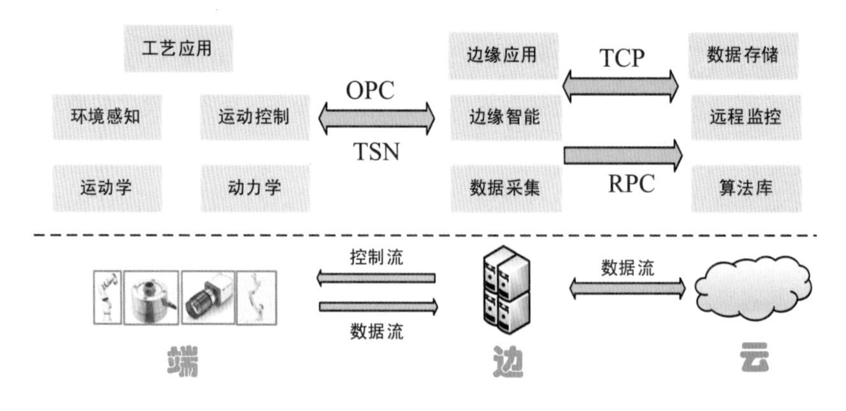


图 3-13　"云－边－端"一体化机器人架构

**【思维拓展】“云 - 边 - 端”全栈边缘智能技术应用**

2019 年末爆发的新冠肺炎疫情是边缘智能技术的“试金石”，如何在机场、火车站、医院、社区等人员密集型场所进行高效精准的发热个体排查是控制疫情的重要工作。传统体温计、体温枪等测温方式需要大面积、近距离的接触，既危险又低效。

习近平总书记指出：“人类同疾病较量最有力的武器就是科学技术，人类战胜大灾大疫离不开科学发展和技术创新。”基于“云 - 边 - 端”全栈边缘智能技术的无感人体测温系统（如图 3-14 所示）采用红外热成像体温检测方式实现快速异常体温筛查；同时，具备人脸识别和行人重识别功能，实现人体体温与人员智能关联，一旦发现体温异常目标，将立即通过本地语音、灯光等多种方式实时告警，同时体温、人脸比对记录将与云端后台同步，方便后续溯源，实现了大面积人员非接触式防疫体温检测、快速筛查、自动告警、身份识别，为防疫增加了一道保险屏障，降低了发热病人进一步传染的风险。

图 3-14　基于“云 - 边 - 端”全栈边缘智能技术的无感人体测温系统

## 3.6　本章小结

本章是关键技术的开篇章节，按照系统工程方法论，设计了“云 - 边 - 端”体系架构模型，分析了协同模式、度量指标和前沿方向。为便于读者理解相关概念，特将重要知识点凝练如下：

（1）系统工程是组织管理系统的规划、研究、设计、制造、试验和使用的科学方法，是一种对所有系统都具有普遍意义的科学方法；

（2）硬系统方法论按照目标导向的优化过程，可以解决给定的结构化或程序化问题，但是对于有人参与的社会经济类系统问题却无能为力；

（3）软系统方法论以问题为导向，适于解决含有大量社会、政治以及人为因素的非系统性问题。

（4）霍尔三维结构涵盖时间、逻辑、知识三个空间维度。

（5）定性定量相结合的系统工程方法包括系统建模、系统仿真、系统分析、系统优化、系统运行和系统评价六个方面。

（6）边缘智能概念框架涉及云、边、端三个层次的实体域，还包含域间联系与域内联系构成的关系。

（7）边缘智能可视为融合云计算、边缘计算范式和人工智能等技术的“云－边－端”三体协同体系。

（8）终端算力上移、云端算力下沉、边缘端智能融合是5G时代的典型模式。

（9）度量指标通常是冲突和目标之间的最佳权衡。

本章从方法论角度，分析设计了边缘智能所涉及“云－边－端”多域主体的宏观架构，下一章将从数据与信任关系角度，讲解实现边缘智能中多域数据管理与安全共享所需的关键技术。

# 第4章　边缘智能中的数据与信任

边缘智能是符合“云 - 边 - 端”架构的全链路智能体系，以运行在泛中心多域终端设备的人工智能算法为主要特征，以向网络边缘下沉智能、算力和存储能力为主要模式，全链路协同完成智能计算任务或联合智能决策。区块链作为新型分布式数字化基础设施，可以提供由密码学支撑的可验证、不可篡改的分布式账本，这种天然的可信特性在解决边缘智能中的多域数据管理与信任问题方面具有不可替代的优势。

本章以边缘智能中数据与信任问题为导向，以实现多域终端间敏捷交互与安全共享为目标，聚焦于探讨区块链技术与边缘智能体系的结合点。首先概述区块链技术，然后介绍边缘智能中数据管理、隐私保护、信任的基本概念和主要问题，并讨论基于区块链的边缘智能解决方案，最后指出重要的前沿发展方向。

## 4.1　区块链技术概述

边缘智能是可以抽象为集成多个可信域与授权实体的可信计算模型。本节从可信数据管理角度，介绍区块链基础架构、重要组件，包括密码学根基、共识机制、智能合约等，并会分析比特币、以太坊、超级账本等主流开源技术。

### 4.1.1　基础架构

区块链（Block Chain，BC）是一个相对开放的泛中心化分布式数字账本，以可验证且不可篡改的方式记录各方交易。与传统中心化数据库相比，区块链中所有参与节点通过共识算法共同维护分布式账本，并按照严格的数据结构规范，确保历史事务记录的完整性与一致性，已成为集 P2P 网络、分布式账本、共识机制、密码学等技术于一体的新型数据安全解决方案。

通常，区块链的基础架构分为数据层、网络层和应用层。如图 4-1 所示，其中，数据层规定了区块链中数据记录类型和数据结构，其中：

- 数据记录即事务（transaction），用于记录特定时刻节点间特定交互动作的证据；
- 网络层则泛指涵盖分布式点对点网络、通信协议（如 TCP/IP 等）、更新和分发区块链协议、共识机制等的交互环境；

• 应用层提供了以比特币为代表的数字加密货币和智能合约等应用。

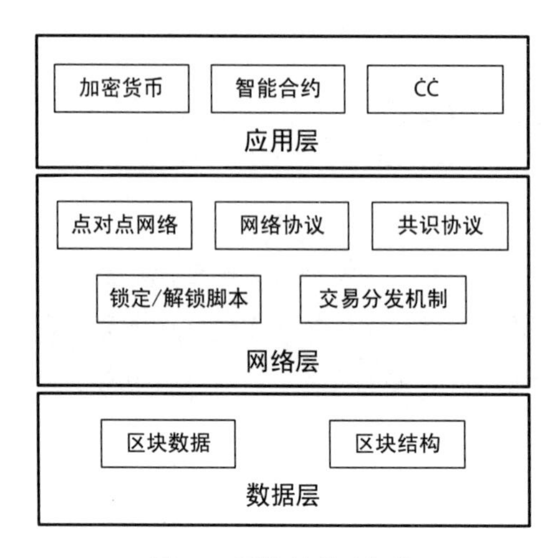


图 4-1　区块链基础架构

常见的区块链结构是以比特币为代表的一系列事务区块链表，如图 4-2 中的（a）所示。一个区块由区块头和包含一系列事务的区块体组成，每个区块包含一组新的事务和前驱区块的散列函数值，以便将当前区块链接到前驱区块。此外，在基于有向无环图（Directed Acyclic Graph，DAG）的新型区块链中，每个交易都是分布式账本中不受单一主链约束的单个节点，如图 4-2 中的（b）所示。

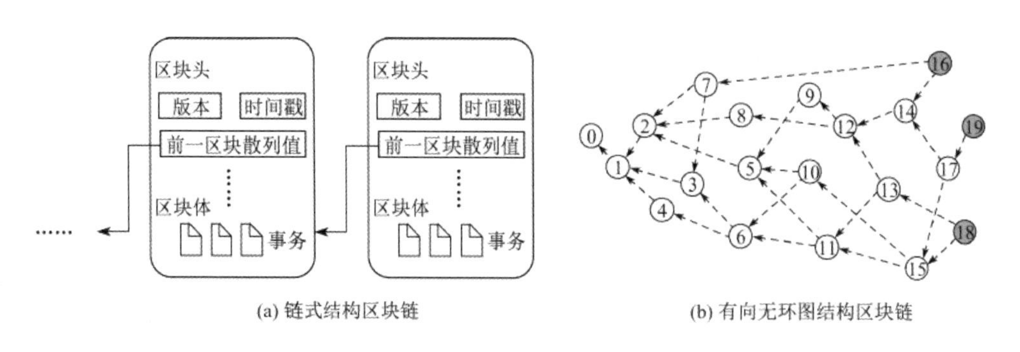


图 4-2　区块链结构

在链式结构区块链中，只有当区块签名满足验证要求时，该区块才能通过验证，如图 4-3 所示。例如，在比特币中，区块的散列函数值（签名）必须小于某个特定值（由难度目标决定，并随时间增加难度）。当区块需要与其前序建立关联时，区块体信息、前序区块签名值、自身时间戳、验证要求等信息都已经确定，只有当获得了合法的自身签名变量值（称为 nonce）后，区块才能通过验证，与前序区块进行链接。

在区块链中，区块的交易记录由哈希值组成的多叉 Merkle 树进行管理。如图 4-4 所示，交易数据块的哈希值表示叶节点，子节点标签的加密哈希值表示非叶节点。树根节点值为其子节点哈希值的再次哈希结果。由此可见，攻击者对交易的任何伪造都将导致在上层中产生新的哈希值，从而改变根哈希，因此任何伪造都很容易被发现。如果一个攻击者试图篡改某一个区块中的数据，则其需要篡改该区块之后所有区块中的数据，这显然是不可能的。

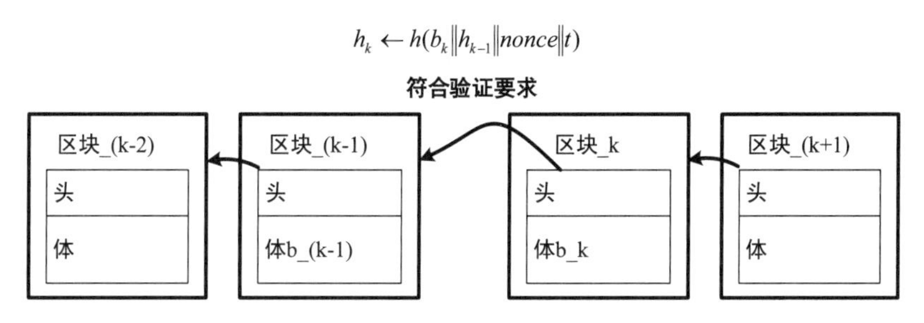


图 4-3　区块链间链式结构

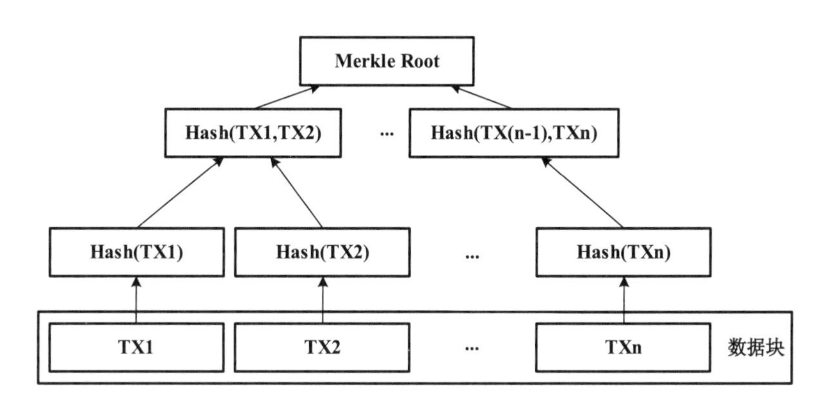


图 4-4　Merkle 树结构

根据区块链参与方的不同，可将区块链分为如下三类：

- 公有链（Public Blockchain）。链上所有节点开放，允许所有用户查找、存取、共享区块数据和交易，无需第三方参与即可通过哈希算法等自行完成安全维护；
- 私有链（Private Blockchain）。一般隶属于某个公司或组织，负责记录数据的节点可以按需制定。与公有链不同，私有链去中心化水平不高，使得其内部权限可以被特定用户控制；
- 联盟链（Consortium Blockchain）。去中心化水平介于公有链和私有链之间，需要预先设定具有特殊特征的成员，通过共识机制达成一致性，使得成员节点在不完全信任情况下实现数据交换。

### 4.1.2 重要组件

密码学是实现区块链安全的基础，共识机制是保证分布式架构下各参与方协同一致的根本保障，智能合约是新型区块链技术发展的趋势，本节将一一讲解上述三类区块链的重要组件。

#### 1．密码学根基

密码学可分为古典密码学、现代密码学和公钥密码学。作为区块链所有功能的基础，相关的密码学技术主要包括加解密算法、哈希算法、数字摘要、Merkle 树、数字签名、数字证书和公钥基础设施体系（Public Key Infrastructure，PKI）等。下面对相关技术进行简要介绍。

（1）加解密算法

加解密算法分为对称加密算法和非对称加密算法两类，二者的对比如表 4-1 所示。对称加密算法采用同一密钥进行信息加密和解密，尽管加解密速度快，但密钥管理量大、传输信道安全性要求更高；非对称加密算法分别采用公钥和私钥进行加解密，尽管加解密速度慢，但安全性较高。在比特币区块链系统中，可以采用非对称加密算法中的椭圆曲线加密算法。

表 4-1　对称加密和非对称加密算法对比

| 类型 | 特点 | 优势 | 劣势 | 代表算法 |
| --- | --- | --- | --- | --- |
| 对称加密算法 | 加解密的密钥相同 | 计算效率高 | 需共享传输密钥，易泄露 | DES、3DES、AES 等 |
| 非对称加密算法 | 加解密的密钥不同 | 无需共享传输密钥 | 计算效率低 | RSA、椭圆曲线算法等 |

（2）哈希算法

哈希算法可以把任意长度输入转换成固定长度输出，该输出即散列值，这种转换是一种压缩映射（散列值空间通常远小于输入空间）。常见哈希算法有 MD5、SHA-1 等，具有单向性、抗干扰、输出数据长度固定等性质。比特币中工作量证明和密钥编码过程中都会多次使用到哈希算法。

（3）数字摘要

数字摘要也称消息摘要，是将任意长度的消息变成固定长度的短消息。通常采用单向哈希函数将需要加密的明文“摘要”成一串固定长度的密文（即数字指纹），其长度固定，而且不同明文生成的摘要不同，相同的明文生成的摘要必定一致。因此，数字摘要可以验证数据是否被篡改，进而能够验证消息的完整性。常用数字摘要实现算法包括 MD5 和安全散列算法 SHA 等。

（4）Merkle 树

Merkle 树的本质是哈希树，其叶子节点值通常为数据块的哈希值，而不是叶子节点值。因此，在构造 Merkle 树时，首先要计算数据块的哈希值，然后将数据块哈希值两两配对，计算上一层哈希值，直到计算出根哈希值。在区块链中，Merkle 树可用于数据完整性验证、数据高效比对以及错误数据快速定位等。

（5）数字签名

数字签名是非对称加密与数字摘要技术的应用，既可以用于数据完整性证明，又可以确认数据来源。其中，数字摘要是对数字内容进行哈希运算，获取唯一的摘要值来指代原始完整的数字内容。常用数字签名算法包括基于大整数分解问题的 RSA、基于离散对数的 DSA 和基于椭圆曲线上离散对数的 ECDSA 等。此外，盲签名、多重签名、群签名、环签名等特殊数字签名技术可以满足一些特定的安全需求。

（6）数字证书

数字证书（Digital Certificate）即数字标识，由证书认证机构（Certification Authority，CA）来签发，其内容包括版本、序列号、签名算法类型、签发者信息、有效期、被签发人、CA 数字签名等；其基本架构是利用公钥进行签名验证和加密，利用私钥进行签名和解密。因为数字证书具有 CA 的数字签名，所以能够证明公钥的合法性，进而保证了信息和数据的完整性与安全性。

此外，PKI 体系并不代表某个特定的密码学技术和流程，而是建立在公私钥基础上实现安全可靠消息传递和身份确认的通用框架，包括 CA（Certification Authority）、RA（Registration Authority）、证书数据库等重要组件。另外，区块链系统还涉及同态加密与函数加密、零知识证明和量子密码学等密码协议算法。

2．共识机制

区块链技术无需可信第三方参与，即可在去中心化网络中完成互不信任节点间的区块可信度的验证（即解决分布式共识问题）。常用共识机制包括工作量证明（Proof of Work，PoW）和权益证明（Proof of Stake，PoS）；其中：

- PoW 机制要求网络中每个节点（矿工）都计算一串特定哈希散列值。当某节点计算的目标散列值正确性得到了所有节点的验证时，该节点就可以产生新区块；
- 权益证明则通过权益大小（一定数量的货币）选举下一个验证者（validator），即根据“财力”来产生铸造（mint）或制造（forge）新区块。

在比特币系统中，整个工作量证明的过程被称为“挖矿”，计算散列值的节点被称为“矿工”。但基于 PoW 机制的区块链吞吐率较低，延迟较高，不适用于可信程度高、规模小的区块链环境。实用拜占庭容错机制（Practical Byzantine Fault Tolerance，PBFT）与

PoW 机制不同，区块仅有被选举出的唯一主控节点生成，并可容忍少于 1/3 节点的拜占庭故障。PBFT 机制由请求、预准备、准备、提交等阶段构成，如图 4-5 所示。

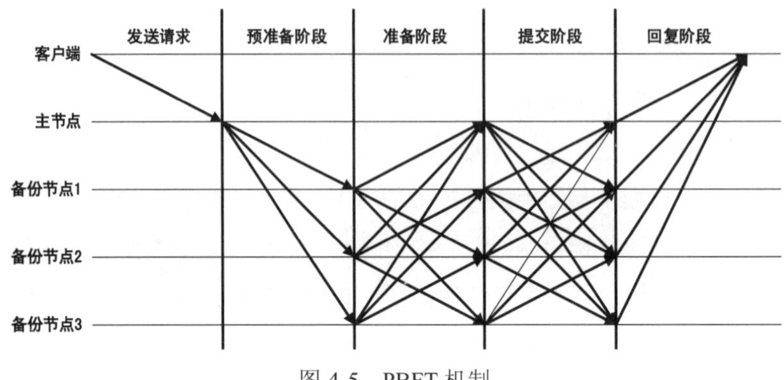


图 4-5　PBFT 机制

## 【思维拓展】拜占庭将军问题

1982 年 Lamport 等人提出拜占庭将军问题（Byzantine Generals Problem），如图 4-6 所示。拜占庭帝国（即中世纪的土耳其）周围有 10 个邻邦，至少要有一半以上邻邦同时进攻，才可能攻破拜占庭帝国，同时，任何邻邦也可能被其他 9 个邻邦入侵。然而，如果其中的一个或者几个邻邦在实际过程中出现背叛，则入侵失败。因此，各邻邦将军需要达成共识才能去攻打拜占庭帝国。

拜占庭将军问题有一个重要结论：若叛徒的数量大于或等于 1/3，则该问题不可解。在传统方法中，口头协议面临消息不可溯源问题，而用书面协议的签名无法满足不可伪造和防篡改要求。目前，真正解决这个难题的是区块链技术，即区块链在分布式共识中加入发送信息的成本，保证一段时间内只有第一个完成计算工作的节点可以传播信息，并且各个节点收到发起者消息后必须签名确认身份。

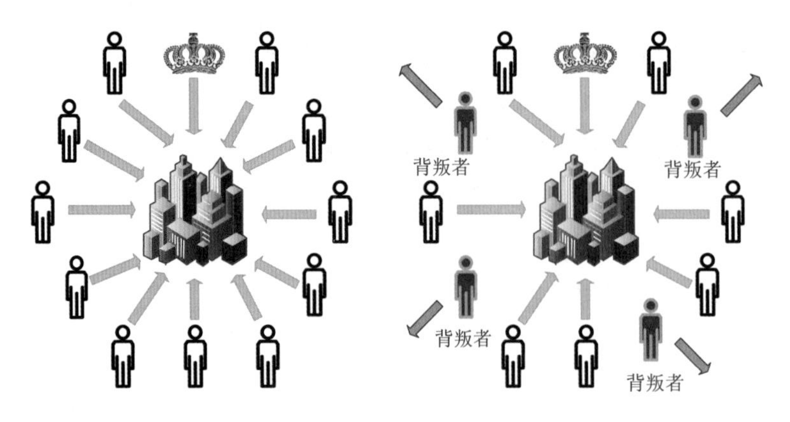


图 4-6　拜占庭将军问题

### 3. 智能合约

智能合约是达到一定条件时自动触发执行的程序化交易协议，要求合约语句在区块链中执行，且所接收到的数据是区块链中未经过篡改的数据，其输出数据及记录将被存储在区块链中。尽管智能合约与数据库中触发器和存储过程相似，但其本身也需要被保存在区块链中，并在系统各节点间同步，以确保不同节点和用户所看到的智能合约是一致的。智能合约包含执行条件和执行逻辑。当条件满足时，执行逻辑会被自动执行。

智能合约的生命周期一般包括创建、冻结、执行和完成 4 个主要阶段。

（1）创建

创建分为迭代合约协商阶段和实现阶段。双方必须就合同的主要内容和目标进行谈判协商并达成一致。协商通常以假名形式进行，以便于标识各方以及资金的转移，同时保证各方的安全。在此阶段，参与区块链的节点接收合约作为交易区块一部分，一旦该区块被大多数节点验证，合约就可以执行。

（2）冻结

智能合约提交至区块链后，需要链中多数节点认证以对其持久化。同时，区块链将向矿工支付一定的费用。在冻结阶段，智能合约的钱包地址发生的任何事务都将被冻结，节点将扮演监督者角色，确保满足执行合约的先决条件。

（3）执行

当触发一定条件时，存储在区块链上的合约会由参与节点读取。在验证了契约的完整性后，智能合约的编译器将会自动执行代码。智能合约的执行将产生一组新的事务，并更新智能合约的状态，最终会收集所有新的状态信息提交至区块链，并通过共识协议进行验证。

（4）完成

智能合约执行后，产生的交易和新的状态信息被存储在区块链中。共识协议确认后，之前认证的数字资产会被转移（解冻资产），在所有交易确认后合约履行结束。

**【思维拓展】契约精神**

契约（Contract）一词源于拉丁文，原义为交易。所谓契约精神（Contract spirit）是指存在于商品经济社会的一种自由、平等、守信精神。简单讲，契约的实质就是交易，并将一个人的权利、责任、义务进行明确划分。

从某种角度讲，区块链中的智能合约正是在多个参与方之间建立自动化“契约”。此外，在制度相对完善的领域，契约精神显得更为重要。例如，当一个人被冠以“靠谱”“守信”的标签时，则可以说这个人有契约精神，而那些“不靠谱”“掉链子”的评价往往是缺乏契约精神的体现。因此，拥有契约精神的人其实是在积累宝贵的信用资产。

### 4.1.3 主流开源技术

区块链的发展历史较为短暂，但其技术本身却在飞速发展，开源正是推动区块链技术发展的重要动力。本小节主要介绍区块链的三种主流开源技术：比特币、以太坊和超级账本。

#### 1. 比特币

比特币（bitcoin）是最早、最广泛使用的去中心化区块链技术，来源于中本聪（Satoshi Nakamoto）在 2008 年发表的《比特币：一种点对点的电子现金系统》（Bitcoin: A Peer-to-Peer Electronic Cash System）论文，比特币的底层技术就是区块链的核心。比特币的初衷是实现完全无须中介的点对点电子现金系统，其目标为：

- 不需要中央机构就可以发行货币；
- 不需要中介机构就可以支付；
- 保持使用者的匿名性；
- 交易无法被撤销。

比特币的核心技术框架采用 C++ 语言开发，共识算法采用 PoW 算法。比特币的开源地址为：https://github.com/bitcoin/bitcoin，其界面如图 4-7 所示。尽管 PoW 算法效率较低，耗能较大，但比特币仍是目前市场上相对成熟和稳定的区块链体系。此外，比特币的衍生变种包括彩色币（Colored Coin）、闪电网络、比特币侧链、元素链（Elements）等。

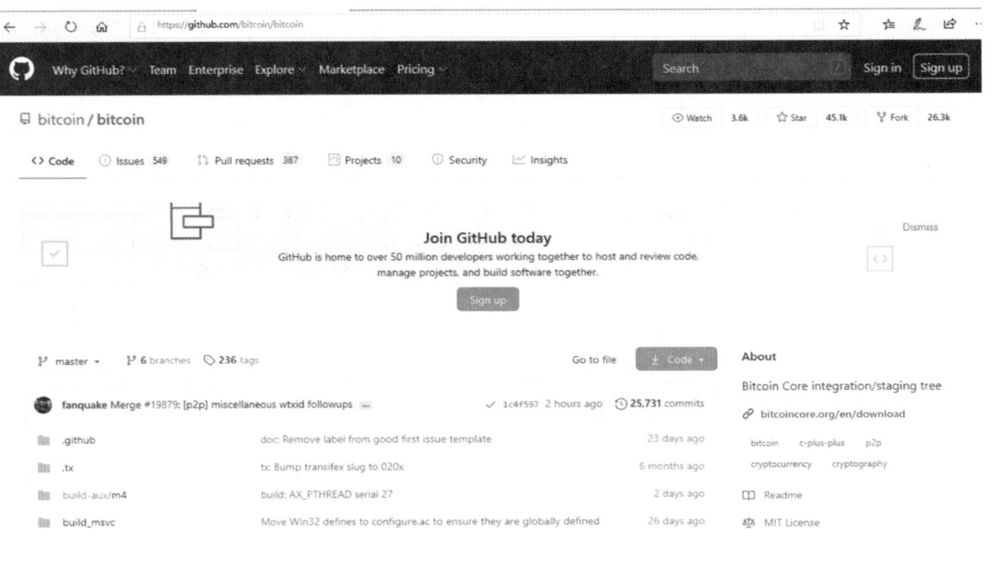


图 4-7 比特币开源项目

#### 2. 以太坊

以太坊（Ethereum）由 Vitalik Buterin 于 2013 年底发起，是全球第一个将虚拟机和智能合约引入区块链的图灵完备开发平台，用户只需几行代码即可实现任意状态转换功能逻辑，并创建适用于比特币以外场景的区块链应用程序。相较于比特币，以太坊更加开放和灵活，在交易速度、技术创新等方面优势突出，尤其是其基于开放源代码项目，允许任何人在平台中建立和使用不局限于数字货币交易的区块链去中心化应用。

以太坊核心思想是用图灵完备编程语言实现智能合约，这意味着理论上可以创建任意合约逻辑和任何类型应用。在比特币的设计目标之外，以太坊还强调以下目标：

- 图灵完备的合约语言；
- 内置持久化状态存储。

以太坊采用多种编程语言实现协议，以 Go 语言为默认客户端，并支持 C++、Python、Java、JavaScript、Haskell、Rust 等多种编程语言。以太坊开源项目地址为 https://github.com/ethereum/，其界面如图 4-8 所示。目前，基于以太坊的智能合约项目已达到数百个，其中以 Augur、TheDAO、Digix、FirstBlood 等较为著名。

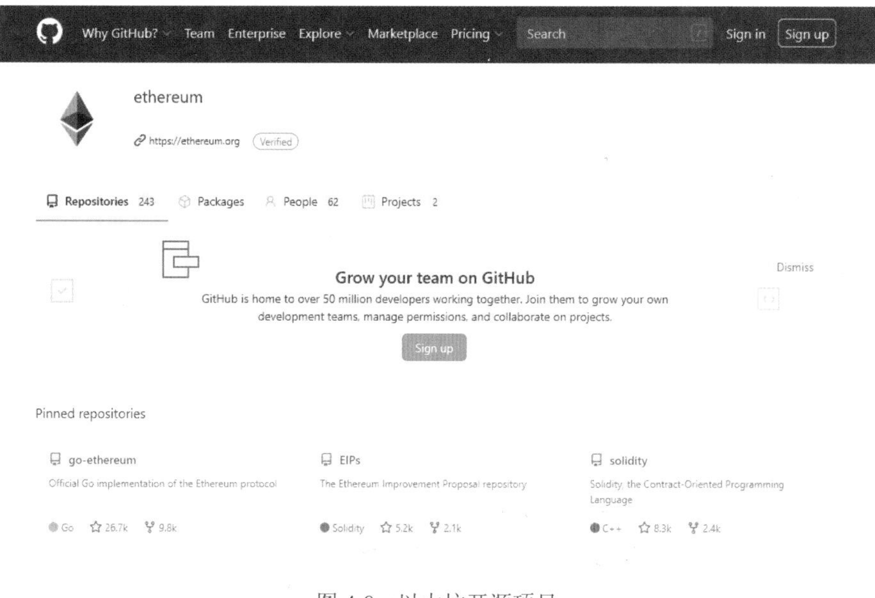


图 4-8　以太坊开源项目

### 3. 超级账本

超级账本（Hyperledger）是 2015 年 Linux 基金会发起的区块链技术开源项目，致力于共建跨领域的商用区块链开放平台。作为区块链的重要实现方案，Hyperledger Fabric 之于区块链，正如 Hadoop 之于大数据。Fabric 采用松耦合设计思想，将共识机制、身份验证等组件模块化，便于应用过程中自定义模块的替换。其设计目标为：

- 模块化设计，组件可替换；
- 运行于 Docker 的智能合约。

Fabric 有三条核心逻辑：成员管理（Membership）、区块链和链码（Chaincode）。其中，成员管理用于节点身份、隐私、保密性和可审计性管理；区块链通过 HTTP/2 上的 P2P 协议来管理分布式账本，共识机制可以设置为 PBFT、Raft、PoW 和 PoS 等；链码即智能合约，支持安全且轻量级的沙盒运行模式。

Fabric 的核心开发语言是 Go 语言，并支持用 JavaScript 开发智能合约，开源地址为 https://github.com/hyperledger/fabric。目前已经有不少基于 Fabric 架构的联盟链概念验证（Proof of Concept，PoC）项目，并得到 IBM、思科、红帽、VMWare、摩根大通、埃森哲等公司的青睐。

## 4.2 数据管理与隐私保护

随着边缘智能相关技术的发展及大量应用的落地，多源异构的海量数据不仅在持续地动态汇聚，更在多节点参与下形成复杂且快速增长的“待开发矿山”。在边缘智能中，数据的大量、多样、快速、低价值密度特性依然存在，但实时、高效、准确、安全的分布式业务需求更加突出，这为数据管理与隐私保护提出了更高、更迫切的要求。

### 4.2.1 数据管理架构

世界正在从传统人类社会（H）和物理（P）的二元空间向包含信息空间（C）的三元空间转变，如图 4-9 所示。尤为突出的是，之前的数据多是由人类社会产生，而随着物理世界传感器和物联网等非人类社会产生的信息爆炸式增长，信息空间已成为快速增长的新“空间”维度，促进了边缘智能“云 - 边 - 端”数据通路的打通。

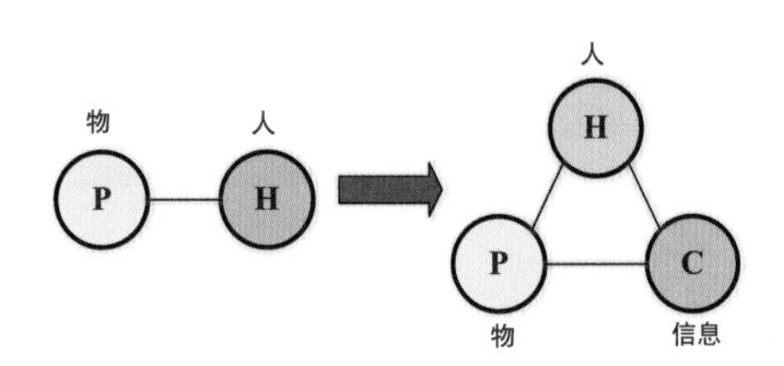


图 4-9 二维空间向三维空间转变

有了海量数据的支撑，三元社会中物理世界和人类社会与信息空间产生了极为密切的关系，而且越来越强。信息空间中信息流、环境的巨变（例如超级计算、物联网等）、社会的新需求（例如智慧城市、智能医疗等）促进了边缘智能中数据管理的变化，图 4-10 便形象地展示了信息空间与传统二元世界的关系。

尤其是在分布式计算环境下，多源异构数据的传输、管理具有明显的外包特性，数据的所有权和控制权分离；因此，保证数据的完整性极为重要。边缘智能的数据管理架构（如

图 4-11），可以分为终端设备、分布式网络边缘以及云端区块链三部分。

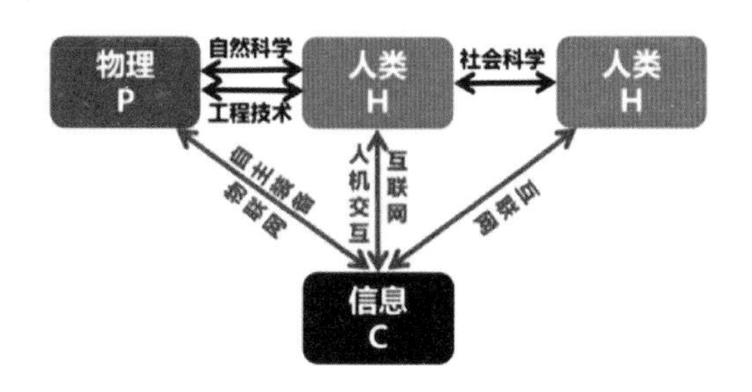


图 4-10　信息空间与传统二元世界关系

（1）终端设备

终端设备包含数据的标识符和数据使用者的许可信息，可基于区块链的请求 / 响应访问控制模式访问相应数据，并利用区块链验证数据的一致性和完整性。

（2）分布式网络边缘

分布式网络边缘包含大量边缘服务器，将终端设备生成的数据经过加密和签名后存储在边缘服务器中。数据所有者会将时间戳和加密数据块的数据摘要上传到区块链。

（3）云端区块链

云端区块链存储数据的加密映射关系，通过共识机制，实现去中心化和不可篡改的边缘智能数据共享，同时让数据的隐私性得到保护。

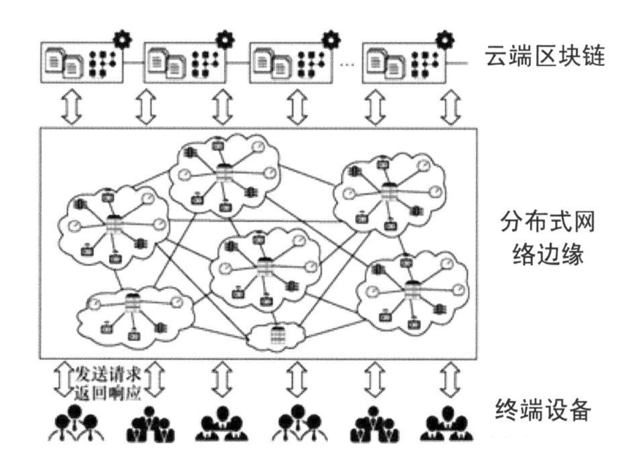


图 4-11　边缘智能的数据管理架构

边缘智能数据管理的核心价值在于生成高密度知识。按照数据形式、知识表达、应用服务的逻辑可以进行数据价值提升，具体内容如表 4-2 所示。其中，结构化数据、传感器数据、视觉数据等形式，可以通过数据库（表）、深度神经网络（DNN）形成知识表达，来支撑统计、分析、推理、设计等特色应用。利用数据管理的细分和应用，将不断推动新知识表达技术的诞生；最终，多种知识协同使用将提高“云－边－端”的智能水平。

表 4-2 边缘智能数据管理的数据形式、知识表达、特色应用

| 数据形式 | 知识表达 | 特色应用 |
|---|---|---|
| 字符（结构化） | 记录和表格 | 统计、分析、计算 |
| 字符（文本） | 知识图谱 | 搜索、推理 |
| 传感器数据 | 深度神经网络 | 识别、分类 |
| 视觉数据 | 视觉知识 | 涉及、创意 |

此外，按照图灵奖得主 Jimy Gray 提出的数据密集型科学研究范式，数据管理框架是“云－边－端”架构中云端数据汇聚的重要支撑，主要技术环节包括数据收集、数据集成与融合、数据分析、数据解释、数据可视化等部分。

**【思维拓展】边缘数据中心**

与传统的大型云计算数据中心不同，边缘数据中心在靠近用户的网络边缘提供基础设施资源服务，支持边缘智能对本地化、实时性的数据进行分析、处理、执行以及反馈，从而对云计算能力进行补充。大量数据在边缘数据中心处理，可以节省传统集中式数据中心的通信等待时间。边缘数据中心可以按照规模、应用场景、下沉位置进行分类，具体分类及其说明如表 4-3 所示。

表 4-3 边缘数据中心分类

| | 分　类 | 说　明 |
|---|---|---|
| 按规模分类 | 微型边缘数据中心 | IT 容量 600kW 以下 |
| | 小型边缘数据中心 | IT 容量 600kW~1000kW 之间 |
| | 中型边缘数据中心 | IT 容量 1000kW~2000kW 之间 |
| 按应用场景分类 | 生产互联网型边缘数据中心 | 涉及工业制造、能源、农业等场景 |
| | 消费服务互联网型边缘数据中心 | 涉及 AR/VR、视频、游戏、家居、医疗等场景 |
| 按下沉位置分类 | 近端边缘数据中心 | 可以下沉到 5G 基站附近，或下沉到用户附近 |
| | 近云边缘数据中心 | 下沉到接入网附近，与传统小型数据中心类似 |

目前，边缘数据中心还处于发展初期阶段，部署方式、基础设施建设要求、运维方式等方面业界尚未达成共识。同时，由于边缘数据中心与工业、生活场景联系紧密，加之“云－边－端”协同问题，其规划、设计、建设需要考虑的因素非常复杂。因此，快速部署，模块化、预制产品化、标准化将成为边缘数据中心的重要产业发展方向。

### 4.2.2 隐私保护

边缘智能体系中存在大量所有权和控制权分离的外包数据，加之网络边缘终端设备产生大量个人隐私相关数据，这就为边缘智能服务提出了更严格的隐私保护要求。尤其，

用户数据（例如身份信息、位置信息等敏感数据）通常在半可信（honest-but-curious）的授权实体（例如基础架构提供商等）中存储和处理，而边缘智能开放体系的多个信任域由不同基础架构的提供商所控制，因此极易发生数据泄露或丢失等危及用户隐私的问题。

与传统云计算相比，边缘智能的"云 - 边 - 端"架构覆盖多种用户终端设备，其隐私问题涉及外包数据与数据隐私、位置服务与位置隐私、数据共享与身份隐私保护之间的矛盾，可概括为数据、位置和身份三个方面，其核心目标是在不受用户控制之下的实体间存储和处理用户的私密性数据时，既要保证用户隐私不被泄露，又要实现数据的审计、检索和更新等操作。另外，终端设备资源受限，而隐私保护算法需要消耗大量资源，设计轻量级、动态、细粒度的高效隐私保护方案就显得尤为重要。

在隐私保护技术方面，主要分为语法隐私保护（Syntactic Privacy）、语义隐私保护（Sem0antic Privacy）和形式化隐私保护（Formal Privacy）等技术，具体技术特征介绍如下。

（1）语法隐私保护

常用的语法隐私保护技术包括压缩、泛化、聚集、扰动等方法，例如，k-anonymity、l-diversity、t-closeness 等算法，具体情况如表 4-4 所示。

表 4-4　语法隐私保护算法

| 名　称 | 核心思想 | 缺　陷 |
|---|---|---|
| *k*-anonymity | 每个准标识属性等价类中至少存在 k-1 个相同属性 | 只处理准标识属性，不涉及敏感属性，无法抵抗一致性攻击、未排序攻击、补充数据攻击等 |
| *l*-diversity | 每个等价类中敏感属性具有 l 个不同属性值 | 某敏感属性分布概率大时，易出现隐私泄露，无法抵抗倾斜攻击等 |
| *t*-closeness | 在满足 k-anonymity 条件下，敏感属性在等价类中的分布与总体分布差异不超过 t | 无法抵抗背景知识攻击 |

（2）语义隐私保护

语义隐私保护的基础是密码学，涉及安全多方计算、同态加密算法、属性加密、可搜索加密、安全外包计算等方法。因此，基于密码学的区块链也与上述技术息息相关。然而，由于计算开销大等问题暂时无法解决，基于语义安全的密码学技术在隐私保护领域的理论研究成果尚未大规模实际应用。

（3）形式化隐私保护

形式化隐私保护以差分隐私（Differential Privacy）为代表，其抽象模型分为集中式差分隐私和本地化差分隐私，主要应用场景为隐私保护数据采集、隐私保护数据发布和隐私保护数据分析等。

与语法隐私保护相比，差分隐私可以约束数据输入和输出的关系，并量化隐私泄露风险的边界约束，是唯一可以抵抗任意背景知识攻击的隐私保护定义，已被美国人口统计部门、Google、Apple、Uber、Samsung 等政府机构和企业采纳。

**【概念辨析】隐私保护与数据安全**

隐私是来源于哲学、伦理、法律、社会等领域的规范性概念，是个人、组织机构等主体不愿公开的信息；例如，行为模式、位置信息、兴趣爱好、健康状况等。目前，我国法律尚未明确界定隐私权，从描述性角度，隐私权为个人不愿公开或让他人知晓私人信息的权利。因此，隐私保护是为了防止个人不愿公开的信息泄露而采取的保护措施。

数据安全是创建安全边缘智能环境的基础，具体指信息及信息系统免受未经授权的访问，未经授权的操作包括非法使用、披露、破坏、修改、记录及销毁等，涉及数据的机密性、完整性、可用性。其实施技术包括访问控制和密码学，虽然信息安全技术能够保证基础设施、通信与访问过程中数据的安全性，但是数据的隐私还有可能被泄露，尤其在数据与其他数据的融合操作过程中可能会泄露隐私。此外，根据来源不同，数据隐私可以从监视、披露和歧视等三个不同的来源进行分类。

- 监视（surveillance）带来的隐私，涉及通过非法手段跟踪、收集个人或者团体的敏感信息。
- 披露（disclosure）带来的隐私，指故意或无意中向不可信第三方透露或遗失数据。可利用匿名化、差分隐私、加密、访问控制等技术来进行隐私保护。
- 歧视（discrimination）带来的隐私，指由于数据处理技术的不透明性，智能算法会在有意或无意中产生歧视结果，进而泄露个人或者团体的隐私。

## 4.3 边缘智能中的信任

“云－边－端”多域实体间的信任是实现边缘智能中数据高效管理和隐私保护的重要前提，如何结合传统加密方案与边缘智能特性，并充分考虑信任域与信任实体之间的映射关系，实现轻量级、分布式的数据安全防护亟待解决。

### 4.3.1 信任的基本概念

边缘智能中的信任涉及到云端、边缘端和终端 3 个层面，并存在着广泛的协同需求，为此，信任机制实现“云－边－端”协同的根基。在云端，身份信任基于可靠的身份认证和审核机制，信任度较高；边缘服务器是边缘端身份信任度较高的基础设施；终端具有较强的动态性，其身份信任较难确定。下面给出信任的定义、特性和分类。

#### 1. 信任的定义

信任是一个起源于心理学的主观抽象概念，其定义涉及不同研究领域的主体、客体和上下文环境等各种因素，我们来看一下不同角度的定义。

（1）从风险性角度

通过对受信者某一行为的预测，无论是否能监督或掌握受信者，信任者都愿意承担相信对方的风险。

（2）从经验角度

评估者对被评估者具体行为的可能性预测，取决于评估者自身经验，并随被评估者行为的变化而不断更正。

（3）从上下文相关性角度

在特定时间段和上下文环境中，授信方对受信方的某种服务属性在诚实性、安全性、可靠性以及可依赖性方面的一种主观肯定。

（4）从多维性角度

信任是一种心理状态，是期望、信念以及风险意愿的叠加。

以上定义分别对信任的不同方面进行了描述和强调，并做出了相应地约束限制。目前，对于信任的定义依然没有形成统一结论，大多都针对所处的特定环境以及研究的侧重点而定。

### 2. 信任的特性

根据信任的相关定义及约定，信任的基本特性包括主观性、动态性、传递性、多维性、不确定性、可度量性、不对称性和上下文相关性等，具体描述如表 4-5 所示。

表 4-5　信任的基本特性

| 基本特性 | 描　　述 |
| --- | --- |
| 主观性 | 同一时刻不同主体根据自身经验、标准、偏好等因素对同一客体的预期评价不同 |
| 动态性 | 实体间信任是实时动态变化的，并随着实体偏好、交互经验等因素的改变而上下波动 |
| 传递性 | 实体间信任传递是有条件的不完全传递，通常会根据信任双方之间传递实体数量情况而出现不同程度衰减 |
| 多维性 | 信任是多个属性共同作用的结果，包括期望、资源、环境等多种作用因素，主体对客体的不同属性都有不同的评价 |
| 不确定性 | 信任不能依靠精确方法获取，其不确定性会随着丰富的交互背景等因素而降低 |
| 可度量性 | 可根据历史经验、自身属性等外在特征对客体的信任进行量化和度量 |
| 不对称性 | 信任是单向的，信任双方的角色可以互换，但信任关系不可以互换 |
| 上下文相关性 | 信任是在特定的上下文环境中产生的，脱离背景信息的信任没有意义 |

### 3. 信任的分类

根据信任内容的不同，信任可以分为身份信任和行为信任。

（1）身份信任

身份信任中，通过验证身份凭证（如数字签名、授权协议等）是否真实有效来判断其可信度，具有一定客观性。

（2）行为信任

行为信任中，根据客体历史行为的可靠性来判断其可信度，包括行为类型、服务能力、交互结果以及交互频率等，具有一定主观性，后期验证难度较大。

根据获得信任方式的不同，信任可分为直接信任、间接信任以及混合信任。

（1）直接信任

直接信任中，两个实体通过直接交互建立起信任关系，是实体基于自身的历史交互信息得出的信任评价。

（2）间接信任

间接信任中，两个实体通过第三方实体的推荐建立起信任关系，是基于其他可信邻居的信任意见聚合而成的信任评价。

（3）混合信任

混合信任中，兼顾直接信任与间接信任建立两个实体之间的信任关系，是基于自身经验以及其他可信邻居的信任意见聚合而成的信任评价。

### 4.3.2 信任管理

信任问题涉及资源共享与协同的安全、服务质量及其保障机制，已经成为边缘智能研究的关键技术问题之一。信任管理是指采用统一的方法描述和解释安全策略、安全凭证以及用于直接授权关键性安全操作的信任关系，一般包括信任证据收集、证据可靠性估计、信誉值计算、信任阈值选取及信任程度判定 5 个步骤。

为有效地实现“云 - 边 - 端”多域终端间的数据安全共享与信任管理，需要对各参与方的身份可信度、行为可信度、资源提供能力可信度以及资源性能的匹配性等因素进行考虑。尤其是在边缘智能中，云端可以汇聚所有资源与数据，并完全掌控用户信息及行为；然而，用户并不希望隐私信息被第三方掌握。因此，边缘智能可以将敏感数据暂存于边缘服务器，甚至用户本地，只根据应用需求及用户意愿提交数据，进而以安全和专用的方式控制信任关系和敏感信息流。

此外，边缘智能涉及大量动态、异构的边缘服务器和终端设备，其信任管理需要身份可信、行为可信、能力可信的用户来协同完成多种任务，这是构建安全可信资源共享环境的关键要素之一，也是实现“云 - 边 - 端”协同、资源调度与安全共享的根本条件。而信任管理机制作为密码学手段的重要补充，应与密码学手段更好地兼容，既提升信任模型精度，又降低资源开销。

在边缘智能环境下的信任机制研究中，基于策略的机制一般采用公钥基础设施进行授权管理，可信性由数字证书严格定义，但不适用于分布式环境；基于信誉的机制通过评价目标实体来计算与更新信任，理论上可以不依赖权威机构，但会产生大量的通信消耗。

在信任评估模型研究中，当有计算任务或服务请求发起时，则需要解决任务或服务请求发起者的可信评估问题，进而为资源的分配和调度提供依据。信任评估模型仍存在以下挑战：

- 在复杂的边缘智能环境下，需要从多角度提高信任评估模型的计算效率；
- 在信任获取过程中，需要重视信任评价的多属性问题，兼顾设备之间信任关系的主观性和复杂性；
- 在推荐信任的传递与聚合时，需要克服信任路径冗余、高度重叠等问题对结果的影响，以提高推荐信任的准确率和搜索效率；
- 边缘设备资源受限，需要注重信任节点的资源开销问题，以实现能量开销与任务负载的均衡。

## 【思维拓展】可信计算

可信是通过预测被信任者的行为来评估相信被信任者风险的过程，具有条件传递性、动态性、主观性、非对称性等特征。可信计算（Trusted Computing，TC）重点关注信息安全中的行为安全，包括行为的机密性、完整性和真实性等。

按照图 4-12 的可信体系架构，可信计算包括可信网络连接、可信软件基、可信平台控制等关键模块，可为边缘智能的"云－边－端"层次体系提供身份可信、行为可信、能力可信保障。其中，身份可信要求用户能被准确鉴定且也不被恶意冒充；行为可信需要一直管理、评估、预测用户的行为及结果；能力可信则需要具备满足边缘智能环境下计算、存储、带宽等服务请求响应能力。

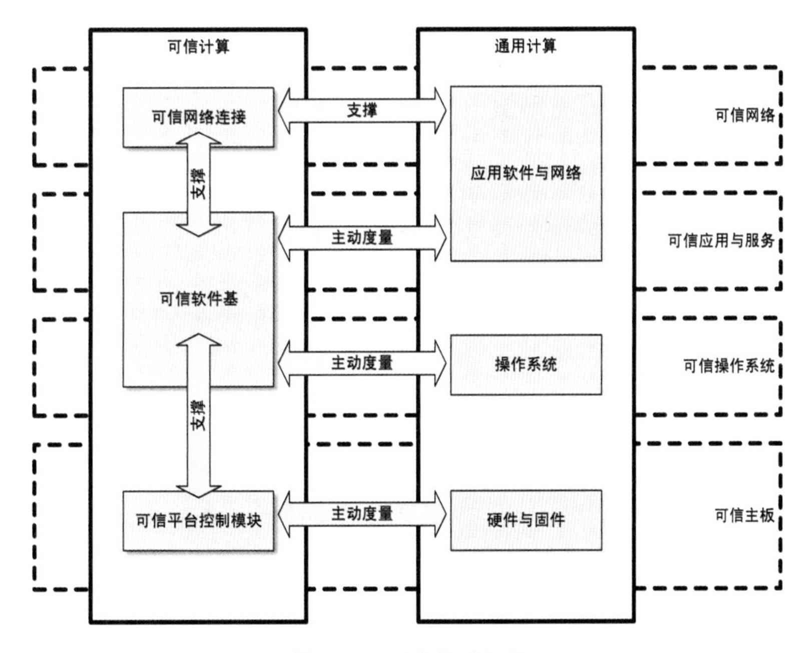


图 4-12　可信体系架构

# 4.4 解决方案

从数据与信任角度讲，区块链本质上是一个构建在对等网络上的可信数据库管理系统，可为建立适用于边缘智能的分布式数据管理与信任机制提供全新的解决思路，尤其是在保证运行效率的前提下，利用具有一定计算、存储和通信能力的边缘节点维护更新整个区块链，可以实现去中心化、防篡改、强一致的可信数据管理。可信数据库管理系统（如图 4-13 所示）需要满足存储、处理、外部访问的可信性，以保证处理过程、结果的可审计与可溯源，处理结果不丢失或被篡改。

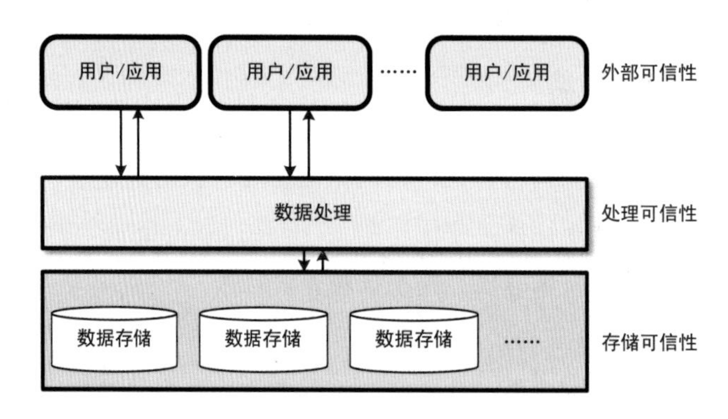


图 4-13 可信数据库管理系统

在《区块链 + 边缘计算技术白皮书（2020 年）》[1] 中指出，区块链既可为边缘智能系统提供信任和安全保障，又可以利用区块链业务承载平台为用户带来更高效快捷的业务体验。下面从“边缘智能 + 区块链”的服务模式和部署方式两个层面分析相应解决方案。

## 4.4.1 服务模式层面的解决方案

众所周知，云计算包括 IaaS（基础设施即服务）、PaaS（平台即服务）和 SaaS（软件即服务）三种服务模式。类似的，结合区块链的边缘智能服务方式也可按照这三种服务进行规划，其架构如图 4-14 所示。

从服务模式层面分析，基于区块链的边缘智能解决方案的核心服务模式包括 IaaS、PaaS 和 SaaS 等 3 部分；其中：

- IaaS 为区块链提供必须的分布式链式存储资源、人工智能模型的大规模计算资源以及分布式通信网络资源服务；
- PaaS 通过微服务框架封装区块链的存储、智能合约、共识机制，形成区块链平台服务，边缘智能平台主要提供业务分流和相关轻量级智能服务；
- SaaS 层以安全合规和运维管理为保障，提供基于区块链的各类边缘智能应用服务。

[1] 中国移动 5G 联合创新中心创新研究报告——《区块链 + 边缘计算技术白皮书（2020 年）》

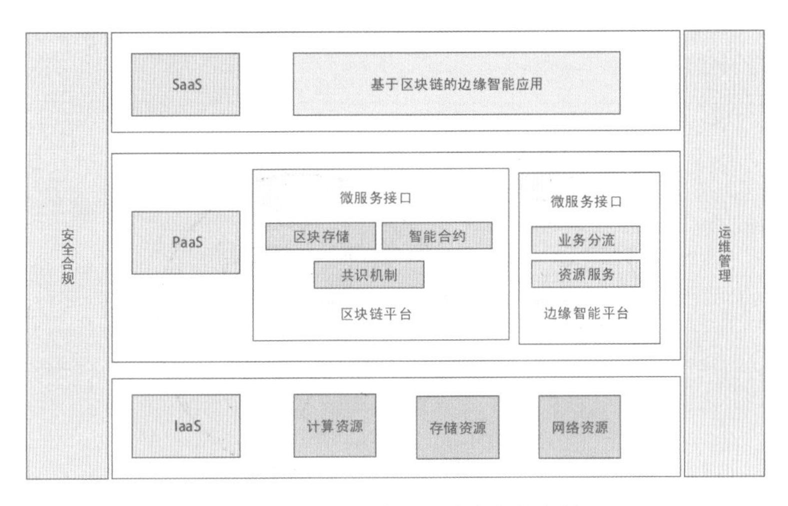


图 4-14　基于区块链的边缘智能架构

结合基于区块链的边缘智能架构，以上三种服务模式的核心功能说明如表 4-6 所示。

**表 4-6　三种服务模式说明**

| 服务模式 | 核心功能说明 |
| --- | --- |
| IaaS 服务模式 | 负责计算、存储、网络资源的分配和调度，提供跨地域分布式、去中心化资源供给和区块链的快速部署 |
| PaaS 服务模式 | 提供区块链的 API 服务、供边缘智能应用调用 |
| SaaS 服务模式 | 提供应用级区块链服务，直接提供数据存证等边缘智能应用服务 |

## 4.4.2　部署方式层面的解决方案

随着云原生技术与管理体系的不断完善，微服务、容器化、DevOps 理念极大提高了“云 - 边 - 端”协同、端到端一体化开发运维效率。因此，面向云原生的边缘智能部署方式可为基于区块链的数据与信任问题提供解决思路。

从部署方式角度看，“边缘智能 + 区块链”有三种解决方案：云端部署、边端部署和混合部署。其中，云端部署模式将区块链各节点完全部署到云端资源池，对外提供统一的可信数据服务和应用；边端部署模式中，区块链系统各节点部署到边端，在网络边缘提供计算和网络能力，将智能应用服务和可信数据内容部署在本地边缘，提高数据安全性；混合部署模式中，将部分区块链节点部署到边端，其他部分区块链节点部署到云端，形成“云 - 边 - 端”协同的混合组网模式。

目前，基于区块链的边缘智能解决方案多以可信数据管理方式进行应用部署。如图 4-15 所示，联盟区块链由多个组织构成，每个组织包含多个区块链节点，每个节点扮演不同角色。这与边缘智能的“云 - 边 - 端”分布式架构高度一致，因此，基于联盟链的边缘智能一般采用容器虚拟化技术部署于网络接入层和数据汇聚层，通过联盟区块链和边缘智能的融合部署模式，可以实现“云－边－端”的全域支撑能力、本地分流能力、多种网络接入能力、数据与可信管理能力。

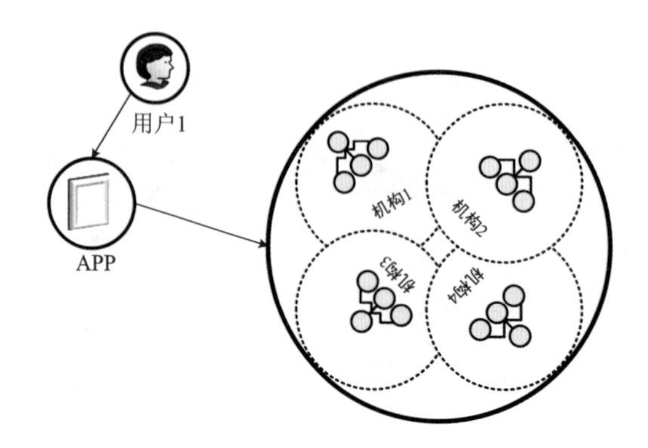


图 4-15　联盟区块链部署方式

## 4.5　前沿方向

面向边缘智能的区块链技术中，仍存在着链上链下数据的高效协同与强关联、抗量子攻击的安全区块链数据保护、区块链节点的数据隐私安全和区块链身份隐私保护等技术问题亟待解决。未来相关前沿方向可梳理为面向资源受限环境的性能扩展、跨域的分布式信任以及智能应用与隐私保护的平衡等三个方向。

### 4.5.1　面向资源受限环境的性能扩展

区块链本身的性能瓶颈问题较为突出，尤其是事务吞吐量、交易确认时延、区块容量等问题，这样的性能瓶颈无法满足边缘智能中“云－边－端”协同和共同决策场景的需求。例如，无人机集群之间应快速地提供可靠信息并达成共识以协调整个群体的运动，高时延会导致无人机碰撞事故，因此未来区块链需要探索针对边缘智能的性能改进方法。

此外，随着区块链事务数量的增长，交易账本大小也会随之增长。然而，对于硬件能力受限的边缘设备来说，难以在本地保存完整的区块链账本，因此下一步需要探索面向资源有限设备的区块链。

### 4.5.2　跨域的分布式信任

在边缘智能场景中，“云－边－端”架构下存在着大量设备与设备之间的合作。例如，多个拥有本地数据的设备共同训练全局的人工智能模型、多车协同反馈智慧交通信息、多智能体联合协同决策等。合作的基础是参与方之间存在信任，即参与方提供的信息、做出的决策是真实可信的。

在信任构建模式中，基于身份管理和访问控制的方式以设立中心管理机构来管理身份或以分布式的形式验证身份，但是如何进行身份的相互验证有待解决；基于信誉反馈的方式则由参与方给出有关信任的评价，综合得出关于某节点值得信任的程度，但是相关评价的可靠性也有待验证。

区块链利用不可篡改性保证记录数据的真实性，而且其可追溯性和共识机制有助于确认记录数据的可靠性，因而可以在跨域分布式环境中更好地构建信任，但在实际应用中，需要关注如何设定信任的衡量方式，以及如何模拟部分节点不同程度的“不可信”情况。

### 4.5.3　智能应用与隐私保护的平衡

边缘智能环境下的数据安全与隐私保护是一个永恒的研究方向，而区块链具有匿名性、分散性、安全性等关键特性，可以方便、高效、可靠、安全地应对安全和隐私问题。使用区块链提升智能应用的隐私保护和安全性需要大量密码学算法的加持；例如，在应用面向保护隐私的零知识证明时，交互式零知识证明要求验证者不断对证明者所拥有的“知识”进行一系列提问，但通信协议过于复杂，容易受到恶意软件的攻击；非交互式零知识证明虽然可以避免串通的可能性，但证明过程消耗内存过大，无法在资源受限设备上使用。目前，基于非交互式零知识证明的 ZCash 是最著名的区块链项目之一，但如何兼顾性能和安全性仍有待更多密码学技术的突破。

## 4.6　本章小结

本章基于边缘智能的“云 - 边 - 端”架构，讨论“边缘智能 + 区块链”的实现途径，为多域数据管理、安全信任共享、隐私保护探索解决方案。为便于读者理解，特将重要知识点凝练如下：

（1）区块链是开放的泛中心化分布式数字账本，以可验证且不可篡改的方式记录各方交易；

（2）区块链的基础架构包括数据层、网络层和应用层，其中，应用层提供了以比特币为代表的数字加密货币和智能合约等应用。

（3）比特币的本质是一系列事务区块的链表，每个区块由区块头和区块体组成，每个区块包含一组新的事务和前驱区块的散列函数值。

（4）根据区块链参与方的不同，区块链可分为公有链、私有链和联盟链三类。

（5）区块链相关的密码学技术包括加解密算法、哈希算法、数字摘要、Merkle 树、数字签名、数字证书和 PKI 体系等。

（6）智能合约是达到一定条件时会自动触发执行的程序化交易协议。

（7）隐私保护技术可分为语法隐私保护、语义隐私保护和形式化隐私保护技术三类。

（8）信任管理是指采用一种统一的方法描述和解释安全策略、安全凭证以及用于直接授权关键性安全操作的信任关系，一般包括信任证据收集、证据可靠性估计、信誉值计算、信任阈值选取及信任程度判定等5个步骤。

上一章讲解了边缘智能的概念性框架，指出数据安全可信融合是实现边缘智能的基础。本章主要从数据与信任角度讨论区块链与边缘智能的结合问题，讨论“边缘智能+区块链”解决方案，下一章将从人工智能模型及其安全应用角度分析边缘智能的关键使能技术。

# 第 5 章　边缘智能中的模型与安全

边缘智能与其他计算模式最本质的区别就是人工智能模型在“云 - 边 - 端”多域的全链路多维度应用。然而，以深度神经网络为代表的传统人工智能模型网络参数庞大、计算资源消耗巨大，无法适应边缘网络带宽受限、时延敏感、算力有限、隐私需求强烈的应用场景。因此，结合轻量级分布式深度神经网络模型的应用和安全需求，面向边缘智能的模型压缩算法和联邦学习技术应运而生。

本章首先讲解适用于资源受限终端设备的模型压缩方法，然后针对边缘智能的“云 - 边 - 端”架构，介绍兼顾模型安全性和分布式特点的联邦学习技术，最后结合主流解决方案，对前沿方向进行展望。

## 5.1　模型压缩

深度神经网络是新一代人工智能技术的重要代表。然而，计算量大、存储成本高、模型复杂等特性使得深度模型无法有效地应用于轻量级移动终端设备。因此，在边缘智能研究中，“云 - 边 - 端”协同、模型压缩都是为了降低边缘智能在计算、存储需求方面对边缘设备的依赖。本小节以深度神经网络为基础，讲解模型压缩基本方法和主要的工具框架。

### 5.1.1　深度神经网络基础

深度神经网络是机器学习的重要方法，更是帮助AlphaGo击败人类掀起人工智能热潮的关键支撑技术，三者之间关系如图 5-1 所示。因此，在学习深度神经网络的模型压缩方法之前，有必要了解深度神经网络的基础理论。

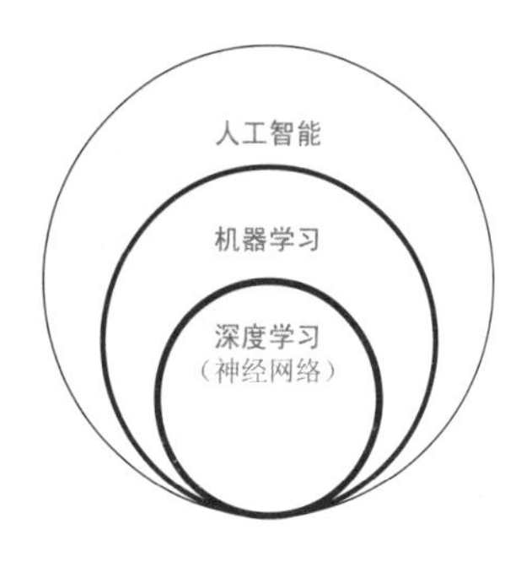


图 5-1　人工智能 - 机器学习 - 深度学习关系

人工神经网络受生物神经网络启发，按照神经网络连接建立相应数学模型，如图 5-2 所示。其中，每个神经元节点代表一种输出函数，多个神经元组成的复合函数即可表征整个神经网络，节点间的连接代表对该网络通路的信号权重。神经网络的训练学习过程就是获取这些优化的权重估计值，经典的参数学习方法为反向传播算法。

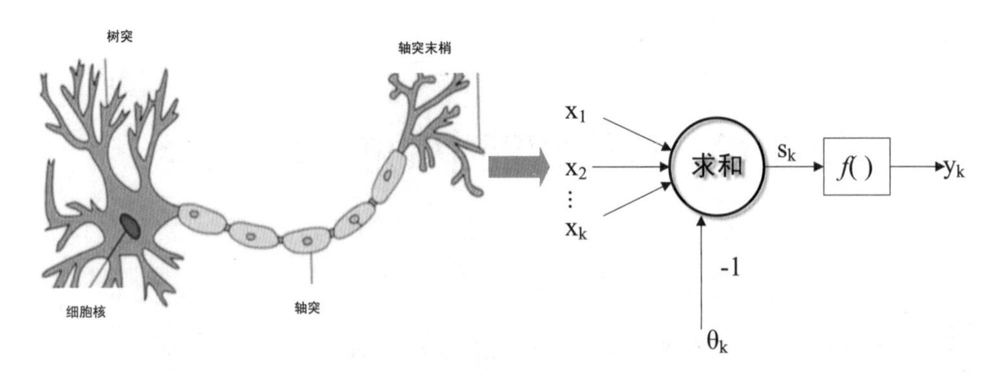


图 5-2 人工神经网络模型

## 1. 机器学习及其分类

机器学习（Machine Learning）是人工智能的重要实现方式，涉及概率论、统计学、计算复杂性等理论，是从数据中自动分析获得规律，并实现未知数据预测的重要手段。具体讲，机器学习可以从有限的观测数据中总结出可以推广应用到未观测数据的一般性规律。从数学的维度看，机器学习属于函数空间的参数优化问题，包含模型、学习准则、优化算法等三个基本要素，可以分为监督学习、无监督学习和强化学习。

（1）监督学习（Supervised Learning）

监督学习利用已知类别的样本训练模型参数，建立样本特征与样本标签之间的映射关系，可分为分类问题和回归问题，包括决策树、逻辑回归、支持向量机、k- 近邻算法、人工神经网络和集成学习等算法。

（2）无监督学习（Unsupervised Learning）

无监督学习中训练样本没有标签，依据相似样本空间距离较近的假设直接对数据进行建模，可以解决关联分析、聚类和维度约减等问题。常用方法包括自编码器、主成分分析和 k-Means 算法等。

（3）强化学习（Reinforcement Learning）

强化学习可通过与环境间的交互作用解决连续自动决策问题，包含智能体、环境、行动、奖励等元素。与监督学习不同，试错和延迟奖励是其最重要特征。常见算法包括 Q-Learning、TD 算法和 SARSA 算法等。

从数学理论维度看，上述三种机器学习模式均属于函数空间或参数空间的优化问题，其学习过程抽象为环境对智能体优化方向的修正和智能体向环境反馈对当前输入的预报。其中，智能体可以是深度神经网络、机器人、无人系统等含参数、可调节的任务求解器。环境可以用基于数据的人工智能方法、基于模型的数学或物理方法以及基于知识的知识工程方法来描述。此外，环境模型对智能体行为的判断可作为修正智能体行为的指标。

然而，机器学习模型性能的提升极大地依赖于训练数据和计算能力。例如，2020 年轰动整个科技圈的自然语言预训练模型 GPT-3，其训练文本容量近 45TB，包含 5000 亿个单词，模型参数有 1750 亿个，在 GPU 上的训练花费超过了 460 万美元。相比之下，人类大脑约重 1.5 千克，约占体重的 2%，功耗约 20 瓦，约占全身功耗的 20%。因此，用“硅基大脑”模拟人类的“碳基大脑”演进过程仍亟待深度探索。

此外，以联邦学习（详见第 5.2 节）为代表的分布式机器学习框架为机器学习模型训练所需的数据问题提供了解决思路，为兼顾数据隐私安全、高效数据共享、面向边缘智能的模型部署以及“数据孤岛”等问题解决带来希望。

### 2. 典型深度神经网络结构

深度神经网络是近 10 年机器学习领域发展最快的一个分支，Hinton、Lecun、Bengio 三位专家因其杰出贡献同获 2019 年图灵奖。深度神经网络以传统神经网络为基础架构，通过对数据表征进行学习，将底层特征表示转化为高层特征表示，利用输入层、隐藏层、输出层等构成多层网络结构来完成学习任务。面向不同应用领域，典型深度神经网络结构可以分为卷积神经网络、循环神经网络和生成式对抗网络。

（1）卷积神经网络

卷积神经网络的基本结构如图 5-3 所示，它通过卷积、池化、全连接等多层非线性变换，卷积神经网络可以从数据中自动学习特征，获得具有强表达能力和学习能力的深层结构。具有权值共享、局部感知等特点。

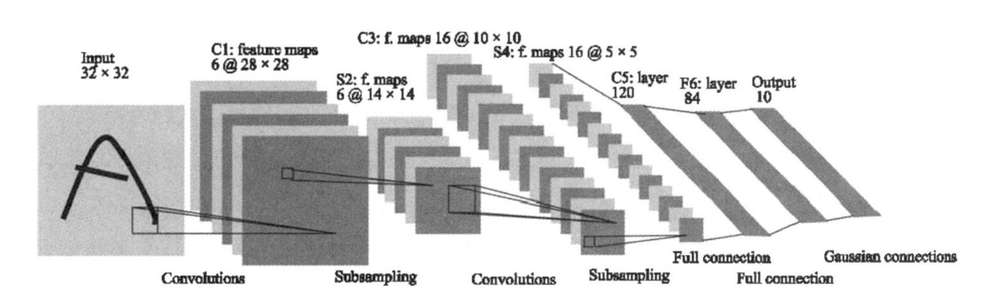


图 5-3　卷积神经网络基本结构

（2）循环神经网络

循环神经网络是具有“记忆”能力的门控网络结构，以长短时神经网络（LSTM）为代表的循环神经网络擅长处理序列数据，其网络结构如图 5-4 所示，广泛应用于自然语言理解、问答系统和语音识别等领域。

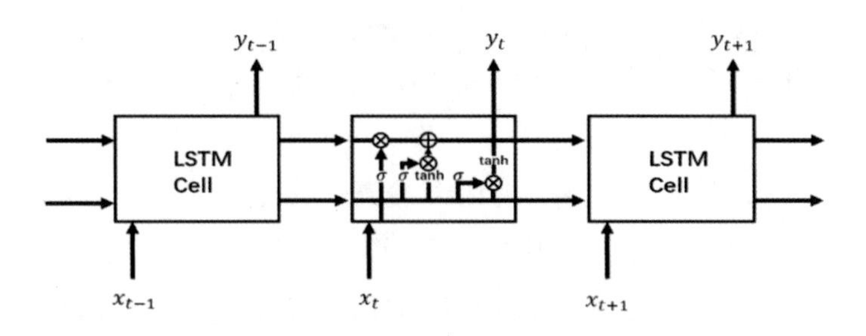


图 5-4 LSTM 网络结构

（3）生成式对抗网络

生成式对抗网络（如图 5-5 所示）通过生成器和判别器的不断迭代博弈，生成式对抗网络无须大量标注数据即可学习到数据的深层特征，利用反向传播算法更新网络参数，已应用于高分辨率图像生成、数据集扩充和图像风格迁移等多个领域。

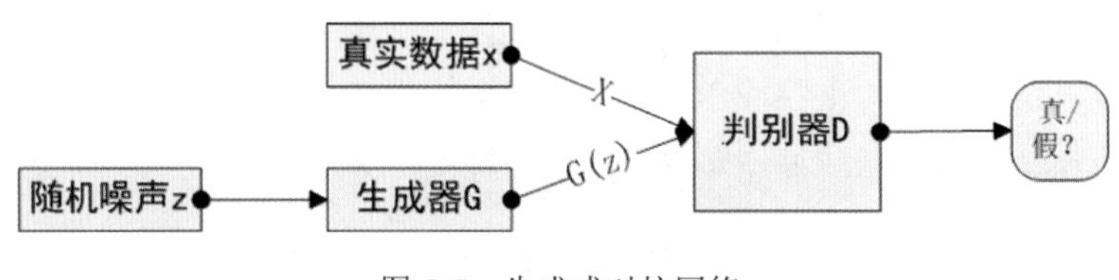


图 5-5 生成式对抗网络

## 5.1.2 模型压缩方法

长期以来，深度神经网络通常通过更深、更大的模型才能达到更高的精度和准确度，因此这也导致了模型具有大量参数（例如，VGG16 网络有一亿三千多万个参数）、存储空间占用率高、计算复杂等不足，这与边缘智能设备小型化、低功耗、异构等特点相矛盾，诸如手机等便携式移动设备以及嵌入式设备无法满足深度神经网络的大规模计算要求。即“移动设备算不好，可穿戴设备算不了，数据中心算不起”。

因此，在保证网络模型精度及准确度的前提下，压缩网络模型成为一个亟待解决的问题。模型压缩不仅可以提升移动端模型性能，在服务端也可以加快推理的响应速度，减少服务器资源消耗，实现“云－边－端”一体化。主要模型压缩方法有剪枝、量化、参数共享、知识蒸馏和低秩分解等。

### 1. 剪枝（Pruning）

深度神经网络的剪枝就是把网络中的冗余连接剪掉，即“取其精华去其糟粕”，可分为突触剪枝、神经元剪枝、权重矩阵剪枝等。在剪枝过程中，将权重矩阵中不重要的参数设置为 0，并利用稀疏矩阵进行存储和计算。图 5-6 是剪枝方法的模型，可以通过删除对性能不敏感的冗余神经元、不重要的连接来减少参数数量，形成稀疏网络，这样既有助于减小整个模型的大小，也节省了计算时间和能耗。

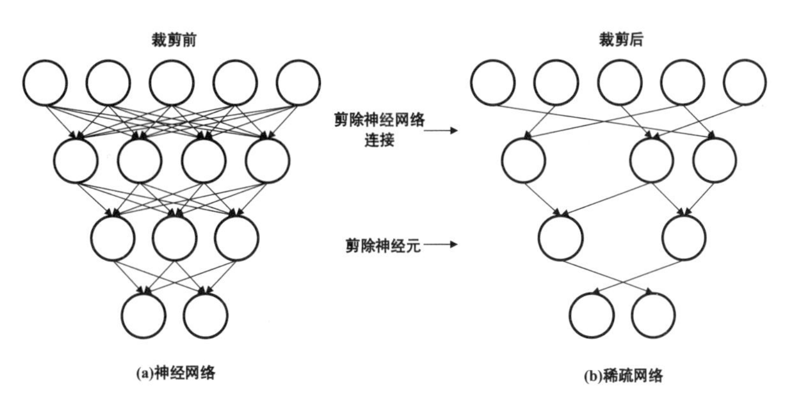


图 5-6　剪枝模型

## 2. 量化（Quantization）

量化方法的主要思想是通过降低权重参数所需要的比特数来压缩原始网络，即将神经网络中 32 位浮点运算转换为 8 位或 16 位的定点运算；这不仅可以在移动设备上实现网络的实时运行，同时对部署云计算也有帮助。我们来看图 5-7 所示的参数量化，可以看到低精度定点数操作的硬件面积大小及能耗比高精度浮点数要少，使用 8 位定点量化可带来 4 倍的模型压缩、4 倍的内存带宽提升以及更高效的缓存利用。

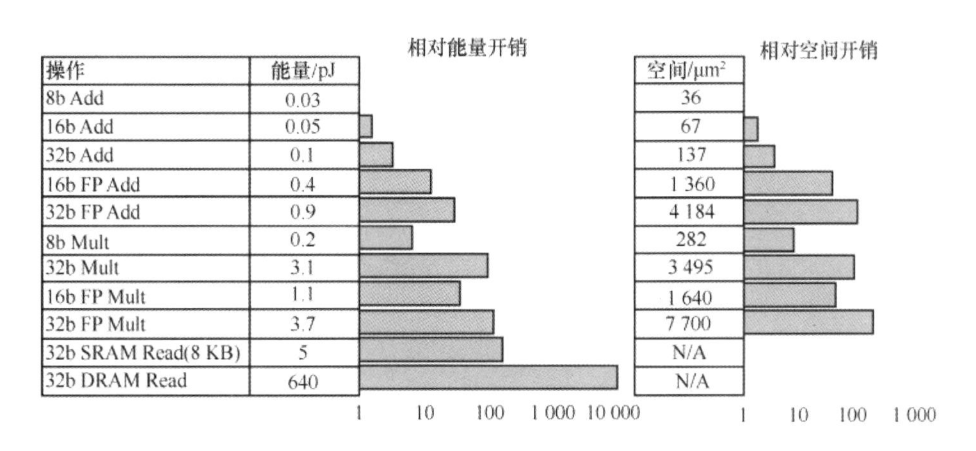

| 操作 | 能量/pJ | 空间/μm² |
| --- | --- | --- |
| 8b Add | 0.03 | 36 |
| 16b Add | 0.05 | 67 |
| 32b Add | 0.1 | 137 |
| 16b FP Add | 0.4 | 1 360 |
| 32b FP Add | 0.9 | 4 184 |
| 8b Mult | 0.2 | 282 |
| 32b Mult | 3.1 | 3 495 |
| 16b FP Mult | 1.1 | 1 640 |
| 32b FP Mult | 3.7 | 7 700 |
| 32b SRAM Read(8 KB) | 5 | N/A |
| 32b DRAM Read | 640 | N/A |



图 5-7　参数量化

目前，量化方法分为训练后量化（Post Training Quantization）和量化感知训练（Quantization Aware Training）两种模式。训练后量化模式指对已训练好的模型进行量化压缩，利用 KL 散度、滑动平均等方法确定量化参数；而量化感知训练模式是在模型训练过程中嵌入量化操作（例如，最大值、最小值等）更新模型参数，以恢复由于量化而造成的精度损失，相较训练后量化模式可以提供更高的预测精度。

### 3. 参数共享（Parameters Sharing）

参数共享方法利用空间相关性将从局部区域学习到的特征应用到全局区域，实现采用更小的空间存储原始神经网络模型的目的。例如，在图像特征提取中，局部统计特征在整幅图像上具有重复性（位置无关性），即若图像中存在某个基本特征，该基本特征可能出现在任意位置，则不同位置共享相同权值参数可实现在数据的不同位置检测相同的模式。

基于霍夫曼编码的参数共享（如图 5-8 所示）中，利用聚类方法划分权值参数类别，保存聚类中心权值和对应的聚类索引，并利用反向传播算法更新权值参数和梯度累加，最终完成在不损失精度前提下的神经网络模型压缩。

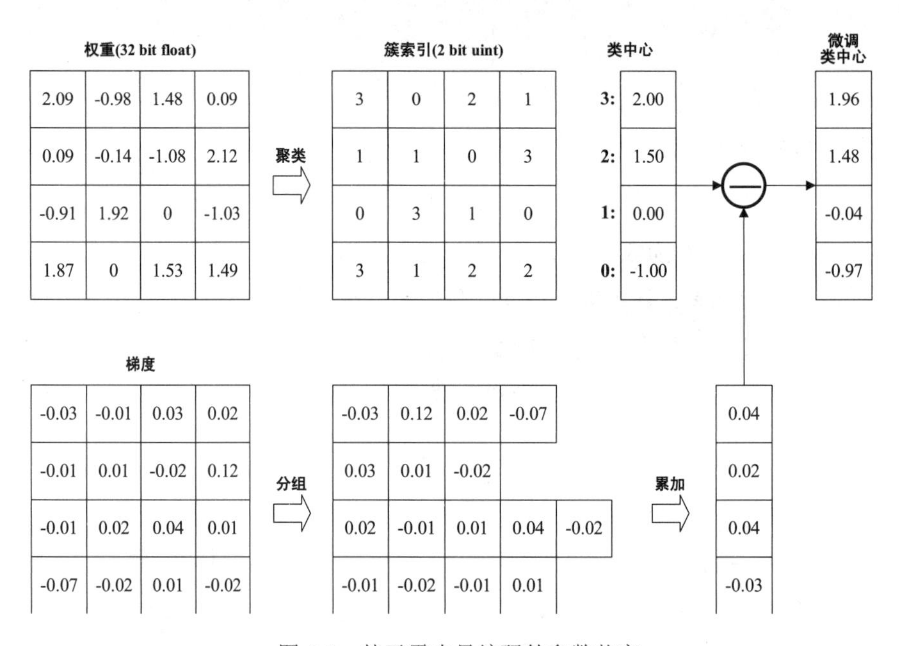


图 5-8 基于霍夫曼编码的参数共享

### 4. 知识蒸馏（Knowledge Distillation）

知识蒸馏的核心思想是从具有良好性能和泛化能力的复杂网络（教师模型）中提取有用信息，并迁移到一个规模更小的网络（学生模型）中，以降低参数数量，达到模型压缩与加速的效果。目前知识蒸馏方法大多用于分类、检测、分割等任务。基于网络蒸馏的方法可以使很深的模型变得更浅，从而帮助网络减少大量计算。

基于迁移学习，知识蒸馏模型（如图 5-9 所示）通过将预先训练好的教师模型输出作为监督信号去训练另一个轻量化网络，将复杂、学习能力强的教师网络学到的特征表示蒸馏出来，传递给参数量小、学习能力弱的学生网络。教师网络传递的知识一般包括概率分布、输出特征、中间层特征映射、注意力映射和中间过程，在神经元级别上监督学生网络训练，提高模型参数的利用率和知识迁移。

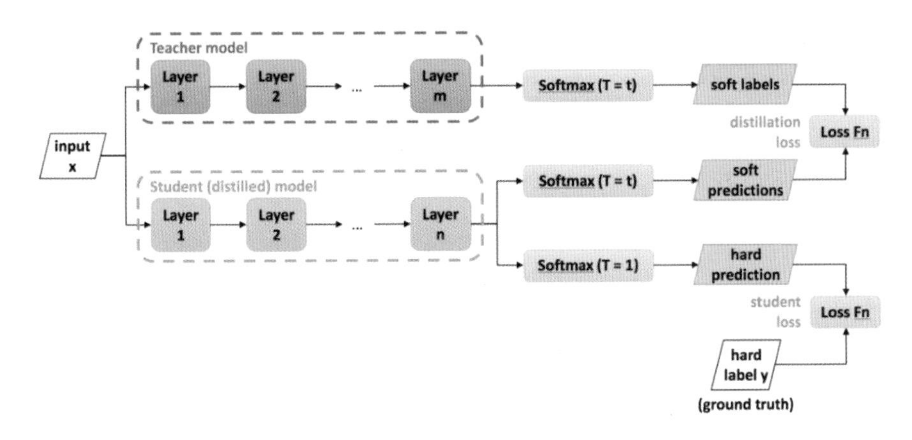


图 5-9 知识蒸馏

### 5. 低秩分解（Low-Rank Factorization）

在线性代数中矩阵的秩用来度量矩阵行列间的相关性，当矩阵的秩远小于行和列值时，则矩阵为低秩矩阵，低秩矩阵具有大量冗余信息，每行或每列都可以用其他行或列线性表示。深度神经网络中的参数通常数以亿计，而且都是以张量（一维数组称之为向量，二维数组称之为矩阵，三维数组及多维数组称之为张量）形式组织，参数矩阵往往同时具备低秩与稀疏的性质。

低秩分解方法基于不同卷积核特征之间存在冗余的事实，利用卷积核分解后的线性组合表示原始卷积核集合的特征，将高维度卷积核的卷积过程分解为低维向量的卷积过程，主要方法有 SVD 分解、Tucker 分解等。低秩分解中，低秩部分包含了大量光滑分量，稀疏部分含有方向等重要信息。因此基于低秩分解的模型压缩算法，可以极大地压缩参数数量，降低模型规模。

## 【思维拓展】模型加速——AI 芯片

尽管模型压缩和加速是两个不同话题，而且模型压缩并不一定能带来模型加速效果，但有时二者相辅相成。模型加速侧重于降低计算复杂度，提升并行能力等方面。前文讲解的深度神经网络主要基于通用处理器和软件方式实现。下面从嵌入式硬件角度讲解基于 AI 芯片的模型加速。

常用的嵌入式微处理器包括 4/8/16 位单片机、32/64 位 RISC 单片机、32/64 位 CISC 微处理器、DSP 处理器、FPGA 等。其中，FPGA（Field Programmable Gate Array）是专用集成电路（ASIC）领域的一种半定制电路，是可编程的逻辑列阵，能够有效地解决原有的器件门电路数较少的问题。AI 芯片的研发方向包括通用类芯片（CPU、GPU）、基于 FPGA 的半定制化芯片、全定制化 ASIC 芯片和类脑计算芯片等。

基于传统冯·诺依曼架构的 FPGA 和 ASIC 芯片将处理器和存储器分开，而类脑计算芯片则模仿人脑神经元结构，将 CPU、内存和通信部件都集成在一起。为适应不同场景和功能需求，出现了 TPU（Tensor Processing Unit）、NPU（Neural network Processing Unit）等新型芯片。此外，按功能划分，包括机器学习训练和推断两大类 AI 芯片。

### 5.1.3 模型压缩工具框架

模型压缩工具框架集成了极简的智能开发接口、多样化的移动终端适配、端到端的模型调优方法，进而可以最大程度地降低开发者使用门槛。因此，本小节结合业界主流移动端深度学习模型部署需求，分别讲解谷歌 TensorFlow Lite、百度 PaddleSlim、腾讯 PocketFlow 模型压缩开源框架，为读者上手编程实践奠定基础。

#### 1. TensorFlow Lite

TensorFlow Lite 是一种用于设备端推断的开源深度学习框架，包括两个主要组件：TensorFlow Lite 解释器和 TensorFlow Lite 转换器，如图 5-10 所示。

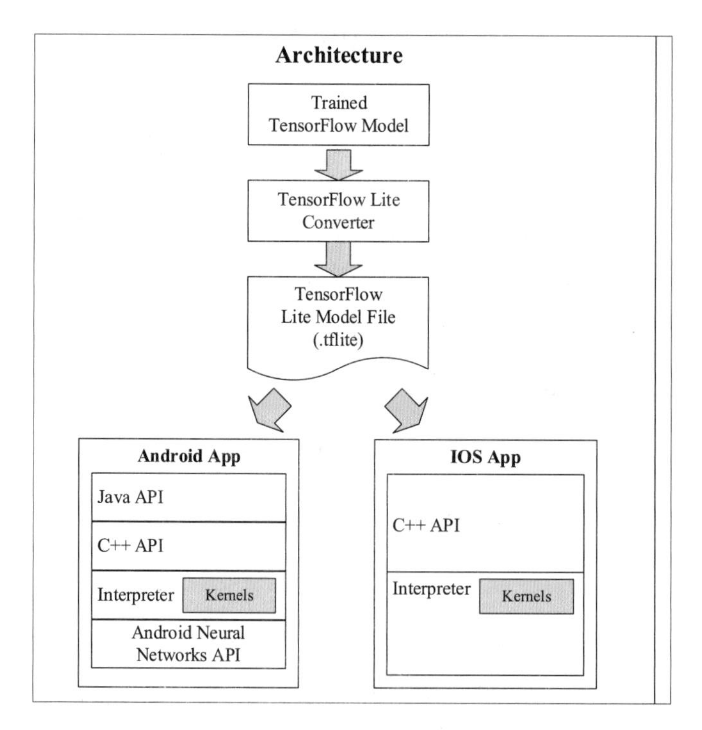


图 5-10　TensorFlow Lite 架构

- TensorFlow Lite 解释器可在手机、嵌入式 Linux 设备和微控制器等多种硬件上运行经过专门优化的模型。

- TensorFlow Lite 转换器可将 TensorFlow 模型转换为高效形式以供解释器使用，并通过优化机制减小二进制文件的大小和提高性能。

使用 TensorFlow Lite 的工作流包括如下步骤：

（1）选择模型，可以使用自定义 TensorFlow 模型、在线查找模型、选择预训练模型，或者重新进行模型训练；

（2）转换模型，使用 TensorFlow Lite 转换器将自定义模型转换为 TensorFlow Lite 格式；

（3）设备部署，使用支持多种语言 API 的 TensorFlow Lite 解释器在设备端运行模型；

（4）优化模型，使用模型优化工具包缩减模型的大小并提高其效率，同时最大限度地降低对准确率的影响。

目前，TensorFlow Lite 提供参数量化和参数剪枝两种压缩方式，主要在准确度和运算速度方面进行性能提升。此外，在边缘机器学习方面，TensorFlow Lite 可以在网络“边缘”设备上执行机器学习，无需在设备与服务器之间来回发送数据，这样便可以缩短延迟、保护隐私、减少互联网连接、降低功耗。

### 2. PaddleSlim

PaddleSlim 是百度飞桨（PaddlePaddle）框架的子模块，首次发布于 PaddlePaddle 1.4 版本，实现了目前主流的剪枝、量化、知识蒸馏三种模型压缩策略，主要用于压缩图像领域模型。图 5-11 是 PaddleSlim 的架构图，可以看到知识蒸馏模块、量化模块和剪枝模块都间接依赖底层的 paddle 框架。

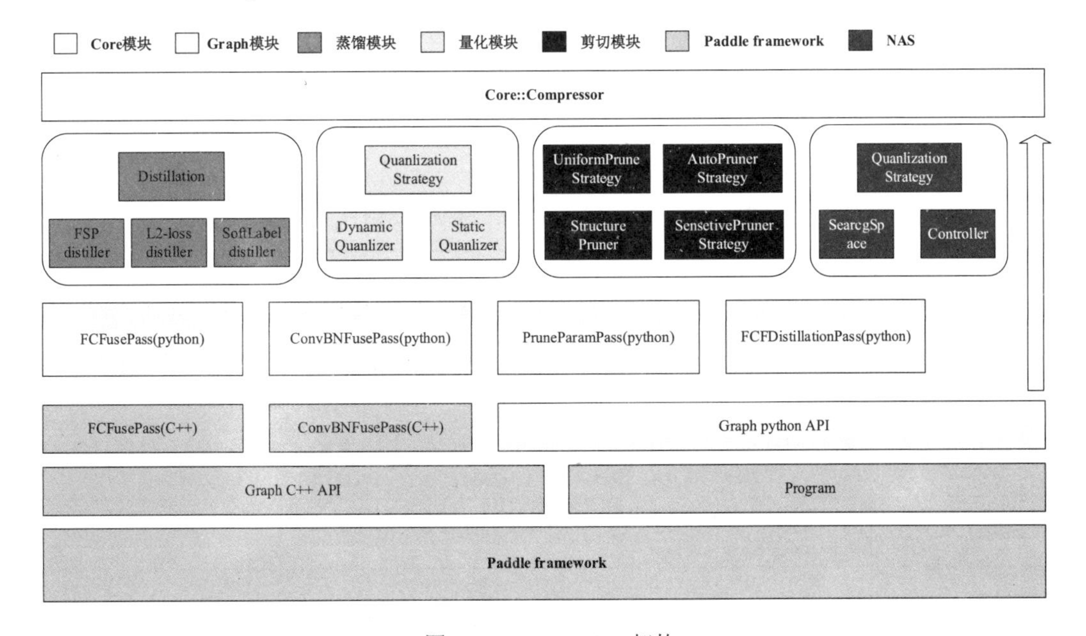


图 5-11　PaddleSlim 架构

PaddleSlim 的主要特点是接口简单，以配置文件方式集中管理可配参数，在普通模型训练脚本上，添加极少代码即可完成模型压缩；通过量化训练与蒸馏的组合使用，可同时做到缩减模型大小并提升模型精度；支持快速配置多种压缩策略组合使用。

### 3. PocketFlow

腾讯 AI Lab 机器学习中心发布的 PocketFlow 自动化深度学习模型压缩框架，集成了当前主流的模型压缩与训练算法，实现了全程、自动化、托管式的模型压缩与加速，以及用户数据的本地高效处理。PocketFlow 框架包括模型压缩 / 加速算法组件和超参数优化组件两部分，如图 5-12 所示。

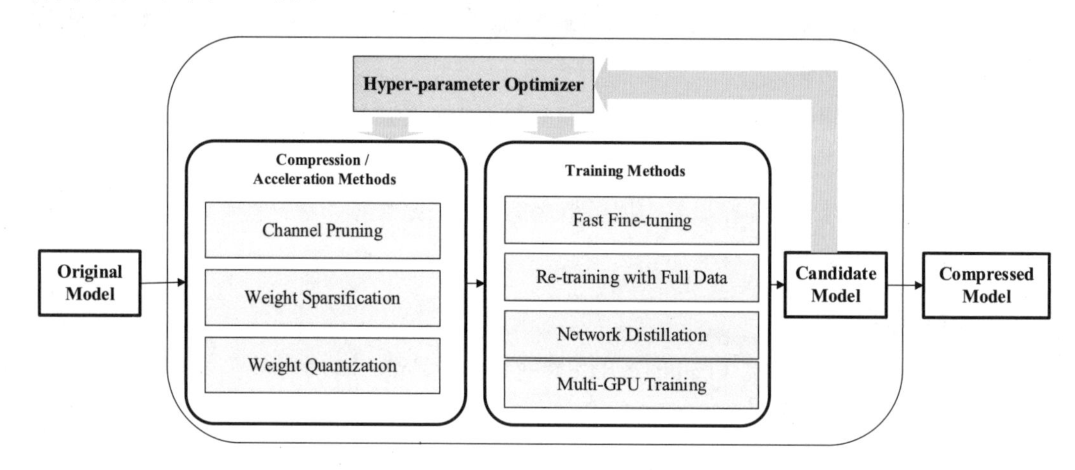


图 5-12　PocketFlow 框架

如表 5-1 所示，PocketFlow 通过通道剪枝（channel pruning）、权重稀疏化（weight sparsification）、权重量化（weight quantization）、网络蒸馏（network distillation）、超参数优化（hyper-parameter optimization）等算法组件的有效结合，可以让深度学习模型的压缩与加速做到精度损失更小，自动化程度更高。

表 5-1　PocketFlow 的模型压缩算法组件

| 组件名称 | 功　能 |
|---|---|
| 通道剪枝组件 | 对特征图通道维度进行剪枝，可以同时降低模型大小和计算复杂度，并且压缩后的模型可以直接基于现有深度学习框架进行部署 |
| 权重稀疏化组件 | 对网络权重引入稀疏性约束，降低网络权重中的非零元素个数；压缩后模型的网络权重以稀疏矩阵形式进行存储和传输，以实现模型压缩 |
| 权重量化组件 | 通过对网络权重引入量化约束，降低用于表示每个网络权重所需的比特数；基于 ARM 和 FPGA 等硬件设备对均匀和非均匀两大类量化算法进行优化，可以提升移动端的计算效率 |
| 网络蒸馏组件 | 通过将未压缩的原始模型输出作为额外监督信息，指导压缩后模型的训练，在压缩 / 加速倍数不变的前提下获得精度提升 |
| 超参数优化组件 | 采用强化学习等算法以及 AutoML 自动超参数优化框架来确定最优超参数取值组合；在保证满足模型整体压缩倍数的前提下，实现压缩后模型精度的最大化 |

尽管模型压缩技术解决了资源受限终端的计算问题，但人工智能模型性能提升需要大量训练数据的不断迭代学习，同时大量训练数据面临严峻的数据安全和隐私挑战（例如，一方面，集中式大规模数据汇聚面临巨大泄露风险；另一方面，人脸识别需要大量人脸数据，智能推荐模型需要大量用户行为习惯数据，路径规划模型需要大量个人位置轨迹数据等）。因此，兼顾人工智能模型安全和“云－边－端”架构的分布式特点，面向边缘智能的联邦学习技术应运而生。

## 5.2 联邦学习

随着边缘智能技术的快速发展及广泛应用，大量数据的汇聚蕴藏着巨大价值，同时也带来安全问题。联邦学习（Federated Learning）技术可在参与方的训练数据保存在本地的情况下得到全局模型，满足数据隐私、安全和监管要求，打破“数据孤岛”壁垒，实现高效的数据共享。

### 5.2.1 基本概念

本小节会给出联邦学习的定义、分类、系统架构、工作流程，以期为读者展现完整清晰的联邦学习知识体系。

#### 1. 定义

联邦学习是一种借助多个参与方的本地数据联合训练一个全局模型的分布式机器学习架构，如图5-13所示。联邦学习架构中每个参与方的数据都存储在本地，在中央服务器的协调下，多个参与方联合完成机器学习任务。广义地讲，联邦学习是一种支持隐私保护的分布式机器学习框架，具有如下特点：

- 两个或多个参与方共同构建一个机器学习模型，各参与方利用各自数据参与联合模型的训练过程；
- 在模型训练中，各参与方原始数据保存在本地；
- 与集中式汇聚多个参与方数据而得到的全局模型相比，联邦学习最终共享的模型的性能与结果，与其相近。

从通信结构的角度出发，在联邦学习中，每个参与方与中央服务器进行通信，完成全局模型的训练。其通信拓扑是一个星型图，中心节点表示中央服务器，边缘节点表示参与方，连线表示参与方与中央服务器的通信信道。从训练数据特征出发，联邦学习除了适用于传统机器学习的数据特征（独立均匀同分布）之外，也适用如下特征的数据：

- 非独立同分布：由于每个参与方的本地数据未必符合整体数据的分布特征。例如，每一个手机用户的喜好、习惯不同使其产生的数据不尽相同，参与联邦学习的用户的数据未必符合所有用户的数据所表现的总体分布特征；

- 本地数据量不平衡：参与方的本地数据量存在差异。例如，某参与方是手机的狂热爱好者，会比其他用户更频繁地使用服务或应用程序，从而导致数量不平衡的本地训练数据；
- 大规模分布：联邦学习的参与方数量比任意一个参与方的平均数据量大得多。

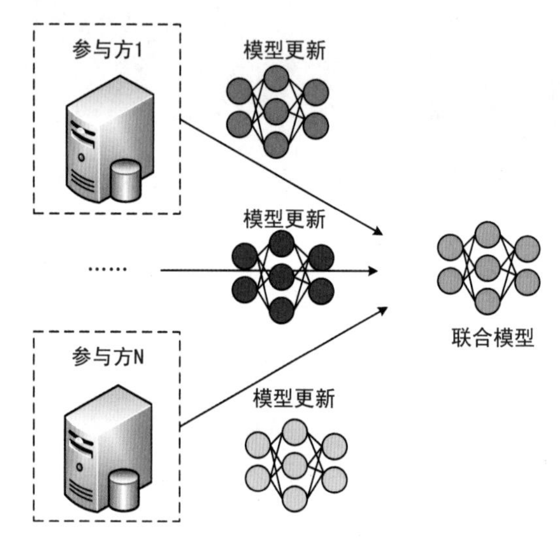


图 5-13　联邦学习架构

### 2．分类

对于联邦学习的分类，我们可以根据数据的分布特征、训练的任务数量差异和通信结构的差异等三个方面来进行。

（1）依据数据的分布特征不同，联邦学习可分为横向联邦学习、纵向联邦学习和联邦迁移学习等 3 类，如图 5-14 所示。

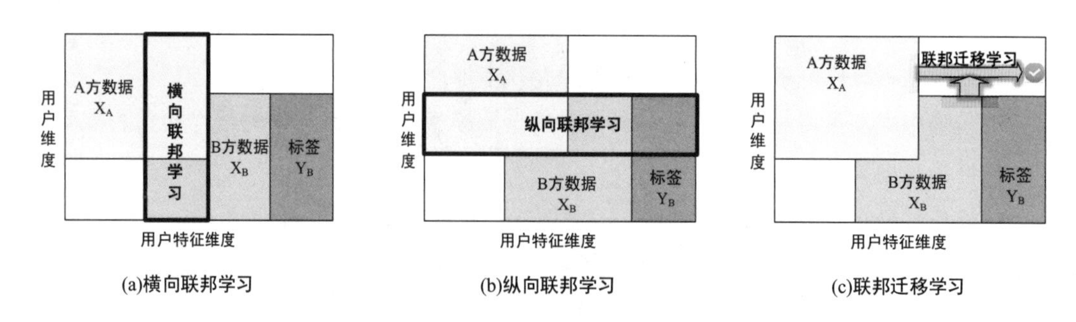


图 5-14　联邦学习分类（依据数据的分布特征）

假设参与方 $i$ 持有的数据集为 $D_i$，以矩阵方式表示，行向量表示每一条样本，列向量表示数据特征，其参与训练的样本记作（$I$，$X$，$Y$），其中 $I$ 表示样本的标识，$X$ 表示样本的特征空间，$Y$ 表示样本的标签空间。那么以上三类联邦学习的特征表示如下：

- 横向联邦学习：对任意的参与方 $i, j$, 其特征在于 $I_i \neq I_j$，$X_i = X_j$，$Y_i = Y_j$；
- 纵向联邦学习：对任意的参与方 $i, j$, 其特征在于 $I_i = I_j$，$X_i \neq X_j$，$Y_i \neq Y_j$；
- 联邦迁移学习：对任意的参与方 $i, j$, 其特征在于 $I_i \neq I_j$，$X_i \neq X_j$，$Y_i \neq Y_j$。

（2）根据训练的任务数量差异，联邦学习可分为单一任务联邦学习和多任务联邦学习，具体描述如下：

- 单一任务联邦学习：即联邦学习的目标是各参与方训练各自数据，最终协同完成同一个任务；
- 多任务联邦学习：即联邦学习的目标是各参与方训练各自数据，最终协同完成两个或两个以上的相关任务。

（3）根据通信结构的差异，联邦学习分为 C-S 模式的联邦学习和 P2P 模式的联邦学习，具体描述如下：

- C-S 模式的联邦学习：中央服务器将初始模型发送给各个参与方，各参与方利用本地数据训练各自模型，并将模型参数更新发送到中央服务器；中央服务器将接收到的更新参数进行聚合，并将聚合更新模型反馈给各参与方，直到模型收敛或预设条件结束迭代过程；
- P2P 模式的联邦学习：各参与方之间的对等通信代替与服务器之间的通信。不再需要中央服务器的协调，其通信结构不再是星型拓扑结构，而是端到端的拓扑结构。

### 3. 系统构架

联邦学习系统架构（如图 5-15 所示）主要包括加密样本对齐、加密模型训练和效果激励三部分，具体描述如下：

- 加密样本对齐：基于加密的样本数据对齐技术，在不公开各方数据的前提下确认双方的相关数据，并且不暴露不互相重叠的数据，以便联合这些用户的特征进行建模；
- 加密模型训练：在确定共有用户群体后，就可以利用这些数据训练机器学习模型。为了保证训练过程中的数据安全，需要借助第三方进行加密训练，直至损失函数收敛。在样本对齐及模型训练过程中，各方数据均保留在本地，且训练中的数据交互也不会导致数据隐私泄露；
- 效果激励：提供数据量大的参与方所获得的模型效果会更好，这些模型的效果在联邦机制上会分发反馈给各参与方，并继续激励更多参与方加入。

以上三部分的实施，既考虑了多个参与方之间共同建模的隐私保护和效果，又考虑了通过共识机制奖励贡献数据量大的参与方，进而保证了联邦学习的“闭环”学习机制。

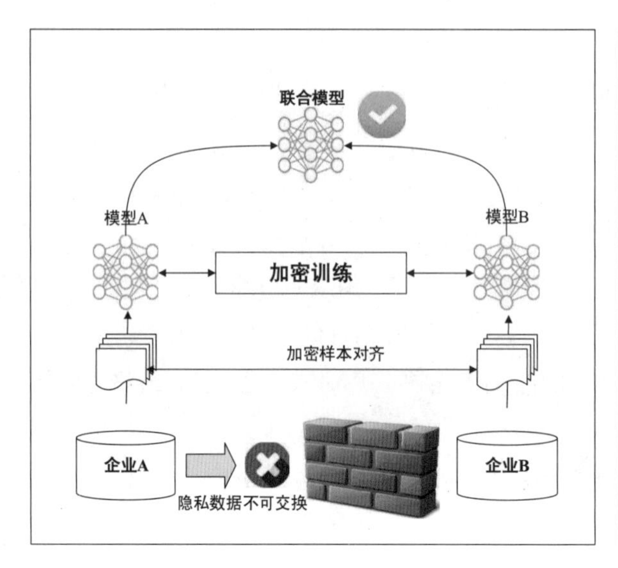


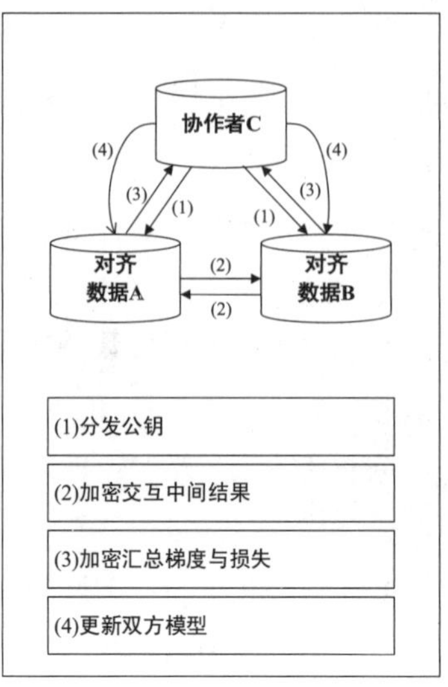


图 5-15　联邦学习系统构架

## 4．工作流程

依据联邦学习的系统架构，我们可以将联邦学习的工作流程分为 5 个步骤，如图 5-16 所示。

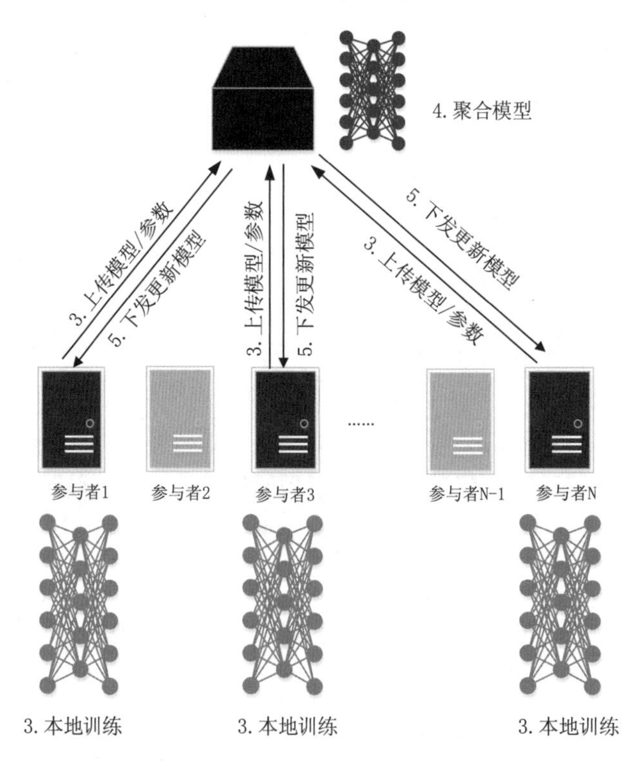


图 5-16　联邦学习的工作流程

联邦学习的一般工作流程描述如下：

（1）参与方选择：中央服务器从满足条件的参与方集合中选择合适的参与方；

（2）初始化：被选择的参与方从中央服务器处下载初始模型的参数；

（3）本地训练：每一个被选择的参与方利用自己的本地数据训练初始化模型，把更新的参数传给中央服务器；

（4）聚合：中央服务器收集各个参与方更新的参数；

（5）模型更新：中央服务器根据聚合结果更新全局模型的参数，并下发至各参与方。

重复步骤（3）~（5），直到全局模型满足既定的要求，例如达到预设的性能指标或达到预设的时间。

注：第（1）步是可选择的。

### 5.2.2 安全性分析

最初，联邦学习是为满足数据隐私保护而提出的重要机器学习框架。因此，模型安全是联邦学习技术的重要特色。本小节结合联邦学习技术特点，从数据隐私保护等级、潜在安全威胁、攻击方式和防御策略等 4 个角度，对联邦学习的安全性进行全面分析。

#### 1. 数据隐私保护等级

在分析联邦学习的安全性之前，我们需要先对涉及的数据隐私保护等级进行总结，联邦学习的隐私保护主要分为不考虑数据隐私、原始数据保护、全局隐私和 Holy grail 等 4 个等级，具体说明如下表 5-2 所示。

表 5-2 联邦学习的隐私保护等级

| 隐私保护等级 | 具体说明 |
| --- | --- |
| 不考虑数据隐私 | 任一参与方与其他方共享原始数据完成训练任务 |
| 原始数据保护 | 参与方未共享原始数据，但是计算出的本地模型更新（例如梯度数据）以明文形式显示。最初的联邦学习达到了这一水平，没有共享用户原始数据 |
| 全局隐私 | 参与方未共享原始数据，每个参与方的本地模型更新以加密 / 加噪形式显示，除中央服务器以外的其他方均不获得明文 |
| Holy grail | 任何有关参与方的信息（如模型更新和最终训练的模型）都不对第三方公开。每个参与者只能访问黑盒模型下的预测结果，而黑盒模型不会在最终的训练模型中透露任何潜在的隐私信息 |

注：联邦学习的隐私保护讨论多集中在表 5-2 中的后两个等级。

#### 2. 潜在安全威胁

联邦学习面临的潜在安全威胁主要涉及工作流程的数据窃取、参与实体的主动攻击和无意识数据泄露，我们从不同角度分析一下这些潜在安全威胁。

（1）从联邦学习工作流程的角度出发，潜在的威胁会出现在训练过程中或输出结果处。

- 在训练过程中窃取：即在执行算法过程中，任意参与方可推断其他参与方数据的隐私信息。
- 在输出结果处窃取：即从参与方的中间结果或最终结果推断其隐私信息。

（2）从联邦学习实体的角度出发，潜在的威胁可能出现在中央服务器、各参与方和外部者。

- 中央服务器：若中央服务器是诚实但好奇的（honest-but-curious），在执行协议时通过收到的模型参数信息探测参与者本地数据的隐私信息。甚至，中央服务器是恶意的，那么可偏离既定协议的执行以探测参与者本地数据的隐私信息。
- 参与方：类似于中央服务器的讨论，参与方可以是诚实但好奇的或者是恶意的，来探测其他参与方本地数据的隐私信息。进一步，几个参与方或参与方与中央服务器联合偏离协议的执行，以合谋方式探测其他参与方本地数据的隐私信息（即合谋攻击）。
- 外部者：考虑置之系统外的潜在敌手。外部攻击者可监测训练中的通信过程，以探测参与方的数据信息。

上述实体可以被分成两类攻击者：内部攻击者和外部攻击者。其中内部攻击者是参与方和中央服务器；外部攻击者是通信过程中的窃听者。

此外，从参与方数据的隐私性、完整性和可用性角度划分，攻击者的目标可分为：

- 窃取参与方模型或训练数据的有关信息；
- 使模型的预测结果偏离预期，产生错误的输出结果或产生攻击者想要的输出结果；
- 投毒训练数据或更新模型使生成的模型不可用。

### 3. 攻击方式

与传统网络安全的攻击方式分类方法相似，联邦学习潜在的恶意攻击类型同样可以从攻击者所获得数据类型角度进行划分，但是由于联邦学习的分布式架构以及机器学习模型特点，其面临的攻击方式也具有一定特殊性。

（1）从攻击者观察的内容来看，分为黑盒攻击和白盒攻击。

- 黑盒攻击：攻击者观测到的仅限于模型在任意输入下的输出，无法得到模型的相关参数和计算的中间步骤；即对于任何数据 $x$，攻击者只能获得 $f(x, W)$。攻击者无法访问模型 $W$ 的参数和计算的中间步骤。
- 白盒攻击：攻击者可以获得模型的参数；即对于任何输入 $x$，除了其输出外，攻击者可以计算该模型的所有中间步骤。

（2）联邦学习中面临最主要的攻击为：推理攻击（inference attack）和投毒攻击（poisoning attack）。

- 推理攻击旨在根据训练模型来推断训练数据的私有特征，破坏诚实参与方的数据隐私性，常见的攻击方法有重构攻击和成员推理攻击；其中，重构攻击（reconstruction attack）通过访问训练模型来重构训练样本；成员推理攻击（member inference attack）旨在推断某一样本是否属于训练数据集。

- 投毒攻击通过修改现有训练数据 / 模型或增加额外的恶意数据来影响全局模型，从而改变全局模型的决策边界，影响模型完整性/可用性，常见的攻击方法有数据投毒、模型投毒和后门攻击；其中，数据投毒（data-poisoning attack）通过错误地标记数据点来篡改训练数据；模型投毒（model-poisoning attack）通过发送错误的本地更新模型，从而恶意地影响全局模型；后门攻击（backdoor attack）是投毒攻击中典型的方法。

4．防御策略

为了应对联邦学习面临的攻击，提升其防御能力，主要的防御策略可以分为可信的中央服务器、本地差分隐私、密码方法和协同方法等 4 类。

- 可信的中央服务器：该防御策略假设中央服务器完全可信，可以保证在不窃取参与方本地数据隐私的前提下，获得参与方的更新模型参数。
- 本地差分隐私：每一个参与方对本地数据集加入噪声以实现数据的隐私性保护。
- 密码方法：每一个参与方把更新模型的参数采用密码学方法加密之后传给中央服务器，实现数据的隐私性和可用性保护。
- 协同方法：利用差分隐私和密码方法的协同实现数据的隐私性和可用性保护。

另外，引入信誉度概念与其他技术（例如区块链、差分隐私等）相结合的方法实现数据的隐私性和可用性保护。

其中，差分隐私通过添加干扰噪声以保护模型发布参与方的隐私信息，添加的噪声越大，对训练集的隐私保护效果就越好，但数据的可用性可能就会越差。其定义如下：

设存在随机机制 M：D → R，若存在仅相差一条数据的邻接数据集 $D_1, D_2 \subset D$，$S \subset R$，满足：

$$p(M(D_1) \subset S) \leqslant e^{\varepsilon} p(M(D_2) \subset S) + \delta \tag{5-1}$$

则称 $(\varepsilon, \delta)$ 差分隐私。

若 $\delta=0$，则称随机机制 M 是 ε- 差分隐私。如果 D 中数据仅属于某一参与方，同时对这一方实施隐私保护，则该机制满足 ε- 本地差分隐私。差分隐私还有其他形式的定义，例如，Rényi 差分隐私、可分差分隐私等。实现差分隐私的两种常用机制包括拉普拉斯（Laplacian）机制和高斯（Gaussian）机制。

差分隐私方法是抵御破坏数据隐私性攻击典型防御手段之一，通过在数据中添加噪声，使攻击者无法区分个体信息是否在训练数据中。在模型训练过程中，通常在反向传播中给梯度添加噪声来实现差分隐私。但是随着隐私保护效果的提升，需要加入的差分隐私噪声也越来越多，这样会导致数据的可用性变差。因此，在实践中通常融合多种防御策略来平衡数据的可用性和隐私保护程度。

## 5.3 解决方案

目前，针对边缘智能的不同应用场景需求，联邦学习的主流解决方案主要包括百度PaddleFL、微众银行FATE、腾讯AngelFL和平安科技“蜂巢”平台，下面结合各开源框架特点作简要介绍。

### 5.3.1 百度联邦学习框架PaddleFL

百度开源基于飞桨（PaddlePaddle）的联邦学习框架PaddleFL，并封装公开的联邦学习数据集，其架构如图5-17所示。在横向联邦学习场景中，PaddleFL实现了DP-SGD、Fed-Avg等优化算法，支持在Kubernetes集群的系统部署。针对云端提供计算资源，但用户不愿意上传原始数据的应用场景，PaddleFL可以在保护用户原始数据的情况下支持用户在云端安全训练。

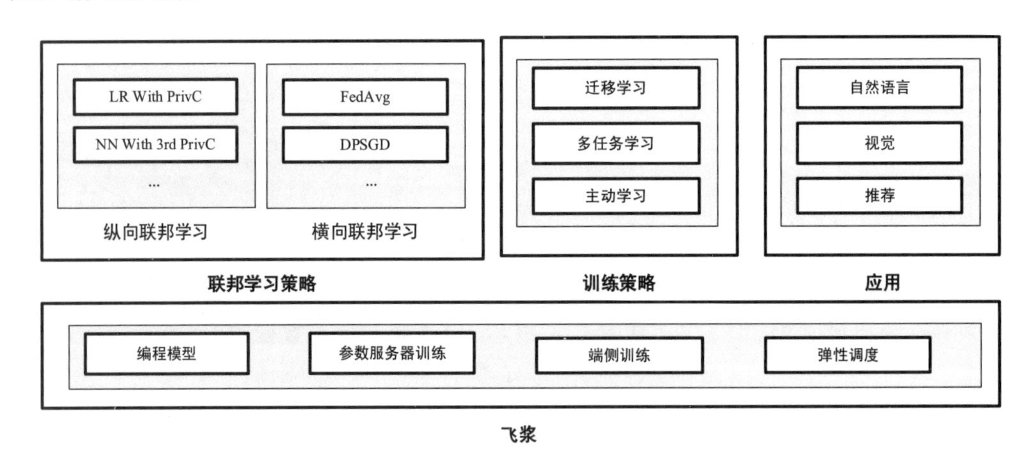


图5-17　PaddleFL架构

### 5.3.2 微众银行联邦学习框架FATE

FATE（Federated AI Technology Enabler）是微众银行开源的全球首个工业级联邦学习项目，为联邦学习生态系统提供了可靠的安全计算框架。FATE项目使用多方安全计算（MPC）以及同态加密（HE）技术构建底层安全计算协议，以此支持不同种类的机器学习安全计算，包括逻辑回归、深度学习和迁移学习等。相关资源可以从FATE官网（https://

fate.fedai.org）获取，如图 5-18 所示。

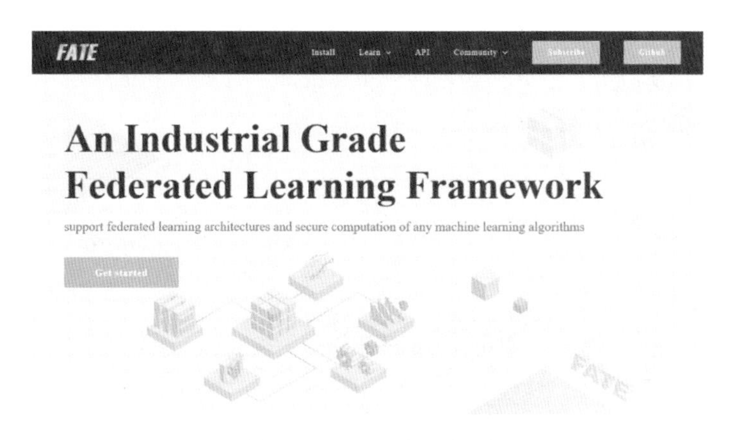


图 5-18　FATE 官网主页

## 5.3.3　腾讯联邦学习框架 AngelFL

为在保护用户隐私的前提下，联合多个数据源进行模型训练，腾讯基于自研分布式机器学习平台 Angel，开发了联邦学习框架 AngelFL，其架构如图 5-19 所示。在 AngelFL 架构中 A、B 双方分别拥有独立存储的私有数据，并独立部署 AngelFL 的本地框架，本地训练框架 Angel-FL Executor 采用内存并行计算，将本地模型保存在 Angel-PS 参数服务器中，支持大规模数据量训练，A、B 之间直接通信依赖加密模块实现。此外，Angel-FL 的流程调度模块与算法协议层可以交互同步模型训练状态，进而按照算法协议触发下一步动作。

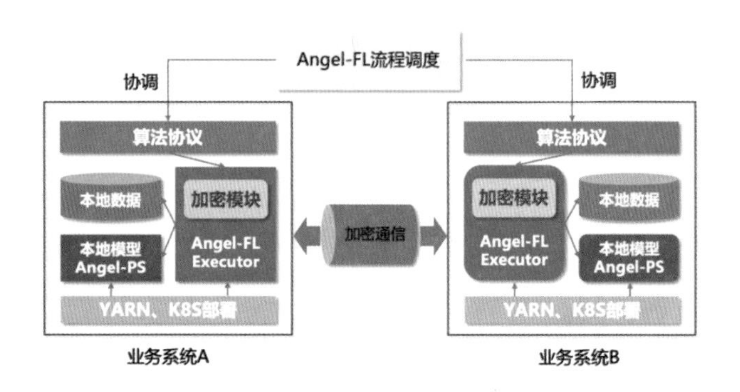


图 5-19　AngelFL 架构

## 5.3.4　平安科技联邦学习平台“蜂巢”

金融领域是国家和有关部门强监管的行业；同时，金融数据具有天然的隐私性和孤立性，因此是“数据孤岛”的重灾区。平安科技开发了业内首个面向金融行业的商用联邦学习平台“蜂巢”，其架构如图 5-20 所示。“蜂巢”平台包括数据层、联邦层、算法层和优化层。其中，数据层涉及具体数据，按用户需求和本地数据结构定制相应的数据梳理和模型建立方案；联邦层负责数据和模型的规范化处理；算法层和优化层结合规范化的数据结构和模型进行联邦学习，最终得到可用的联邦建模。

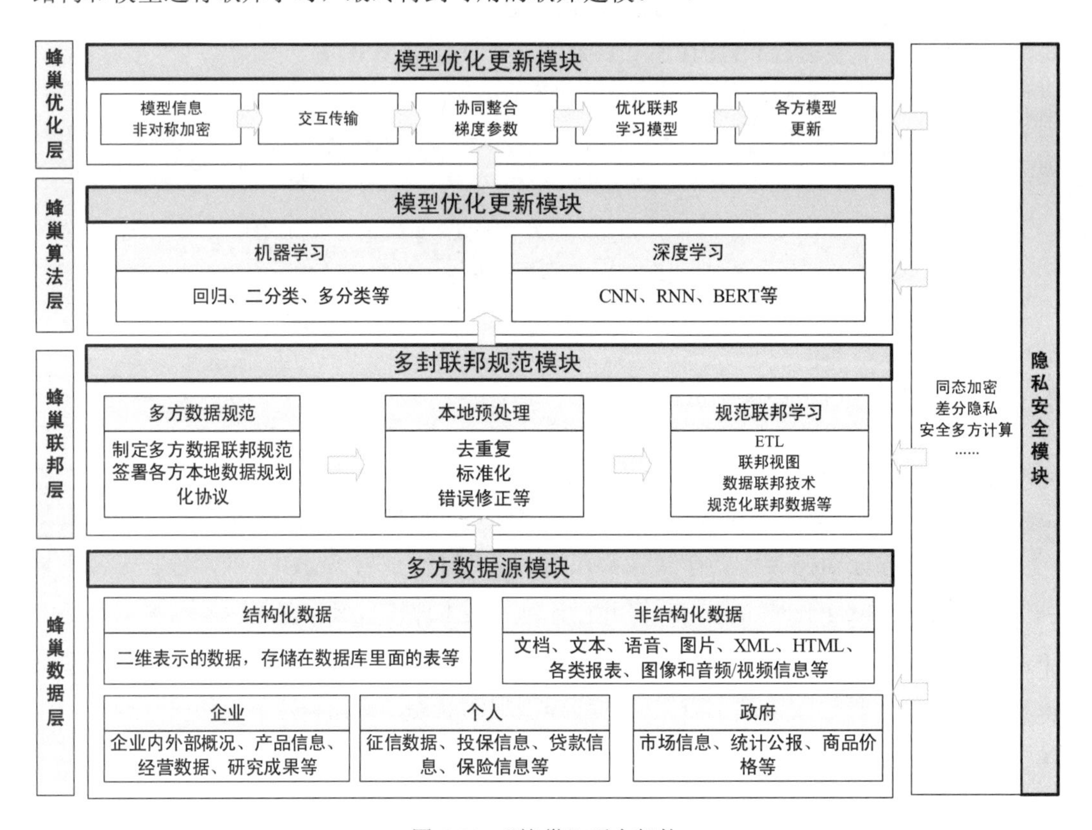


图 5-20 “蜂巢”平台架构

## 5.4 前沿方向

在边缘智能的模型与安全研究中，面向“云 - 边 - 端”应用的模型压缩和面向边缘智能的联邦学习是两个关键的支撑技术领域，本节对这两个关键技术所涉及的神经网络结构搜索、自动模型压缩、网络可解释性、面向“云 - 边 - 端”一体化的联邦学习、异构系统 / 异构数据建模、分层的隐私安全前沿发展方向进行梳理，以期为相关领域研究工作提供一定参考。

### 5.4.1 面向“云 - 边 - 端”应用的模型压缩

在面向边缘智能的人工智能模型中，深度神经网络模型压缩的“云 - 边 - 端”应用亟待产品化，神经网络二值化、迁移学习和生成对抗训练方式将成为研究热点，未来研究工作会专注于通用性、标准化、压缩率高、精度损失小的方向发展。下面 3 个前沿方向值得关注。

#### 1. 神经网络结构搜索

尽管各种神经网络模型层出不穷，但往往模型性能越高，对超参数的要求也越来越严格。尤其是网络结构作为一种特殊的超参数，在深度学习整个环节中扮演着举足轻重的角色。因此，为机器自动设计神经网络结构，即神经网络结构搜索（Neural Architecture Search，NAS）方法对高新能网络进行搜索是必然趋势，脱离手工设计是迈向真正智能的关键一步。如何面向“云 - 边 - 端”需求，设计能够适应多领域空间搜索的搜索算法是体系结构搜索方法未来的研究重点。

#### 2. 自动模型压缩

自动模型压缩是在一个已有模型基础上进行压缩裁剪，在保证精度的同时，快速获得一个更快更小的模型。因此，基于机器学习的自动模型压缩，既可以避免陷入算法原理和实现细节的泥潭，又可以降低大量繁琐调参工作的复杂度。目前，利用强化学习提供模型压缩策略，可以在模型大小、速度和准确率之间做出最优平衡。

#### 3. 网络可解释性

很多情况下神经网络被视作一个黑箱，其特征或决策逻辑在语义层面难以理解，尤其是缺少数学工具去诊断与评测网络的特征表达能力。因此，将基于经验主义的调参式深度学习逐渐过渡为基于评测指标定量指导的深度学习，并利用适当的数学工具去刻画神经网络的表达能力和训练能力，既关系着网络性能的提升，更关系到网络模型应用的安全性。因此，可解释性将会是该领域研究的核心问题。

此外，针对“云 - 边 - 端”具体任务和应用场景，从大规模神经网络压缩得到适用于具体任务的模型，对提高神经网络的可解释性具有一定帮助。

### 5.4.2　面向边缘智能的联邦学习

联邦学习与边缘智能的“云 - 边 - 端”架构、人工智能模型应用安全等方面需求高度吻合，因此，二者的融合式研究大有可为，未来的发展可着力以下 5 个方面。

#### 1. 面向“云 - 边 - 端”一体化的联邦学习

“云 - 边 - 端”一体化架构已成为信息技术服务的趋势，同时，泛在连接的异构终端大量接入联邦学习体系，如何高效融合计算、存储、网络等资源，改进联邦学习的分布式架构、隐私保护与数据安全机制、协同与优化模式是重要的研究方向。

2．异构系统 / 异构数据建模

不同载体设备的存储、计算、网络状态、续航能力都会影响联邦学习模型的训练效果，硬件资源的差异性是平衡统一与个性化系统建模的根本出发点；同时，异质数据存在非独立同分布、非对齐、多噪声、跨模式等异构问题，需要在保证准确性和公平性前提下，解决非凸优化的异构数据建模以及共享模型训练过程的异构收敛问题。

3．分层的隐私安全

数据隐私安全限制是“数据孤岛”重要原因，尤其，“云－边－端”涉及“云－云”“云－边”“边－边”“边－端”等多个不同域及其组合模式，因此，需要在更精细级别上定义不同层级的隐私保护粒度，以实现不同场景下联邦学习模型的隐私性与可用性的平衡。

4．面向资源受限场景的应用

边缘智能中，智能下沉的关键是将智能模型运行于资源受限终端或资源受限的恶劣环境，因此，需要设计灵活的本地模型更新方式、部分联邦学习参与方的选择机制、负载容错机制、个性化模型压缩方法以及模型协同训练方式，以解决存储、计算、网络连接、续航能力等资源受限带来的应用问题。

此外，联邦学习开源标准和框架的不断完善，对基于已有联邦学习开源框架和项目的丰富和提高、联邦学习标准的进一步推广、经验结果的复现和解决方案的传播利用都具有重要意义。

## 5.5 本章小结

在边缘智能的模型与安全研究中，深度神经网络是业内主流的智能工具，模型压缩方法是解决智能模型向网络边缘下沉的重要手段，联邦学习是“云－边－端”架构下兼顾数据安全与模型性能的核心模式。为便于读者理解，特将本章重要知识点凝练如下：

（1）人工神经网络受生物神经网络启发，按照神经网络连接建立相应数学模型；

（2）机器学习属于函数空间的参数优化问题，包括模型、学习准则、优化算法等三个基本要素，可以分为监督学习、无监督学习和强化学习；

（3）深度神经网络通过对数据表征进行学习，利用多层网络结构将底层特征表示转化为高层特征表示；

（4）模型压缩是提升移动端模型性能，加快服务端推理响应速度，减少服务器资源消耗，实现“云－边－端”一体化的重要手段；

（5）模型压缩包括剪枝、量化、权重共享、知识蒸馏、低秩分解等方法；

（6）联邦学习以多个参与方基于本地数据联合训练全局模型为主要模式，是一种支持隐私保护的分布式机器学习框架。

上一章讲解的跨域数据可信融合是实现边缘智能的数据基础，本章主要从人工智能的轻量级模型构建以及模型安全应用角度讨论边缘智能中的模型压缩和联邦学习技术，下一章将从计算、存储、网络等资源与优化角度分析边缘智能的关键使能技术。

# 第 6 章　边缘智能中的资源与优化

边缘智能体系以计算、存储、网络、能量为主要底层资源，其智能既得益于网络汇聚存储的大规模多源数据，又因智能模型对“云－边－端”全链路资源分配的优化而得到全局性提升。因此，依托“云－边－端”协同模式，可以将边缘智能中的各类底层资源视为“生产资料”，将智能模型视为整个体系性能优化提升的重要“生产力”。

本章以边缘智能中资源分配优化为目标，以“云－边－端”架构下计算卸载问题为重点，介绍了计算卸载的流程、关键策略，梳理了资源分配优化的基础理论和重要模型，然后，讲解了当前主流解决方案，并对前沿方向进行展望。

## 6.1　计算卸载

作为边缘智能的重要研究课题，计算卸载的狭义定义是指终端设备将本地计算密集、时延敏感、能耗较大的应用任务卸载到资源相对丰富的边缘服务器上进行处理，以解决本地计算、存储和电池容量等受限资源与高性能任务处理需求之间的矛盾。从广义角度讲，计算卸载可以看作是“云－边－端”架构下智能应用任务如何分割、在哪里执行、资源如何分配等一系列全局性决策和组合优化的过程。

### 6.1.1　基本流程

最初，计算卸载需求来源于云计算场景。资源受限的终端设备将计算任务卸载到云端进行处理，当计算任务运行完成以后，云端再将计算结果返回资源受限终端设备，进而减轻终端计算负载；同时，为缓解云端集中式计算、通信、存储等压力，可以将云端计算卸载到贴近用户端需求的位置，以提升全局性服务质量，这就形成了“云－边－端”双向协同的边缘智能范式。

计算卸载任务包括可分割任务和不可分割任务两种类型，主要解决如何卸载、卸载多少以及卸载什么的决策问题。计算卸载将云端计算服务和功能下沉至网络边缘，通过离用户更近的基站和无线接入点等向终端用户提供无处不在的计算、存储、通信等智能服务，如图 6-1 所示，从而有效降低用户的计算时延和能耗，并大大提高整个网络的资源利用率。

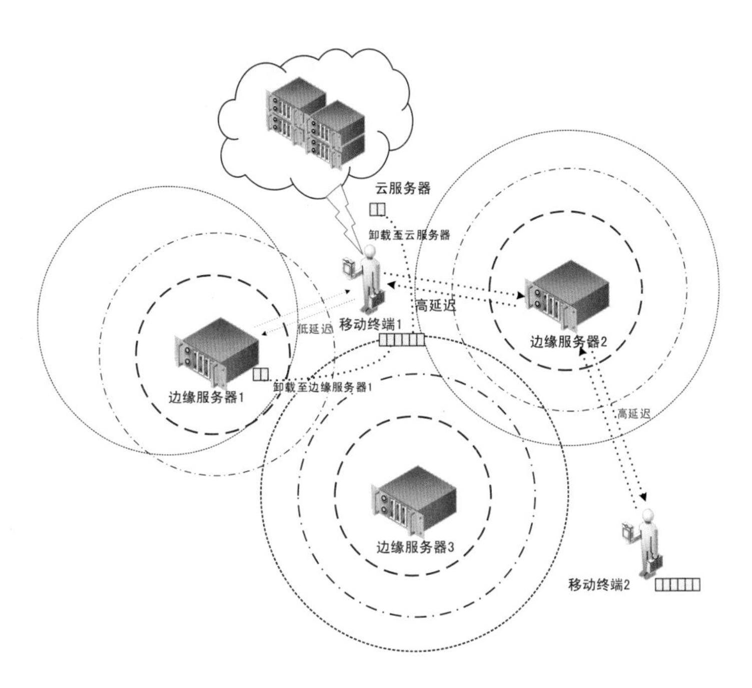


图 6-1　计算卸载模式

“云 - 边 - 端”框架下，计算卸载可按照执行流程大致概括为服务发现、任务分割、卸载决策、计算执行、任务传输、结果回传等 6 个步骤，流程顺序如图 6-2 所示。

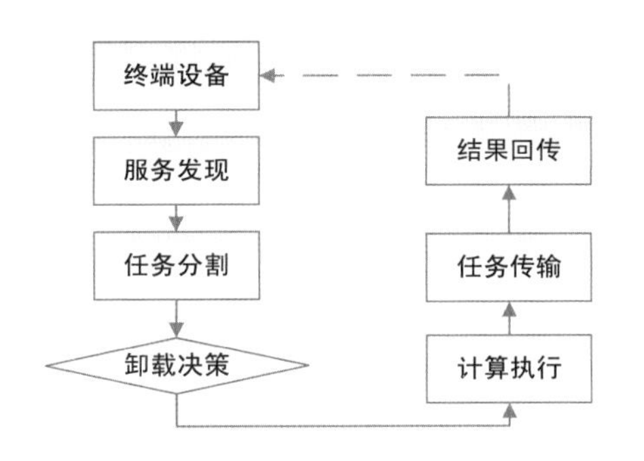


图 6-2　计算卸载基本流程

我们具体来了解一下这 6 个步骤的具体工作：

（1）服务发现：寻找可用边端（或云端）计算节点，用于后续卸载任务的计算；

（2）任务分割：将需要进行卸载的任务进行分割，在分割过程中尽量保持分割后各部分任务的功能完整性，以便进行后续的卸载；

（3）卸载决策：决定是否进行任务卸载，以及卸载任务的哪些部分至边端（或云端）的计算节点；

（4）任务传输：将卸载的计算任务传输至边端（或云端）的计算节点；

（5）计算执行：边端（或云端）的计算节点对卸载到其服务器的任务进行计算。

（6）结果回传：边端（或云端）节点将计算处理后的结果传回给终端设备，并断开服务连接，结束计算卸载过程。

### 6.1.2 运行机制

运行机制是计算卸载工作流程的核心，既是云端任务下发（或接受反馈结果）、边端接受任务（或进行本地任务下发）、终端计算任务卸载流程的高度抽象，也是“云－边－端”资源服务化调度分配、任务交互、多域协同的基础过程。边缘智能中计算卸载的主要运行机制可以概括为服务发现、服务供应和服务运行三部分。

#### 1. 服务发现

在“云－边－端”架构下，发现和利用各类服务资源的过程至关重要；因此，可被发现性是可用服务节点被附近终端设备卸载计算和存储数据的前提条件。服务发现过程可抽象为“云找边缘⟷边缘找云”的交互式发现过程，如图 6-3 所示。

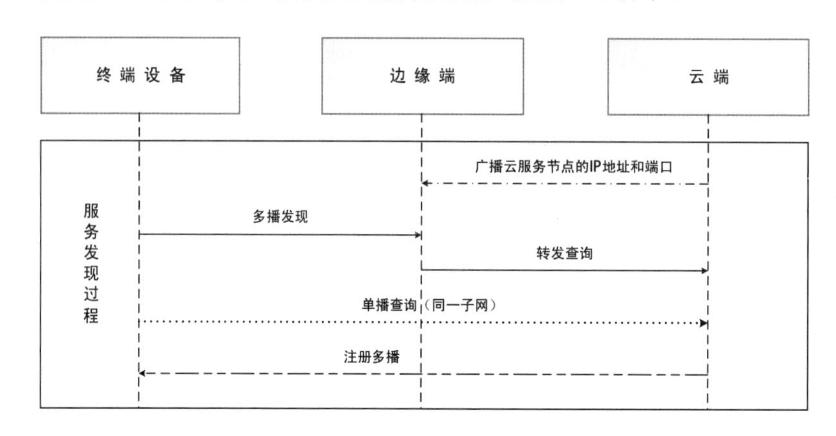


图 6-3 服务发现过程

（1）“云找边缘”是指云端的可用服务节点将自身硬件和软件资源封装成服务，通过广播服务节点的网络地址和端口寻找需要接入服务的终端设备，同时，对终端设备资源请求予以确认，并返回注册信息以建立安全链路，从而实现终端设备到服务节点的双向通信。因此，“云找边缘”的实质是云端的服务节点所提供的软硬件能力被发现的过程。

（2）“边缘找云”是指终端设备动态查询附近可用的云端服务节点的网络地址和端口，并请求建立连接的过程。其实质为终端设备主动发现附近可用服务资源，通过多播发现和单播查询两种核心机制建立连接。其中，多播发现使用单跳链路本地消息传递机制，也可利用中继节点转发查询，用于终端设备动态发现附近可用服务节点广播的服务公告；单播查询消息传递用于连接已知的特定服务目录，目录中包含了可用的服务节点查询表。上述机制对快速发现、优选和安全连接附近服务节点具有重要作用。

边缘智能的计算卸载运行机制中，服务发现是应用与资源交互的第一步，为保证终端设备查询到相关可用的服务节点，需要保证操作步骤、数据格式以及语义的一致性。

2．服务供应

服务供应，是指“云 - 边 - 端”服务节点整合所有计算和存储资源，依托基础网络设施提供服务能力。当终端设备完成服务发现过程并与服务节点建立连接后，服务供应机制会根据终端设备对服务资源的需求，弹性分配资源配置和部署虚拟服务资源，通过虚拟服务代码与终端设备建立一一映射关系。此外，当终端设备资源请求完毕或是有优先级更高的终端设备发出资源请求时，服务节点可根据事先设置的服务规则，动态增加和释放虚拟服务资源。

在服务供应模式下，实际服务资源与虚拟服务资源一起被预先供应。根据任务需要预先完成实际服务资源的分配，并预先在资源管理器中形成相应能力的虚拟服务资源。资源管理器中的虚拟资源均被封装为服务，并与终端设备的能力相匹配。此外，在实现终端设备的任务卸载时，通过资源虚拟化方式承载边缘智能中服务的供应流程。

3．服务运行

边缘智能的服务运行模式以完全计算卸载和端边协同计算（与部分计算卸载类似）两种最为典型。当终端设备完成服务发现过程并成功获得服务节点的服务供应后，应当根据任务性质考虑是否将计算完全卸载到该服务节点；例如，当任务模型不可分割且满足有益计算卸载时，应当直接将计算任务卸载到服务器上执行；当任务模型可分割且数据输入量较大时，应当考虑通过模型分割实现“云 - 边 - 端”协同计算来减少总体开销。

### 6.1.3　策略分类

计算卸载决策问题非常复杂，它需要综合考虑用户需求、通信链路质量、边缘服务器计算资源容量等因素。在计算卸载决策问题中，“部分卸载”问题最难，它不仅需要考虑是否进行计算卸载还需要考虑计算任务的卸载数量和卸载程度等。

通常，一个计算任务由多个逻辑独立的子任务组成，子任务间存在一定的依赖关系，如顺序执行、并行执行、混合模式等。子任务间的依赖关系会影响最终任务的完成时延，因此，在进行计算迁移策略决策时，需要将其纳入考虑范围内。这种任务间依赖关系在一定程度上又增加了卸载决策问题的复杂性。

目前，计算卸载的性能通常以时间延迟和能量消耗为主要衡量指标，其计算方式具体可分为以下两种情况：

- 在不进行计算卸载时，时间延迟是指在终端设备处执行本地计算所花费的时间；能量消耗是指在终端设备处执行本地计算所消耗的能量；

• 在进行计算卸载时，时间延迟是指卸载数据到计算节点的传输时间、在计算节点处的执行处理时间、接收来自计算节点处理数据结果的传输时间等三者之和；能量消耗是指卸载数据到计算节点的传输耗能、接收来自计算节点处理数据结果的传输耗能两部分之和。

下面我们从决策状态、决策结果、卸载任务粒度和性能需求等 4 个角度来看一下计算卸载策略的不同分类，这有助于读者从不同维度来了解计算卸载。

（1）从决策状态角度划分，计算卸载策略可分为动态策略和静态策略两种，分别对应在执行卸载前决定好所需卸载的所有任务块策略和卸载过程中根据实际影响因素动态规划卸载任务两种模式。

（2）从计算卸载决策结果角度划分，计算卸载策略可分为本地计算、全部卸载和部分卸载三种，如图 6-4 所示。

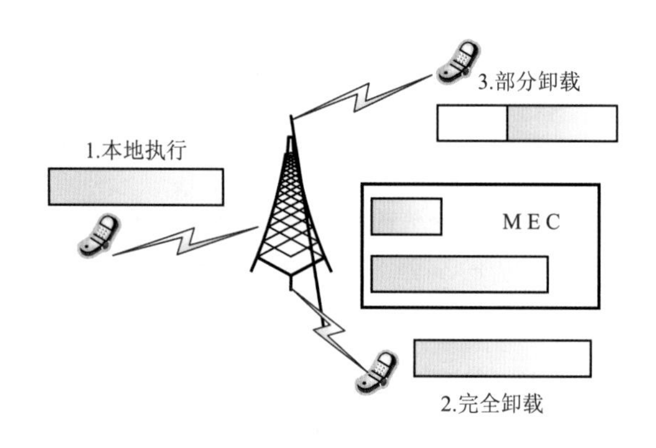


图 6-4　计算卸载策略

• 本地计算：整个任务在终端设备的本地服务器上计算。通常适用于边端（或云端）服务器计算资源不可用，或计算卸载所对应的时间开销大于本地计算的时间开销的场景。

• 全部卸载：终端设备将整个任务迁移卸载到就近的边缘服务器上进行处理，以降低任务完成时延并节省自身电池能源。

• 部分卸载：终端设备将计算任务进行分割，部分任务被迁移到就近的边缘服务器上进行处理，剩下的任务在本地执行计算。

（3）按照卸载任务粒度划分，计算卸载可分为粗粒度计算卸载和细粒度计算卸载。其中：

• 粗粒度计算卸载指将整个终端应用作为卸载对象，并未根据功能再将其划分为多个子任务，这种卸载方法资源利用率较低；例如，在不可分割任务的卸载场景下，智能摄像头可以按照完全计算卸载策略将人脸识别任务全部卸载到边缘服务器上，降低智能终端的计算压力；

- 细粒度计算卸载指先将终端应用划分为多个具有数据依赖关系的子任务，将部分或者所有任务卸载到多个远端服务器上进行处理，以降低子任务所需的计算复杂度和数据传输量，整体资源利用率较高；例如，为同时解决复杂深度神经网络模型面临的数据传输时延和能耗开销问题，可以对智能模型进行分割部署，进而充分利用边缘服务器丰富的计算资源来加速模型推理过程。

（4）从性能需求角度划分，计算卸载策略可分为最小化时延、最小化能耗、权衡时延和能耗以及最大化效用等4种主要类型。

- 最小化时延策略：在卸载过程中将传输数据和计算所耗费的总时间降到最少。如果在本地执行应用任务，所耗费时间即为应用执行任务的时间，而如果将任务卸载到边缘计算节点，所耗费的时间将涉及数据传输、任务处理和数据返回等三部分时间。
- 最小化能耗策略：在满足终端设备时间延迟约束的条件下，力求在计算卸载的整个过程中最小化终端设备消耗的能量。所消耗能量主要包括卸载数据传输能量和接收返回数据所消耗的能量。
- 权衡时延和能耗策略：通过对时间消耗和能源消耗进行权衡，使系统的总消耗处于相对较优且稳定的状态。
- 最大化效用策略：根据处理任务的实际需要将时延与能量消耗这两个指标进行加权求和，使得“云－边－端”构成的整体系统总花费最小，也称作最大化收益卸载决策。

在实际卸载过程中，计算卸载策略的选择一般基于“云－边－端”架构的不同场景需求或应用系统可能存在的性能需求，但并非仅仅局限于时延与能耗两个指标。在实际应用中，更低时延、更低能耗、更优的设备端情境感知、更强的安全保护等需求都将直接或间接地影响边缘智能中计算卸载策略的选择。

边缘智能与云原生理念异曲同工，即面向“云－边－端”架构而生的智能体系，并侧重于向边缘下沉的智能应用，形成双向闭合回路。其中，计算卸载是由下向上（Down-Up）的过程，即由边端发起，将资源受限终端任务向资源充足的边端（云端）卸载计算任务；而资源优化分配是由上而下（Up-Down）的过程，即由边端（或云端）发起，将CPU、带宽、存储等充足资源的优化分配用于计算卸载任务的高效完成。下面将对资源优化分配相关理论技术进行讲解。

## 6.2　资源分配优化

边缘智能中资源分配重点解决终端设备在实现任务卸载后如何分配资源的问题，而最优化理论是求解资源分配优化模型的重要基础，是实现“云－边－端”全链路资源分配获得全局性最优解的数学根基。同时，基于马尔可夫决策过程和深度强化学习的求解方法是解决资源分配优化问题的前沿趋势。因此，本节重点讲解相关理论方法和优化问题模型，为下一节的解决方案明确目标方向和问题边界。

## 6.2.1 最优化理论基础

最优化理论是与实际应用结合最紧密的一门学科之一，几乎所有问题都可以归结为最优化问题的求解，最优化问题是人工智能中机器学习方法的核心任务，以梯度下降为代表的最优化方法是深度神经网络参数训练的经典手段。最优化问题的三要素包括目标函数、方案模型和约束条件，其数学模型可定义如下：

$$\boldsymbol{V}-\min y=\boldsymbol{F}(x)=\left[f_1(x),f_2(x),\ldots\ldots,f_m(x)\right]^{\mathrm{T}} \tag{6-1}$$

$$s.t.\begin{cases}g_i(x)\geqslant 0, i=1,2,\ldots\ldots,p\\ h_j(x)=0, j=1,2,\ldots\ldots,q\end{cases} \tag{6-2}$$

其中，$x=(x_1, x_2,\cdots\cdots, x_n)\in X$ 是决策空间中可行域的决策变量，$X$ 是实数域中 $n$ 维决策变量空间；$y=(y_1, y_2,\cdots\cdots, y_m)\in Y$ 是待优化目标函数，$Y$ 是 $m$ 维目标变量空间。目标函数向量 $\boldsymbol{F}(x)$ 定义了 $m$ 维目标函数矢量；$g_i(x)\geqslant 0(i=1,2,\cdots\cdots,p)$ 为 $p$ 个不等式约束；$h_j(x)=0(j=1,2,\cdots\cdots,q)$ 为 $q$ 个等式约束。

按照目标函数的个数，最优化问题可分为单目标优化和多目标优化两类。其中，求解单目标优化问题的关键是如何设置搜索方向和搜索步长；同时，多目标优化问题可以转化成单目标优化问题，通常采用加权指数和方法（Weighted Exponential Sum Method）、加权和方法（Weighed Sum Method）、加权乘积法、目标规划法、$\varepsilon$- 约束法和最小－最大法等方法进行求解。常用的最优化方法包括梯度下降法、随机梯度下降法、最速下降法及其多种改进形式。因此，依据最优化理论，可以对资源分配优化的问题和约束条件进行数据建模。

## 6.2.2 马尔可夫决策过程

边缘智能中资源分配优化是个典型的序列决策过程，因此，有必要学习马尔可夫决策过程（Markov Decision Process，MDP），如图 6-5 所示，同时，相关理论可为基于深度强化学习的资源分配优化方法奠定基础。

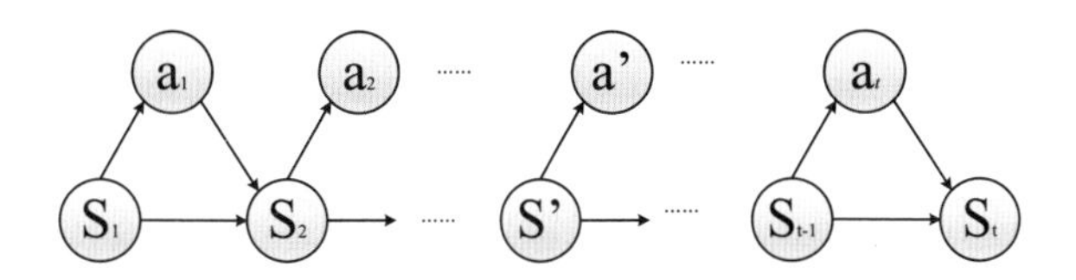


图 6-5　马尔可夫决策过程

在服从马尔可夫性质的随机过程系统中，状态转移只依赖最近的状态和行动，而不依赖之前的历史数据，其数学模型可抽象为五元数组 $<S, A, R, P, \rho_0>$，其中，$S$ 是所有有效状态的集合，$A$ 是所有有效动作的集合，$R$ 是奖励函数，$P$ 是转态转移规则概率，$\rho_0$ 是初始状态的分布。

在马尔可夫过程中，下一个时刻状态 $s_{t+1}$ 只取决于当前状态 $s_t$，

$$p\left(s_{t+1} \middle| s_t, \cdots\cdots, s_0\right) = p\left(s_{t+1} \middle| s_t\right), \tag{6-3}$$

其中，$p(s_{t+1}|s_t)$ 称为状态转移概率。MDP 在马尔可夫过程中加入额外的动作变量 $a$，因此，下一个时刻状态 $s_{t+1}$ 和当前时刻状态 $s_t$ 以及动作 $a_t$ 相关，

$$p\left(s_{t+1} \middle| s_t, a_t \cdots\cdots, s_0, a_0\right) = p\left(s_{t+1} \middle| s_t, a_t\right), \tag{6-4}$$

其中，$p(s_{t+1}|s_t, a_t)$ 为状态转移概率。当给定策略 $\pi(a|s)$，马尔可夫决策过程的行动轨迹概率记为

$$p(\tau) = p(s_0)\prod_{t=0}^{T-1}\pi(a_t \mid s_t)p(s_{t+1} \mid, a_t) \tag{6-5}$$

我们再来看图 6-5，求解 MDP 过程的核心理论是贝尔曼方程（Bellman Equation），可以通过递归方式找到相应的最优策略和值函数，其基本思想是将值函数分解为当前奖励和折扣的未来值函数，即当前状态的值函数可以通过下个状态的值函数来计算。如果给定策略 $\pi(a|s)$、状态转移概率 $p(s'|s, a)$ 和奖励 $r(s, a, s')$，就可以通过迭代的方式来计算值函数。由于存在衰减率，迭代一定周期后，整个决策序列就会收敛。关于 Q 函数的贝尔曼方程如下：

$$Q^{\pi}(s,a) = E_{s'\sim p(s'|s,a)}\left[r(s,a,s') + \gamma E_{a'\sim\pi(a'|s')}\left[Q^{\pi}(s',a')\right]\right] \tag{6-6}$$

## 6.2.3　深度强化学习

为了使计算卸载和资源分配对实时变化环境具有更高的适应能力，以强化学习为代表的人工智能方法在边缘智能中的资源与优化领域有着广泛的应用。强化学习可以感知环境，并通过与环境进行交互作出智能决策。尤其，深度强化学习在高维空间探索和算法收敛速度方面具有一定优势。

强化学习是一种能在特定场景下学习最优决策的算法模型，并可将现实问题抽象为智

能体与环境交互建模的过程，具体包括智能体（Agent）、环境（Environment）、状态（State）、回报（Reward）等4个核心概念。其中，智能体从环境获得状态信息，并决定之后要采取的行动。随着环境和智能体之间的不断反馈，智能体持续最大化累积反馈，并评价智能体所处状态的好坏程度。强化学习具体框架如图6-6所示。

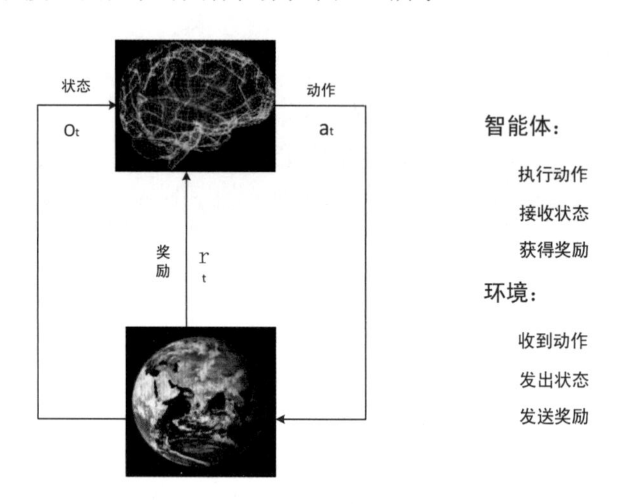


图6-6　强化学习框架

在强化学习中，状态是关于环境状态的完整描述，观察是对状态的部分描述。在不同环境中可以进行不同动作，所有有效动作的集合称为动作空间。策略的本质是动作选择函数，相当于决定智能体下一步行动规则的大脑，可分为确定性策略（6-7）和随机性策略（6-8）两种。

$$a_t = \mu(s_t) \tag{6-7}$$

$$a_t \sim \pi(\bullet|s_t) = p(\bullet|s_t) \tag{6-8}$$

在深度强化学习中，参数化策略的输出依赖于一系列计算函数，并可以通过具备大量网络参数的神经网络模型形式呈现，因此，基于神经网络的优化算法都可以作为调整智能体行为的有效方式。此外，带参数的策略表示如下：

$$a_t = \mu_\theta(s_t) \tag{6-9}$$

$$a_t \sim \pi_\theta(\bullet|s_t) = p_\theta(\bullet|s_t) \tag{6-10}$$

运动轨迹 $\tau$ 一般由一组状态和行动序列构成，也被称作回合（episode），即一条运动轨迹就是一个回合，$\tau$=（$s_0$，$a_t$，$s_1$，$a_1$，……）。初始状态 $s_0$ 从开始状态分布的随机采样中获得，可表示为 $\rho_0$：

$$s_0 \sim \rho_0(\bullet) \tag{6-11}$$

智能体行动轨迹的累计奖励 $R(\tau)$，即在固定时间窗口内行动轨迹获得的累计奖励。

$$R(\tau)=\sum^{T} r_t \tag{6-12}$$

值得注意的是，由于不能保证 $r_t$ 是收敛序列，故 $T$ 不可取∞。此外，为保证序列收敛并加大现在奖励权重，折扣奖励将智能体所获得的全部奖励之和按时间进行衰减（折现），衰减率取值 $\gamma \in (0,1)$。

$$R(\tau)=\sum_{t=0}^{T} \gamma^t r_t \tag{6-13}$$

无论选择何种方式衡量奖励（累计奖励或折扣奖励）或策略，强化学习的优化目标是通过最优策略或值函数将预期收益最大化。假设状态转换和策略都是随机的，则 t 步行动轨迹为：

$$P(\tau | \pi),=\rho_0(s_0)\prod_{t=0}^{T-1} P(s_{t+1} | s_t, a_t)\pi(a_t | s_t) \tag{6-14}$$

则预期收益为：

$$J(\pi)=\int_{\tau} P(\tau | \pi)R(\tau)=\underset{\tau\sim\pi}{E}\left[R(\tau)\right] \tag{6-15}$$

因此，强化学习中的核心优化问题可以表示为（π* 是最优策略）：

$$\pi^* = \arg\max_{\pi} J(\pi) \tag{6-16}$$

为解决强化学习难以处理的复杂决策问题，深度强化学习可将深度学习的感知能力和强化学习的决策能力相结合，依靠强大的函数逼近和深度神经网络的表示学习性质来解决具有高维度状态空间和动作空间的决策优化问题。

## 6.2.4 资源分配优化问题建模

以多用户、多节点、多信道场景为代表的资源分配优化问题，涉及网络、计算、能量等资源的分配优化建模，是降低总体能耗、缩短服务时延、保证服务质量的关键环节。

接下来我们对涉及网络、计算和能量的不同资源分配优化模型进行详细讲解。

### 1. 网络资源分配优化模型

在“云－边－端”架构下每个终端设备均可在本地处理任务或者通过无线信道将计算任务卸载到边端（云端）。假设可能执行计算卸载的终端设备数为 $n$，终端设备与边端（云端）之间有 $m$ 个无线信道。终端设备 $n$ 的计算卸载策略 $a_n$ 可定义如下：

$$a_n=\begin{cases}0, \text{本地计算}\\1, \text{本地卸载}\end{cases} \tag{6-17}$$

则 $a_n$=（$a_1,a_2\cdots,a_n$）为所有终端设备的计算卸载策略集合。

依据香农频谱公式，终端设备将计算任务卸载到边端（云端）过程中，上行传输速

率为

$$C_n(a_N)=K\log_2\left(1+\frac{S_n}{N_i}\right) \tag{6-18}$$

其中，$S_n=q_n g_n$，$q_n$和$g_n$分别是终端设备$n$与基站等网接入点的传输能量消耗和信道增益，$N_i=\sigma+\sum_{i\in\{N\}:a_i=a_n}q_i g_i$，$\sigma$是背景白噪声干扰，$\sum_{i\in\{N\}:a_i=a_n}q_i g_i$是其他信道的通信干扰。

### 2．计算资源分配优化模型

在计算资源分配优化模型中，包括本地计算和边端（云端）计算两种模式。终端设备的计算密集型任务可定义为$I_n\triangleq(B_n,D_n)$，其中，$B_n$为终端设备完成计算任务需要的数据量，$D_n$为完成任务所需的CPU时钟周期数。

（1）本地计算

当终端设备决策为本地计算时，终端设备$n$在本地执行计算任务$I_n$。设$f_n^l$是终端设备的计算能力（即CPU运行的时钟频率，单位是Hz），$\gamma_n^l$是每个CPU周期的能耗。则在本地执行计算任务$I_n$的执行时间和能耗开销为：

$$t_n^l=\frac{B_n}{f_n^l},e_n^l=\gamma_n^l D_n \tag{6-19}$$

则本地计算任务的总开销为：

$$K_n^l=\lambda_n^t t_n^l+\lambda_n^e e_n^l \tag{6-20}$$

其中，$\lambda_n^t,\lambda_n^e\in(0,1)$分别表示终端设备$n$在决策时赋予的计算时间和能耗权重，根据自身场景对能耗和时延敏感度需求设置权值，从而动态调整系统的整体开销。

（2）边端（云端）计算

当终端设备的决策为边端（云端）计算时，终端设备$n$将计算密集型任务通过无线信道卸载到边端（云端），则卸载传输过程的时间和能耗开销定义为：

$$t_{n,up}^c(a_N)=\frac{B_n}{c_n(a_N)} \tag{6-21}$$

$$e_{n,up}^c(a_N)=\frac{q_n B_n}{c_n(a_N)}+T_n \tag{6-22}$$

其中，$T_n$是无线传输中产生的拖尾能量。边端（云端）服务器的计算能力为时钟频率$T_n$，则执行计算任务$I_n$的时间为：

$$t_{n,exe}^c=\frac{D_n}{f_n^c} \tag{6-23}$$

则边端（云端）计算的总开销为：

$$K_n^c(a_N)=\lambda_n^t\left(t_{n,up}^c(a_N)+t_{n,exe}^c\right)+\lambda_n^e e_{n,up}^c(a_N) \tag{6-24}$$

其中，$\lambda_n^t, \lambda_n^e \in (0,1)$。因为很多需要卸载的密集型计算任务的计算输入数据量巨大，而计算反馈结果往往很小，故可以忽略计算结果返回终端设备的时间和能耗开销。

### 3. 能量资源分配优化模型

能量资源消耗包含传输能耗和服务响应端的计算能耗。在基于最小化能耗计算卸载策略的边缘智能场景中，可以利用深度强化学习技术合理分配系统资源使得服务请求的平均能耗开销最小化。其中，$e_{n,m}^{k,v}$、$e_{n,m}^{l}$和$E_{n,m}^{k,v}$分别定义为边缘网络中的数据传输能耗、本地计算数据处理能耗和边缘计算数据处理能耗。通过无线信道 $m$，将终端设备 $n$ 上的服务请求卸载到服务器 $k$ 中虚拟机 $v$ 执行的能耗开销可以表示为$e_{n,m}^{k,v}+E_{n,m}^{k,v}$。因此，终端设备平均能耗最小化问题可以定义为：

$$min \frac{\sum_{n\in N}\sum_{m\in N}\sum_{k\in K}\sum_{v\in V}\left[\tau\cdot e_{n,m}^{l}+(1-\tau)\cdot\left(e_{n,m}^{k,v}+E_{n,m}^{k,v}\right)\right]}{N_{total}} \tag{6-25}$$

此外，在资源分配的均衡性方面，如果将服务请求卸载到相同的边缘服务器，会导致边缘节点信道和服务资源压力过大，甚至出现信道拥塞和服务时延过长。因此，平衡信道网络负载和服务资源的计算负载，也是实现资源均衡分配，减少系统能耗开销和平均服务时间需要考虑的重要方面。

**【思维拓展】恶劣环境下资源分配优化问题**

不同于常规环境，恶劣环境中资源更加匮乏，可靠性要求更高；尤其是在恶劣环境下边缘服务节点不足、通信资源紧缺、恶意持续干扰强烈，因此服务可用性和安全性要求就会更高。此外，恶劣环境下资源分配优化问题还具有以下明显特征：

- 环境高度不可测。恶劣环境存在物理节点遭受攻击、网络环境遭受入侵等风险，各环节不可测因素急剧增多，通信中断、系统不可用情况难以提前预测；
- 计算资源更加紧缺。恶劣环境下终端设备产生数据的速度超过了数据传输或处理的速度，导致大量数据得不到有效处理和分析。此外，目标识别、语音转换以及文本翻译等计算密集型应用不断增多，数据处理压力日益增长，加剧了计算资源的匮乏程度；
- 通信条件差。在恶劣环境下，通常缺少固定的通信基础设施，不可连接、间歇性连接以及低宽带（Disconnected、Intermittent and Low-bandwidth，DIL）的通信条件难以支撑边缘智能应用；
- 能源问题尤其突出。尽管终端设备各方面性能已经取得长足进步，但终端设备电池续航能力却未取得同步增长，只能通过携带大量外置电源以尽量延长终端设备的使用时间。

## 6.3 解决方案

计算卸载和资源优化分配是边缘智能的核心经典问题，同时，随着人工智能技术的突飞猛进，基于深度强化学习、多阶段博弈、深度神经网络等智能技术的重要解决方案已成为边缘智能中资源与优化的主流。本节首先针对可分割和不可分割两类任务性质，介绍两种计算卸载方案；然后，基于深度强化学习，讲解了多节点资源分配的全局优化方案，为保证应用任务高效完成，并增强边缘智能的感知与决策能力提供参考思路。

### 6.3.1 面向不可分割任务的计算卸载方案

在边缘智能应用场景中，面向不可分割任务的多用户、多服务器、多信道计算卸载问题较为常见，主要面临的关键问题包括：如何选择合适的边缘节点完成计算卸载，如何选择合适的信道实现最大的终端设备服务效益，如何决策计算任务在本地完成还是卸载到边端（云端）节点去完成。

为解决上述问题，在“云－边－端”架构下面向不可分割任务的计算卸载方案包括如下部分。

（1）边端（云端）服务选择。在终端设备做出计算卸载的决策之前，构建边端（云端）服务选择模型，结合传输时间、传输能耗以及可用 CPU 剩余量，评价可卸载的边端（云端）服务，进而根据最终权重选择目标服务资源。

（2）信道选择。在确定边端（云端）服务后，为避免多用户同时选择相同服务资源的问题，尤其为克服相同无线信道传输数据的信号干扰问题，可以构建多用户、多信道、分布式计算卸载模型，利用组合优化方法求解最优信道解，从而确定可用于计算卸载的目标信道。

（3）卸载决策。在确定边端（云端）服务和目标信道之后，需要构建有益计算卸载决策模型，对比终端设备本地计算和边端（云端）计算的总体开销，基于计算卸载的有益程度决定是否执行计算卸载。

### 6.3.2 面向可分割任务的协同计算卸载方案

边缘智能中可分割任务的协同计算卸载是“云－边－端”架构的典型应用模式，尤其是以深度神经网络为代表的复杂智能模型庞大，尽管将其完全部署到边端（云端）可以减小终端设备的计算开销，但同时也增大了传输开销，因此，简单计算卸载策略的服务质量提升能力非常有限。

为同时解决复杂深度神经网络模型对服务资源的大量需求以及数据传输造成的时延和能耗开销，可以考虑深度神经网络模型的分割部署，将计算密集部分部署在边端（云端），将资源需求小的推理等部分部署于终端设备。这种“云－边－端”协同的计算卸载策略可以显著降低服务时延，并在付出较小模型精度损失的情况下加速整体模型的推理时间。

基于强化学习的协同计算卸载框架中（如图 6-7 所示），智能体以分层的方式处理神经网络，并根据奖励函数和环境状态观察值确定最佳的剪枝权重分配和模型分割决策，智能体的观察值包括环境带宽、边缘服务器负载、CPU 运行速率、模型推理时间等特征。

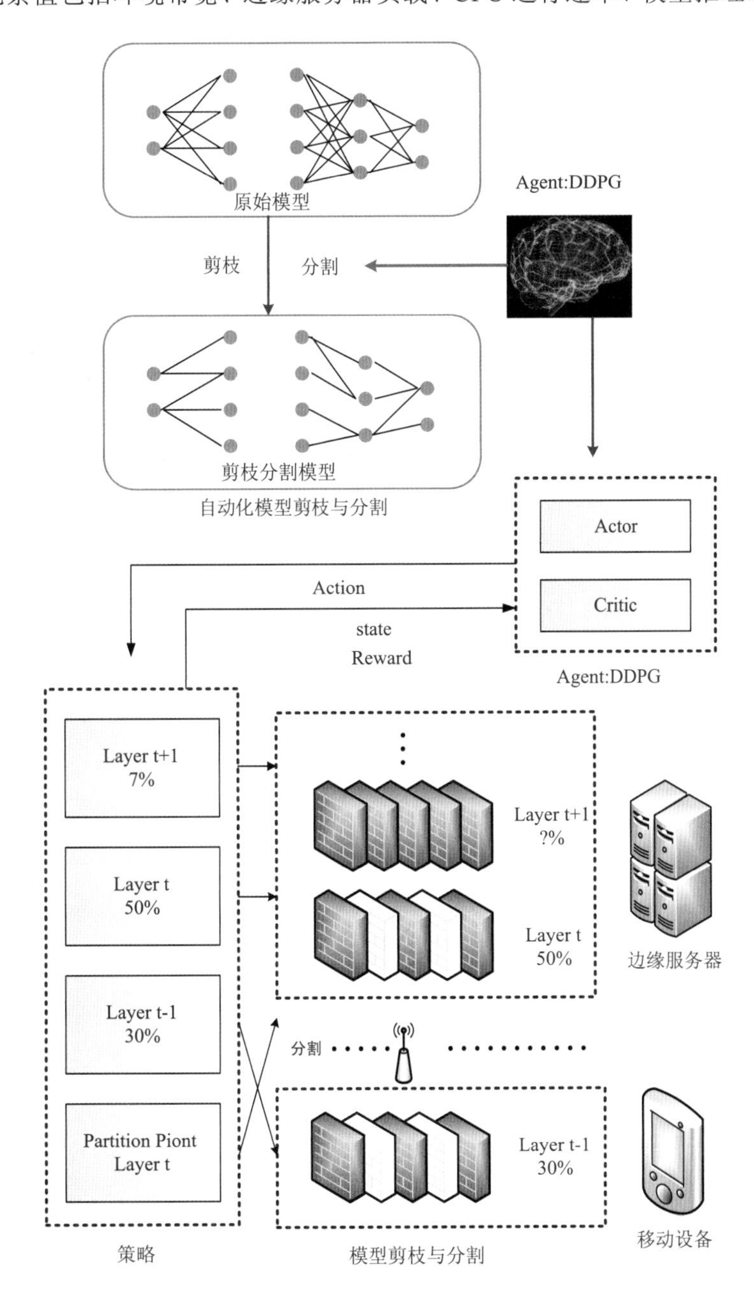


图 6-7　基于强化学习的协同计算卸载框架

### 6.3.3 多节点资源分配方案

在计算卸载过程中，卸载决策与资源分配往往是协同进行的，即在终端设备做出卸载决策的同时，边端（云端）会为卸载任务预留相应的处理资源。随着边缘智能中大量计算密集型和时间敏感型应用的出现，资源有限的终端设备只能将智能应用的大部分模型运行在边端（云端）。然而，如果大量的输入数据或模型推理过程不能被高效地部署在边端（云端），仍然会造成信道拥挤以及计算、存储资源的匮乏。

由于多节点资源分配环境的高度复杂性，同时获得计算卸载和资源分配问题的全局信息的难度很大。因此，可以采用双深度 Q 学习模型（Double Deep Q-Learning，DDQN）最大化已知信息奖励，探索未知环境信息，并建立资源分配优化的状态 - 行为映射模式，如图 6-8 所示。DDQN 利用请求产生位置、可用服务位置、拟卸载任务、信道占用情况、计算资源剩余情况等因素构建样本标签，训练可以拟合实际 Q 值和目标 Q 值的智能体。

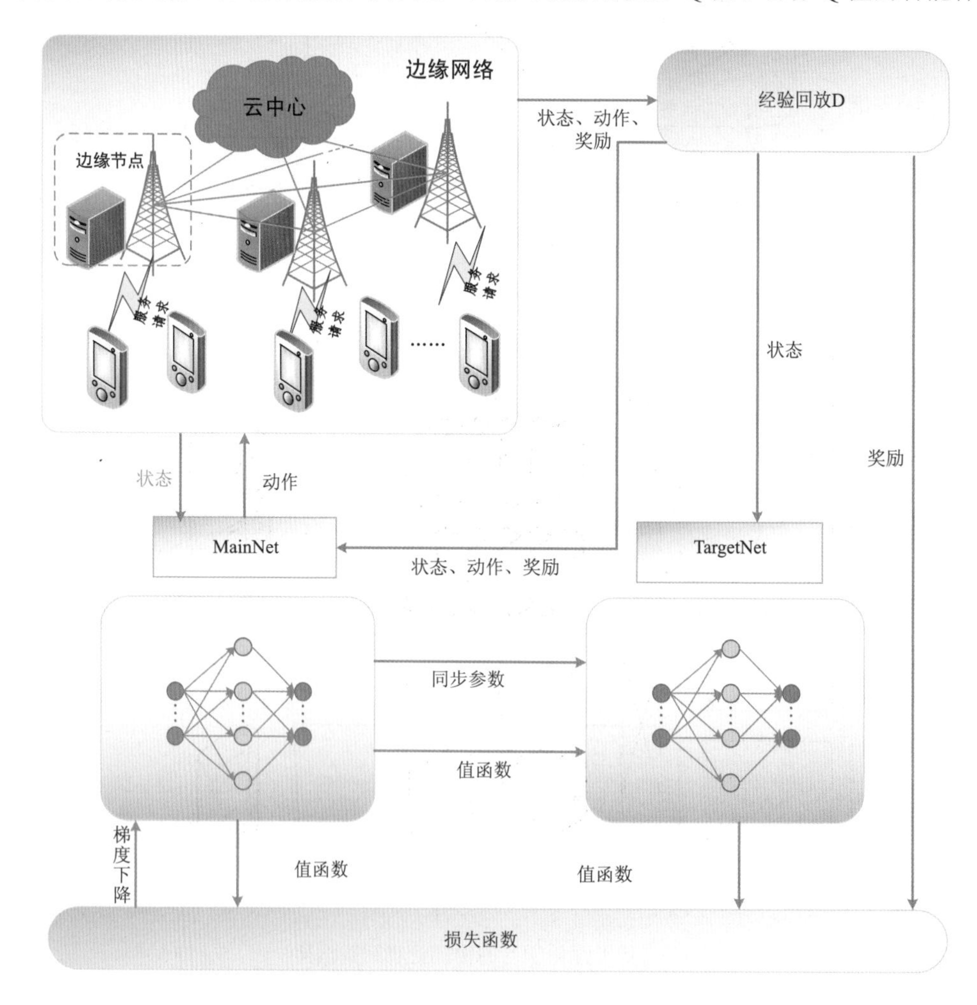


图 6-8　基于 DDQN 的多节点资源分配框架

此外，为解决训练数据和网络通信问题，可以结合联邦学习框架，将终端设备、边端和云端结合形成一个强大的智能整体，通过分布式本地智能体训练模式，可以避免大量数据的汇聚传输、训练数据的非独立同分布以及数据的隐私安全等问题。

## 【思维拓展】边缘智能中车联网的资源与优化

作为边缘智能的重要应用，车联网已经成为新型基础设施建设工程的重点领域。一方面，车辆产生大量的时间 / 空间信息；另一方面，车辆以及道路的计算资源有限，实现“云 - 边 - 端”下的车辆、道路的计算卸载与资源分配优化需求极为强烈。

传统车联网模式中，车辆产生的所有内容都汇聚到云端，车辆应用所需内容都会从云端检索并下载，这会导致较大时延和大量网络资源占用。在边缘智能模式下，车联网可以利用基站或者路边单元（road side unit，RSU）等设施的计算资源为车辆提供服务，仅将必要的数据和任务上传至云端，如图 6-9 所示。该做法可以有效降低车联网关键组件通信时延并提高任务协同可靠性。同时，可以设置丰富的计算卸载和资源分配优化场景，将计算任务转发至更稳定、可靠的节点进行处理。

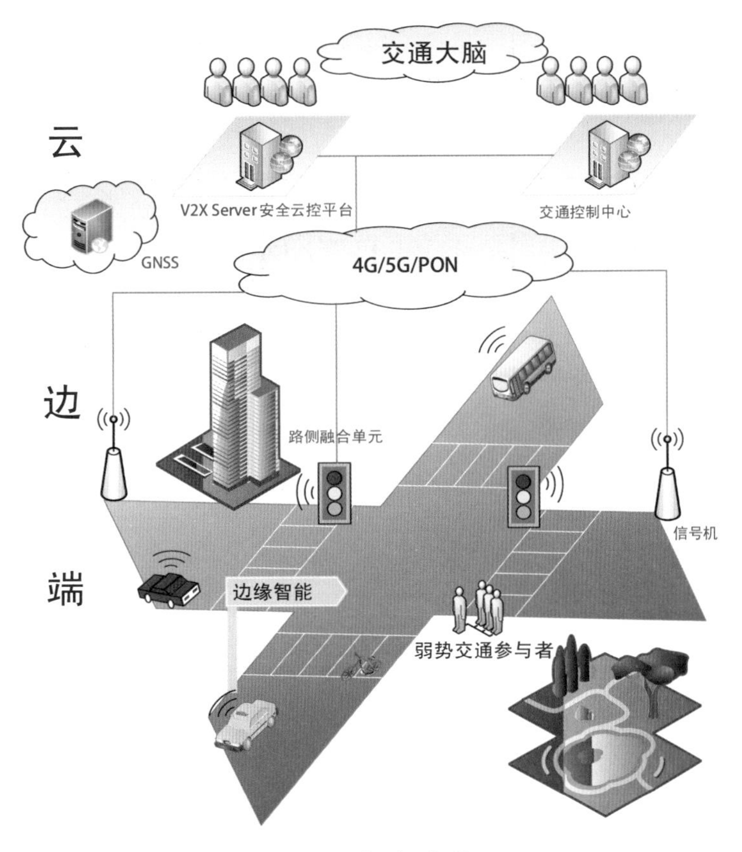


图 6-9　车联网架构

## 6.4 前沿方向

从部署应用角度来看，边缘智能涉及两方面内容：一是将人工智能服务部署到“云－边－端”协同的全链路，提供低延迟、高精度、安全的智能服务；二是人工智能驱动的“云－边－端”计算卸载与资源分配优化，以提高资源利用效率，并降低系统成本。下面对边缘智能中资源与优化的前沿方向进行分析。

### 6.4.1 新型计算卸载策略

在新型计算卸载策略研究方面，在基于深度强化学习的方法中，动作空间的探索普遍使用贪婪算法，该算法并不适合高维度动作空间的深度开发与探索。因此，以自动选择最优分割点和退出点的协同推理框架可作为新型计算卸载策略的重要方向之一，如图 6-10 所示。此外，模仿学习是一种以仿效专家行为方式为特征的学习模式，可以提高解空间稀疏的高维动作空间搜索的收敛速度，尤其适合动态环境的多样化边缘智能应用场景。

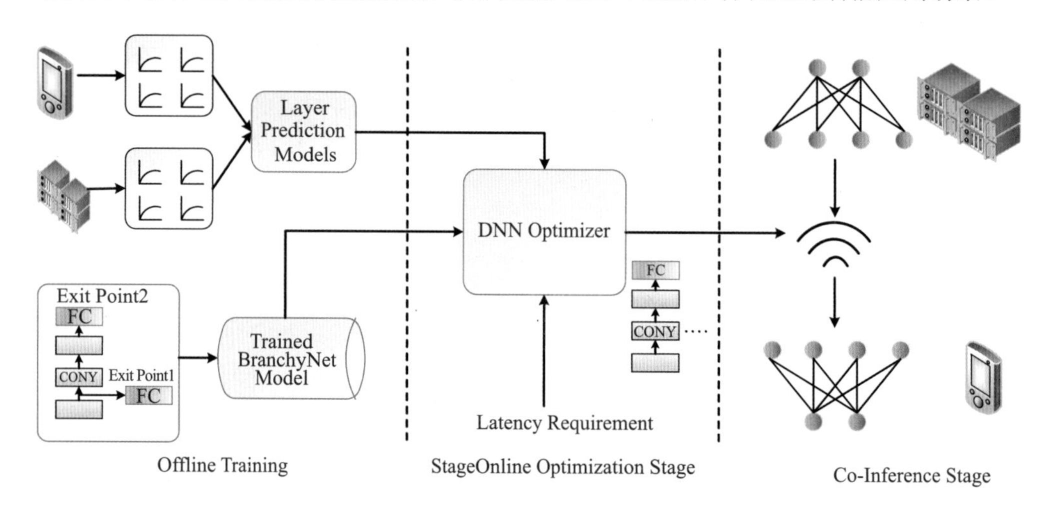


图 6-10 面向协同推理的新型计算卸载策略

此外，新型计算卸载策略需要重点关注保证服务质量前提下的干扰管理问题，尤其当大量接入设备的应用同时卸载并请求服务资源时，“云－边－端”架构下计算和网络资源的联合分配问题面临严重的冲突使用挑战。因此，结合位置信息和卸载请求预测智能处理干扰问题是未来边缘智能中计算卸载干扰管理的重要研究方向之一。

### 6.4.2 “云 - 边 - 端”高效的资源分配优化模型

“云 - 边 - 端”融合模式是未来研究的大趋势，然而，现有大多数资源优化方面的研究工作集中在对云资源和边缘资源的某一方面进行优化，难以有效应用于边缘智能的“云 - 边 - 端”融合。因此，针对不同应用需求和特点，高效的资源分配优化模型可以考虑个性化服务机制和移动性预测问题两个方向。

（1）个性化服务机制

在进行资源分配优化前，可以结合终端设备的历史数据和当前状态，设计个性化计算卸载和资源分配优化模式，以减少最优方案的搜索时间。尤其是可以根据用户请求习惯来调整优化模型，使服务更适应个性化需求。

（2）移动性预测问题

终端设备的动态变化是“云 - 边 - 端”架构下资源分配优化的主要特征，但大多研究是基于严格的静态场景假设的。例如，终端设备的移动性会导致资源的频繁切换，不仅会增加计算时延，影响传输卸载数据的能量消耗，更会降低用户体验。因此，预测移动轨迹和信道的状态，实现计算资源的预分配，可以更好地预测不同条件下的计算卸载和资源分配优化效果，达到减少时延、降低能耗的目的。

### 6.4.3 数据安全协同模式解决安全性问题

边缘智能中计算卸载与资源分配优化的安全性问题分布在“云 - 边 - 端”多个层级，不仅涉及节点安全、网络安全、数据安全等传统云安全范畴，也涉及分布式环境下人工智能模型训练的数据安全和终端设备的隐私安全。如果上传至边缘节点或云端的训练数据是用户隐私数据，那么可能造成潜在的隐私泄露风险。如何在隐私保护下避免信息泄露，实现计算卸载和资源分配最优化，是一个亟待解决的问题。

按照“云 - 边 - 端”设置不同的数据安全协同模式是一个很好的解决方案，如图 6-11 所示。不同层级对应不同隐私数据访问权限。同时，该模式适用于联邦学习的分布数据安全聚合架构，可以避免将敏感隐私的原始数据上传到边端（云端）；同时，联邦学习的模型整合并不需要所有终端设备同时上传更新参数，在一轮整合中只要求部分终端设备上传更新，这也解决了终端设备不可预测的离线失联问题。因此，基于联邦学习的边缘智能安全协同优化将是未来研究的重点之一。

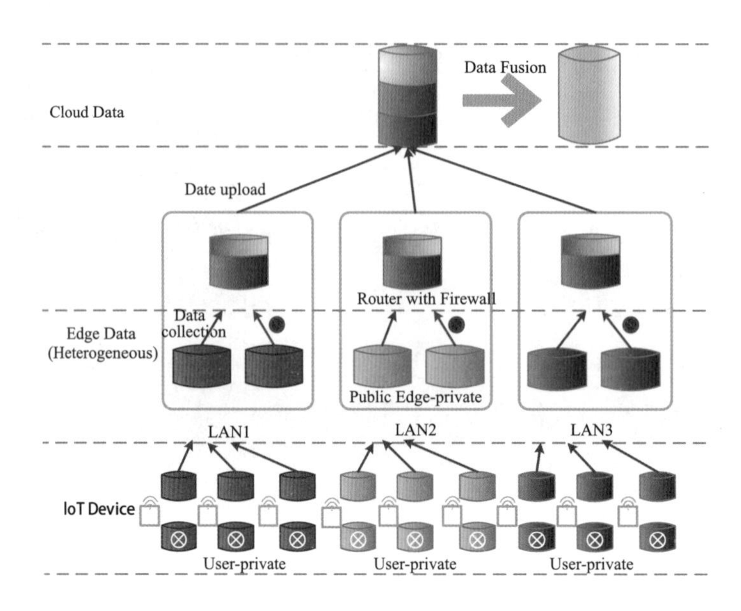


图 6-11　数据安全协同模式

## 6.5　本章小结

本章讲解了边缘智能中计算卸载的流程、机制、策略，并从最优化理论开始，介绍了马尔可夫决策过程和深度强化学习方法，给出了资源分配优化的主要模型，最后对典型解决方案和前沿方向进行分析。为便于读者理解，特将本章重要知识点凝练如下：

（1）计算卸载可以看作是“云－边－端”架构下智能应用任务如何分割、在哪里执行、资源如何分配等一系列全局性决策和组合优化的过程，涉及卸载粒度、卸载方式和卸载决策等多个方面；

（2）计算卸载任务包括可分割任务和不可分割任务两种类型，主要解决如何卸载、卸载多少以及卸载什么的决策问题；

（3）边缘智能中计算卸载的主要运行机制包括服务发现、服务供应和服务运行；

（4）从计算卸载决策结果角度划分，计算卸载策略可分为本地计算、全部卸载、部分卸载三种；

（5）从性能需求角度划分，计算卸载策略可分为最小化时延、最小化能耗、权衡时延和能耗以及最大化效用等 4 种主要类型；

（6）边缘智能中资源分配优化是个典型的序列决策过程，基于深度强化学习可以最大化已知信息奖励，探索未知环境信息，建立资源分配优化的状态－行为映射模式。

本章是第二篇关键技术的收尾部分，从资源与优化角度，利用最优化理论方法对“云－边－端”协同架构下边缘智能中数据和模型进行逻辑整合与理论提升。下一篇将从落地实践角度对边缘智能重要应用场景和关键技术进行验证性探索。

# 第 7 章　智能安防场景下的边缘智能实践

在新一代信息技术助力下，智能安防时代已经到来。在边缘智能加持下，传统安防行业的数据不断从云中心迁移到终端摄像头、传感器等“边缘”位置，节省了带宽、降低了成本，可以就近提供智能互联服务，并提升了响应速度与可靠性，从根本上打破智能应用落地的壁垒，克服计算能力、传输环境、存储环境受限等诸多问题，率先通过边缘智能驱动整体安防服务性能体验的提升。

本章以智能安防为应用背景，以基于智能硬件的危险物品检测为例，按照视觉目标检测和模型压缩理论方法，对边缘智能在智能安防领域中枪支检测技术的落地实践进行编程实现，以期为保障人民的美好生活、维护社会稳定、破解“枪支暴力”问题探索技术解决途径。

## 7.1　实践背景

本节给出智能安防的发展时间脉络，分析了智能安防装备和安防大数据的相关情况。并对“枪支暴力”背景下枪支识别等危险物品检测问题进行背景介绍。

### 7.1.1　智能安防的发展、挑战和新要求

随着边缘智能等新一代信息技术的发展，传统安防正从视频监控走向智能安防，从传统防控辅助走向立体化、系统化、机动化的智能安防体系。在具体实践中，基于不同的技术可以实现不同的安防要求，如下：

- 基于全天候高清化视频图像，可以获取更多的目标细节信息来支撑决策分析；
- 基于机器视觉技术，可以提升前端多维感知设备间数据交互与决策的准确率；
- 基于“云－边－端”协同模式，多维感知数据决策前置，可以减少后端处理压力。

因此，在基于边缘智能的智能安防中，算力的提升、算法的丰富、多维数据的融合不仅提升了安防决策的效率和准确度，也进一步提升了城市综合治理能力，更推动了安防行业在覆盖视频采集、感知运用、防控能力、产业转型等方面的不断升级，构建形成了全天候、全时空、全要素、全融合的安防新体系。

如图 7-1 所示，在智能安防发展的时间轴上，模拟 / 数模时代的传统安防以闭路监控、

防盗报警、楼宇对讲、红外周界报警等为主，重点解决了基础层面的“看得见”问题；后来的数字图像技术及压缩编解码技术有效解决了“看得清”问题；而AI技术的兴起，加之“云－边－端”协同技术架构的部署，打通了安防领域多样化业务端到端解决方案的全链条通路。

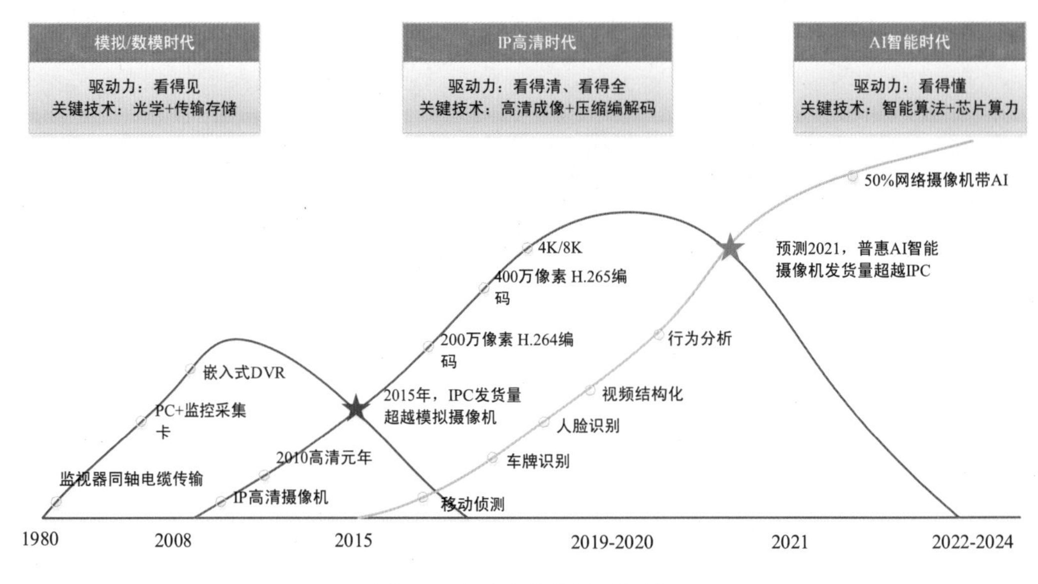


图 7-1　智能安防发展时间轴

然而，算力、算法、大数据既是推动智能技术发展的动力，也是影响安防行业发展的重要因素和前进挑战。智能安防以视频监控为基础，由于终端算力有限，摄像头往往无法全面捕捉到各类目标对象；标准化不足，智能算法难以定制化开发，数据之间无法有效协同。因此，这些挑战也推动着基于边缘智能的智能安防领域，不断融合芯片算力和前后端智能化处理能力，朝着高清、移动、智能、融合的方向发展。

在智能安防装备方面，基于5G的边缘智能既可以促进单人外勤装备融合化、智能化、可穿戴化，提升现场处置能力，又可以实现指挥装备的“重心前移”，打破场地和时空的限制，提升防控处置的机动性和灵活性，实现跨地区、跨部门间的统一指挥协调、快速反应和联合行动，如图7-2所示。

此外，在安防大数据方面，由于安防行业在感知侧持续不断地产生视频、音频等海量数据，同时智能化应用又不断融合多维度数据，这样就导致不同系统、不同区域、不同节点的海量非结构化数据在传输、共享时面临极大挑战。因此，安防大数据对存储和计算提出了如下的新要求：

- 高效率、低成本存储：支持块、文件、对象的存储技术；
- 非结构化、半结构化、结构化数据统一存储；

- 具备海量数据的计算能力：离线计算、人工智能、交互分析等；
- 完善数据标准：基于标准互联互通安防系统，共享数据；
- 数据协同：支撑分散在不同地域、不同系统数据的高效传输、联动查询、协同分析。

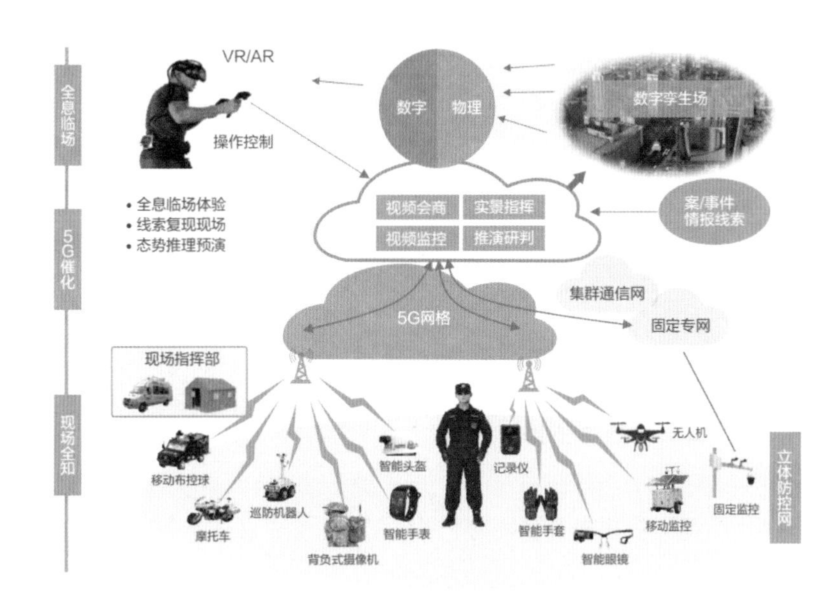


图 7-2　智能安防装备

我们可以通过下面的图 7-3 更直观地了解上面提到的海量多样数据、高效存储、复杂计算带来的挑战和要求。

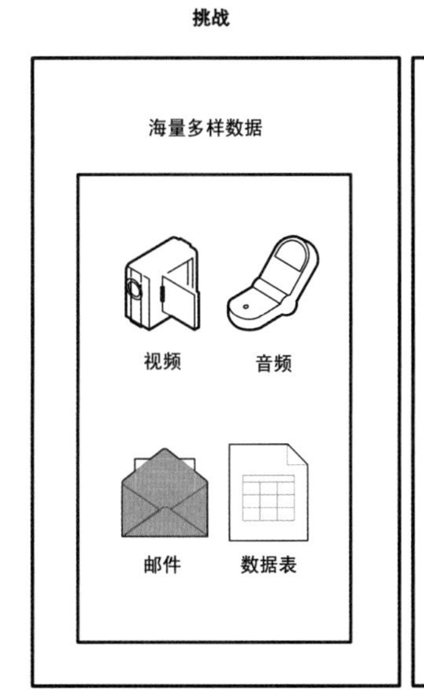


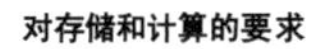


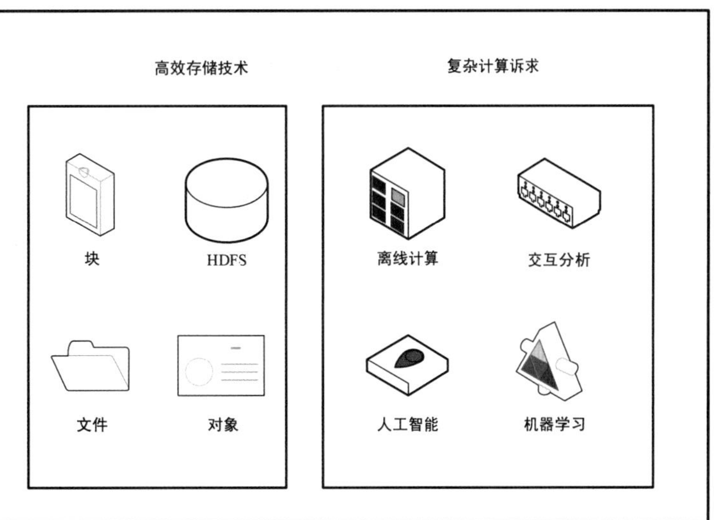


图 7-3　安防大数据面临的挑战

## 【思维拓展】行业领军——华为 HoloSens 智能安防

所谓安全，就是没有危险、不受侵害；所谓防范，就是防备、戒备。因此，安防可定义为：做好应对攻击或者避免受害的准备和保护，并处于没有危险、不受侵害的安全状态。因此，智能安防就是以安全为目的，以智能技术为防范手段，实现全生命周期的安全。同时，智能安防是万物感知的核心，是行业数字化、智能化转型的锚点和加速器。

华为智能安防品牌 HoloSens[1]（见图 7-4）以鲲鹏和昇腾芯片为基础，以真数据、真智能、真开放、真安全为发展战略，面向交通、园区、教育、金融等行业提供软件定义摄像机（SDC）、智能视频云平台和一站式智能视频算法商城服务，具体包含如下三个方面的内涵。

（1）从“单一视频”到“多维感知”

通过 SDC 构建全息感知的信息末端，融合“云 - 边 - 端”数据，实现对人、车、环境、行为的全息感知，多维数据的价值挖掘。

（2）从“昂贵 AI”到“普惠 AI”

打造“云 - 边 - 端”全系列智能安防产品，让 AI 真正在实际场景中得以应用，将智能推向全境。

（3）从“安全防范”到“智慧民生”

坚持“AI+ 平台 + 开放”的理念，打造支持不同种类、不同厂商的多算法并行框架体系。

图 7-4　华为智能安防品牌 HoloSens 主页

1　《5G 时代智能安防十大应用场景白皮书》

### 7.1.2　危险物品检测

在智能安防领域，危险物品检测是车站、机场、政府等人群密集场所和重要目标的安防任务重点。常规的危险物品检测装置包括：基于分子共振和超低频传播的手持式检测仪、穿透性强的毫米波摄像机、微波成像装置、X 光射线检测仪（如图 7-5 所示）、金属检测门等设备，其主要任务是提升目标物品检测效率以及检测精度，快速准确检测出危险物品。

图 7-5　X 光射线检测仪

在危险物品检测中，可以通过气体检测技术、液体检测技术、生化检测技术等对易燃易爆危险品进行检测。而除了上述常规检测装置和检测对象外，目前利用机器视觉的目标检测方法来识别枪支等危险物品，已成为智能安防的关注热点。尤其，枪支问题一直是全球暴力袭击关注的重要问题，涉枪案件对社会安全和稳定影响极大，对涉枪案件的预防和打击一直是智能安防工作的重中之重。

传统的枪支检测方法主要基于人工特征提取和识别检测的方法，包括图像特征提取、特征编码、特征组合和分类器训练等四步。然而，智能安防中基于监控视频的枪支自动检测问题还是处于探索期，相关成果离大规模落地实际应用还相差甚远。但是，监控视频中行人、车辆、摩托车的识别检测模式可为枪支检测技术发展提供参考，尤其是基于深度神经网络的端到端枪支自动检测可以作为尝试方向。如图 7-6 所示，旨在防止枪支暴力的 Aegis 公司开发的基于深度神经网络的枪支检测技术将安全摄像头变成了“枪探”智能相机。

此外，在我国严格的控枪环境下，一般犯罪使用制式枪支已然不多见，但仿制枪、自制枪应该引起智能安防领域的关注，这些非制式枪支，特别是自制枪，形态各异，有的甚至和一般枪支形态相差甚远，如何让深度神经网络学会识别检测这些非制式枪支，也是枪支自动检测技术面临的重要问题。

图 7-6　计算机视觉枪支检测创业公司——Aegis 的产品

## 7.2　技术梳理

智能安防场景下的枪支检测识别问题可以归入视觉目标检测领域，尤其，在边缘智能框架下，该功能的落地实现需要小型人工智能硬件及轻量级卷积神经网络的支持。下面对相关技术进行梳理。

### 7.2.1　视觉目标检测

视觉目标检测是计算机和视觉数字图像处理的热门方向，在机器人导航、智能安防、视频监控、工业检测、航空航天等诸多领域应用广泛。尤其是随着深度神经网络技术在计算机视觉领域取得了突破性进展，目标检测技术性能也随之大幅提升。

#### 1. 技术演进

目标检测技术已从手工特征方式演进到基于深度神经网络的检测阶段，其发展进程如图 7-7 所示。目前，主流目标检测算法可分为一阶段和两阶段目标检测算法，其中：

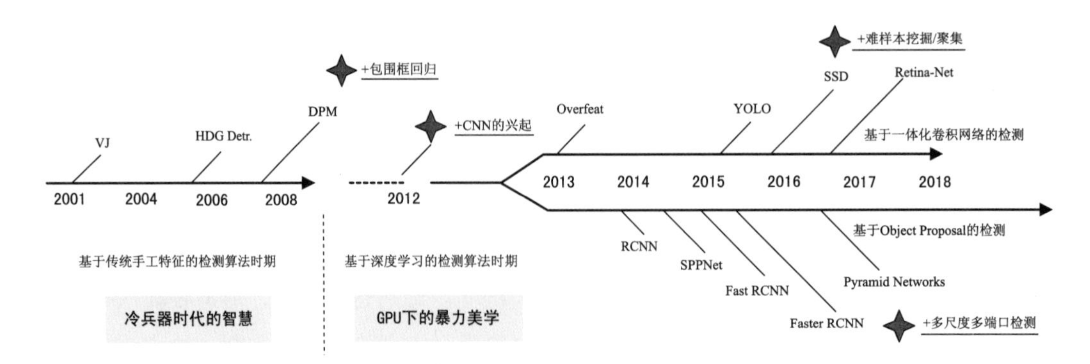


图 7-7　目标检测发展进程

- 一阶段目标检测算法不需要候选区（Region Proposal），直接可以产生物体的类别概率和位置坐标值，例如，YOLO 系类算法、SSD 等；一阶段目标检测算法已成为视觉目标检测的标准范例，广泛用于能源生产故障巡检、城市公共空间监控、自动驾驶等各类目标检测场景；
- 两阶段目标检测算法将检测问题划分为两个阶段，第一阶段产生包含目标大概位置的候选区域，第二阶段对候选区域进行分类和位置精修，典型算法有 R-CNN、Fast R-CNN、Faster R-CNN 等。

典型视觉目标检测技术包括基于视频图像的目标检测和基于静态图片的目标检测，从流程上可分为区域建议、特征表示和区域分类等三个步骤，其主要性能指标是检测准确度和速度，其中准确度主要考虑物体的定位以及分类准确度，如图 7-8 所示。

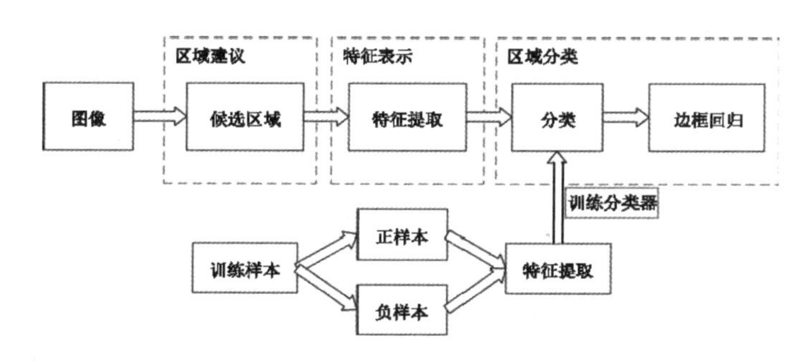


图 7-8　典型视觉目标检测流程

### 2. 典型视觉目标检测特征

在数字图像处理中，典型的视觉目标检测特征包括视觉特征、统计特征、代数特征、变换系数特征和其他物理特征等 5 个方面。

（1）视觉特征

视觉特征指人体视觉对目标的感知特征，包括颜色、边缘、轮廓、区域纹理、形状等。其中，颜色特征对旋转、形变具有鲁棒性，可通过直方图等进行描述；边缘特征是物体轮廓局部亮度变化最显著的部分。

（2）统计特征

统计特征指图像中相关样本统计值的唯一性表示，包括颜色直方图、灰度直方图、梯度直方图（Histogram of Oriented Gradient，HOG）、不变矩等。

（3）代数特征

代数特征指图像内容的代数关系；例如，图像的奇异值分解和主成分分析等。

（4）变换系数特征

变换系数特征指将图像进行空域频域转换后的频域系数，例如，傅里叶变换系数和小波变化系数等。

（5）其他物理特征

其他物理特征包括目标运动的速度、加速度和旋转等。

3. 面临的挑战

在自然环境条件下，视觉目标检测技术存在以下三个方面挑战，我们来具体了解一下。

（1）类内和类间差异

不同目标物体存在较大差异性，同类物体的不同实体在颜色、材料、形状等方面也存在巨大差异。同时，不同类型物体间又可能存在相似性。

（2）图像质量

由于环境、光照、天气、拍摄视角、距离、物体自身的非刚体形变以及可能被其他物体部分遮挡，都导致物体图像的表征具有很大的多样性和差异性。

（3）计算复杂性和自适应性

待检测目标类型数量、特征描述算子维度和大规模标记数据集获取需要耗费大量人力物力，导致目标检测的计算复杂性很高，亟需提升算法的自适应性。

### 7.2.2 轻量级卷积神经网络

以卷积神经网络为代表的深度神经网络研究起源于科学家对动物大脑视觉皮层细胞特性的探索，并通过端到端的方式训练网络模型，自动提取目标的高层次抽象特征，具有多层次特征表达能力。然而，传统网络模型以非常深的网络结构来提取表达能力更强的深度特征，这对部署于存储和计算资源受限的边缘设备场景产生了严重限制。因此，设计适用于边缘智能“云－边－端”架构的轻量化神经网络模型是解决该问题的关键。

目前，轻量化神经网络主要包括3个不同研究方向：人工设计轻量化神经网络模型、基于神经网络架构搜索（neural architecture search，NAS）的自动化神经网络架构设计和神经网络模型的压缩。其中，MobileNet、ShuffleNet、SqueezeNet等网络模型虽然已经取得了令人瞩目的成绩，但是高性能轻量级神经网络的设计成本极高，严重限制了轻量级神经网络在便携式设备上的发展与应用。

在卷积神经网络中，标准的卷积操作是将一个卷积核用在输入特征的所有通道上，导致模型参数量较大，所有通道的卷积运算存在很大冗余。以谷歌的轻量化卷积神经网络模型MobileNet v1为例，深度可分离卷积对标准的卷积操作进行分解，可以减少网络权值参数和模型计算量。如图7-9所示，2D卷积的输入层大小是7×7×3，而滤波器大小是3×3×3时，输出层的大小是5×5×1（仅有一个通道）。

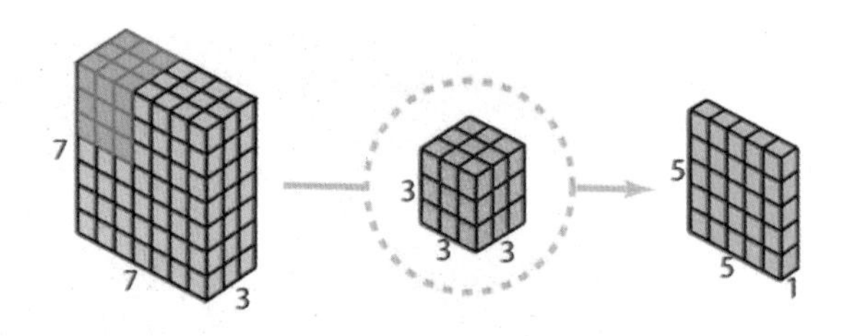


图 7-9　2D 卷积

以目标检测为例，轻量级卷积神经网络的训练数据集包括 Caltech101、PASCAL VOC 2007、PASCAL VOC 2012、Tiny Images 等，具体特点可参考表 7-1。此外，为适应边缘智能应用需求，本章所采用的轻量化卷积神经网络模型中为 YOLO V3 的轻量化版本 YOLO V3-tiny。

表 7-1　目标检测常用数据集

| 名　称 | 图像数量 | 类别数量 | 图像尺寸 | 特　点 |
| --- | --- | --- | --- | --- |
| Caltech101 | 9145 | 101 | 300×200 | 训练图像相对较少，单幅图像只有一个目标，不适用于实际评估 |
| PASCAL VOC 2007 | 9963 | 20 | 375×500 | 图像接近真实世界，单幅图像包含多个目标 |
| PASCAL VOC 2012 | 11540 | 20 | 470×380 | PASCAL VOC 2007 的升级版 |
| Tiny Images | 约 79000000 | 53464 | 32×32 | 图像分辨率低，不适合算法评估 |
| Caltech256 | 30607 | 256 | 300×200 | 与 Caltech101 类似 |
| ImageNet | 约 14000000 | 21841 | 500×400 | ILSVRC 挑战赛的基础 |
| SUN | 131072 | 908 | 500×300 | 场景识别和目标检测的基准分别为 SUN397 和 SUN2012 |
| MS COCO | 328000 | 91 | 640×480 | 用于大规模目标检测的主要数据集 |

## 【思维拓展】小型人工智能硬件——Jetson Nano

Jetson Nano 是英伟达（NVIDIA）公司开发的一款小型人工智能计算机，如图 7-10 所示，其搭载四核 Cortex-A57 处理器，128 核 Maxwell GPU，4GB 64 位 LPDDR 内存及 16GB 存储空间，支持高分辨率传感器，开发组件包含支持深度学习、计算机视觉、计算机图形和多媒体处理的 40 多个加速库，可以提供高达 472 GFLOPS 的浮点运算能力，而且耗电量仅为 5W，因此，Jetson Nano 特别适合边缘智能应用的开发部署，被称为嵌入式人工智能平台中的“小钢炮”；尤其是在基于 OPenCV 的视觉目标检测与推理、传感器 GPIO 编程、NVIDIA 通用并行计算平台 CUDA（Compute Unified Device Architecture）等方面具有强大优势。

图 7-10　Jetson Nano

## 7.3　实践案例：基于 Jetson Nano 的枪支检测

本节以基于 Jetson Nano 的枪支检测为例，对智能安防场景下的边缘智能进行编程实现。其中，轻量级神经网络采用 YOLO V3-tiny，开发框架为 Pytorch，主要流程包括基础环境准备、数据集准备、模型训练和测试部署等步骤。

### 7.3.1　基础环境准备

硬件环境中，以 Jetson Nano 为测试部署主体，以搭载 NVIDIA RTX 2080 GPU 的台式机为开发主体，操作系统采用 Ubuntu 18.04.1 LTS 系统，NVIDIA Jetson nano 开发板及配件如图 7-11 所示。

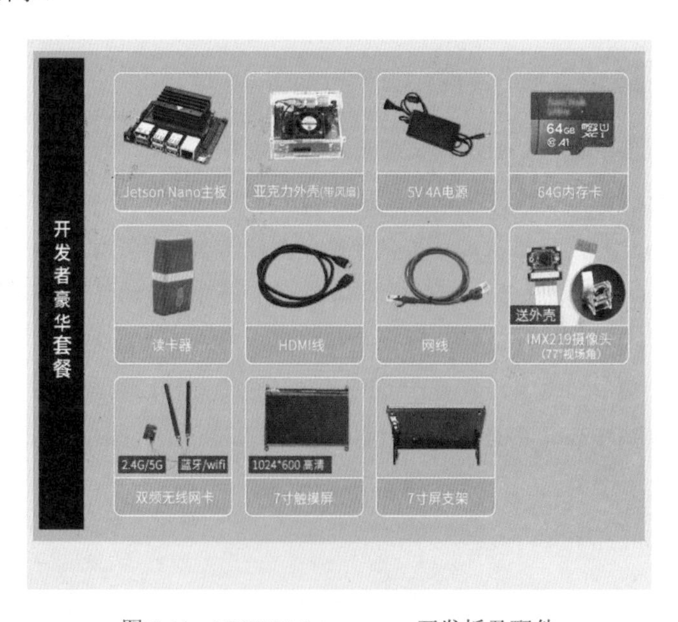


图 7-11　NVIDIA Jetson nano 开发板及配件

软件环境中，首先更换 Linux 国内源，安装 Pytorch 深度学习环境（CPU 版）、Anaconda、Pycharm 开发工具、CUDA 及 CUDNN。然后，将 GPU 训练好的神经网络参数、权重文件以及网络文件复制到 Jetson Nano 中，接入视频监控，即可完成对枪支检测程序的测试。

此外，基于深度神经网络的目标检测性能评价指标涉及混淆矩阵（Confusion Matrix）、准确率（Precision）、召回率（Recall）、P-R 曲线、AP（Average Precision）、mAP（mean Average Precision）等概念，下面我们对这些概率作一下简单描述。

（1）混淆矩阵

混淆矩阵的横轴是模型预测的类别数量统计，纵轴是数据真实标签的数量统计，对角线表示模型预测和数据标签一致的数目。如图 7-12 所示，相关参数描述如下：

- TP（True positives）：被正确划分为正样本的个数；
- FP（False positives）：被错误划分为正样本的个数；
- FN（False negatives）：被错误划分为负样本的个数；
- TN（True negatives）：被正确划分为负样本的个数。

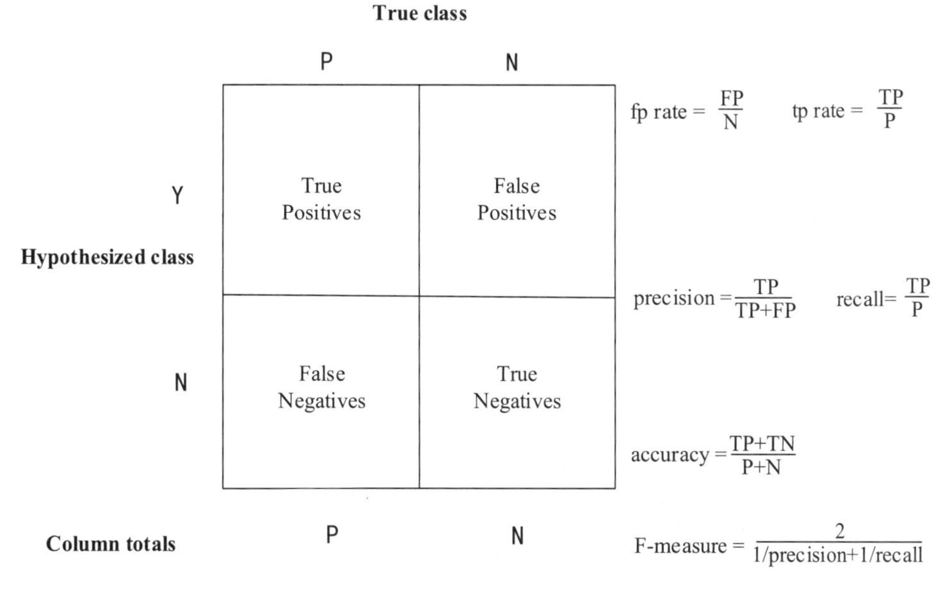


图 7-12　混淆矩阵

（2）精确率与召回率

精确率和召回率涉及混淆矩阵中的四类参数，包括正样本被正确识别为正样本、负样本被正确识别为负样本、负样本被错误识别为正样本、正样本被错误识别为负样本。其中，准确率表示为正确划分为正样本个数与全部个数的比值；召回率表示为预测样本中实际正样本数与预测样本数的比值，一般来讲，召回率越高，准确率越低。

（3）P-R 曲线、AP 和 mAP

在目标检测中，P-R 曲线是以召回率和准确率为坐标轴的二维曲线，P-R 曲线围起来的面积就是 AP 值，通常来说一个越好的分类器，AP 值越高。另外，mAP 就是所有类别的 AP 的平均值。

## 7.3.2 数据集准备

在危险物品识别领域，枪支识别的公开数据集较少，和鲸社区收集了 flickr、google 图像、yandex 图像的 333 张标注枪支所在位置的图像，如图 7-13 所示。相应枪支目标检测数据集的地址为，https://www.kesci.com/home/dataset/5d576984c143cf002b238528/。

图 7-13　公开枪支目标检测数据集

为扩充枪支目标检测所需训练数据集体量，可以使用目标检测图片标注工具 labelImge 对其他来源枪支数据进行标注，其界面如图 7-14 所示。在 labelImg 工具中，只需用鼠标框出图像中的枪支目标，并选择该枪支目标的类别，即可自动生成 voc 格式的 xml 文件。

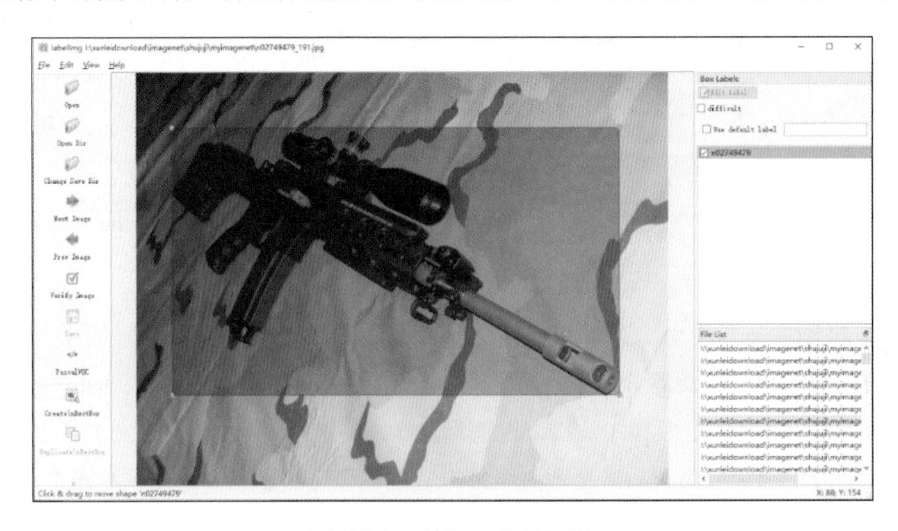


图 7-14　labelImg 工具界面

在 Ubuntu 环境下，labelImg 工具的安装方式如下：

```
sudo apt-get install pyqt5-dev-tools
sudo pip3 install lxml
git clone https://github.com/tzutalin/labelImg.git
cd labelImg
make all
python labelImg.py
```

利用 Pycharm 工具，生成 VOC2007 格式数据集，需要创建 makeTxt.py 文件，关键代码如下：

```
num=len(total_xml)
list=range(num)
tv=int(num*trainval_percent)
tr=int(tv*train_percent)
trainval= random.sample(list,tv)
train=random.sample(trainval,tr)
ftrainval = open('ImageSets/Main/trainval.txt', 'w')
ftest = open('ImageSets/Main/test.txt', 'w')
ftrain = open('ImageSets/Main/train.txt', 'w')
fval = open('ImageSets/Main/val.txt', 'w')
```

在生成训练数据标签（labels）的程序中，主要通过转换函数 convert() 来实现图像中检测目标的坐标位置标注，具体实现方式在 voc_label.py 文件中，关键函数如下：

```
def convert(size, box):
    dw = 1./(size[0])
    dh = 1./(size[1])
    x = (box[0] + box[1])/2.0 - 1
    y = (box[2] + box[3])/2.0 - 1
    w = box[1] - box[0]
    h = box[3] - box[2]
    x = x*dw
    w = w*dw
    y = y*dh
    h = h*dh
    return (x,y,w,h)
```

执行上述文件，即可获得如图 7-15 所示的枪支检测训练数据及相应标签。

图 7-15 部分枪支检测数据集

## 7.3.3 模型训练

YOLO V2 使用类似 VGG 网络的 Darknet-19 主干网络结构，包括 19 个卷积层和 5 个最大池化层，而 YOLO V3 采用了更深的 Darknet-53 网络结构，借鉴残差网络 ResNet（residual neural network）残差单元的跨层连接，网络深度为 53 个卷积层，其网络结构如图 7-16 所示。

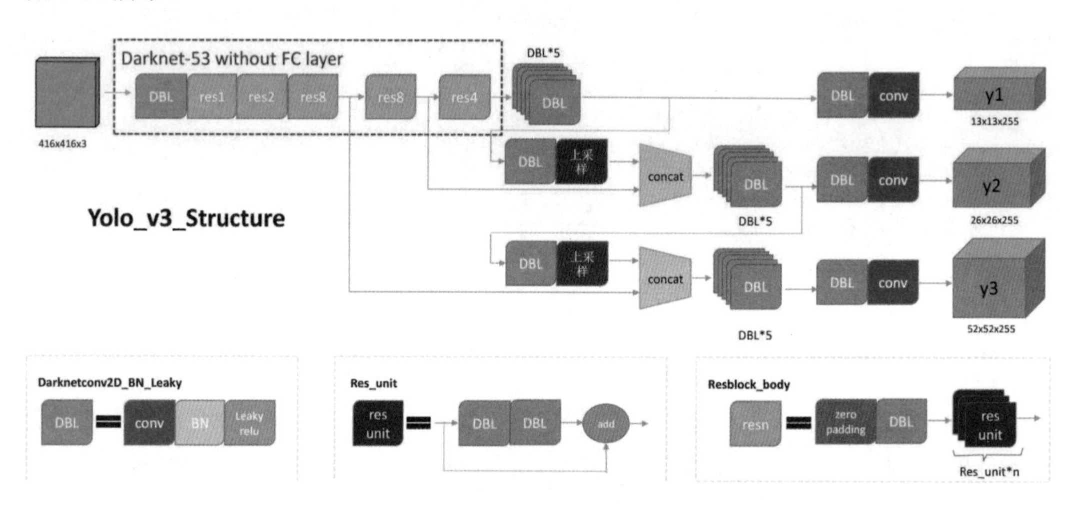


图 7-16 YOLO V3 网络结构

YOLO V3 的 tiny 版本实时性好，运行资源消耗小，适用于边缘智能场景下的低成本边缘终端运行。

首先，在准备工作基础上，下载具备 Darknet-53 网络结构的神经网络模型源程序，命令如下：

```
git clone https://github.com/ultralytics/yolov3.git
```

然后，打开 YOLO V3 的配置文件 yolov3-tiny.cfg，做以下修改：

```
[convolutional]
size=1
stride=1
pad=1
filters=255 # 改为 24
activation=linear
[yolo]
mask = 6,7,8
anchors =10,13,16,30,33,23,30,61,62,45,59,119,116,90,156,198,373,326
classes=80 # 改为 3
num=9
jitter=.3
ignore_thresh = .7
truth_thresh = 1
random=1
```

在 YOLO V3 配置文件中，原始的预训练模型采用的数据集为 COCO（有 80 个种类），在本案例中修改标签类别为 3 类，即参数 classes 设置为 3；filters 值设置公式：3*（5+classes），本案例中 filters 为 24。设置好基本配置文件参数后，将开源项目中预训练好的目标检测模型参数 yolov3-tiny.weights 和 yolov3-tiny.conv.15 导入我们的 YOLO V3 枪支目标检测项目；这样即可获得图 7-16 中 YOLO V3 网络架构中卷积（convolutional）、ResNet 结构中的跳连接（shortcut）、上采样（upsample）、路由（route）以及 YOLO 层的基本参数设置。

在完成上述文件配置后，执行如下命令即可开始枪支检测的私有化 YOLO V3 模型训练。

```
python train.py --data-cfg data/rbc.data --cfg cfg/yolov3-tiny.cfg
--epochs 10
```

其中，参数 epoch 是将所有训练样本完成一次训练的过程，而在一个批处理周期内，模型参数更新一次，即完成一次迭代。

### 7.3.4　测试部署

完成模型训练后，将待测试枪支图片放到 data/samples 中，然后运行如下命令对得到的模型进行性能测试：

```
python detect.py --weights weights/best.pt
```

对训练数据集得到的最新模型参数进行性能评估，运行如下命令：

```
python test.py --weights weights/latest.pt
```

测试结果参数的可视化，可以使用如下命令：

```
python -c from utils import utils;utils.plot_results()
```

其中，可视化绘图的关键函数如下：

```
def plot_results():
    # Plot YOLO training results file 'results.txt'
    plt.figure(figsize=(16, 8))
    s = ['X', 'Y', 'Width', 'Height', 'Objectness', 'Classification', 'Total
Loss', 'Precision', 'Recall', 'mAP']
    files = sorted(glob.glob('results.txt'))
    for f in files:
        results = np.loadtxt(f, usecols=[2, 3, 4, 5, 6, 7, 8, 17, 18,
16]).T  # column 16 is mAP
        n = results.shape[1]
        for i in range(10):
            plt.subplot(2, 5, i + 1)
            plt.plot(range(1, n), results[i, 1:], marker='.', label=f)
            plt.title(s[i])
            if i == 0:
                plt.legend()
```

```
    plt.savefig('./plot.png')
if __name__ == "__main__":
    plot_results()
```

训练过程中置信度、精度 mAP 值等训练情况和测试结果的可视化情况如图 7-17 所示。

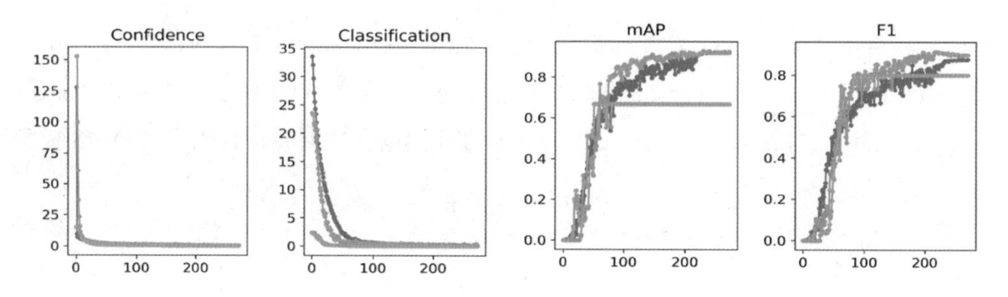


图 7-17　训练结果的可视化呈现

完成模型训练后，将训练好的模型部署于 Jetson Nano 小型智能硬件上，关键部署流程与台式机配置步骤一致，同样需要安装 Pytorch 深度学习环境、CUDA 以及 CUDNN，然后将训练好的神经网络参数权重文件和网络结构配置文件复制到 Jetson Nano 中即可。实时视频目标检测采用的专用摄像头如图 7-18 所示，在利用摄像头获取实时视频前，需要先安装开源的多媒体开发框架 GStreamer，以更好地支持在嵌入式平台上的视频流数据处理，相关命令如下：

图 7-18　专用摄像头

```
    sudo add-apt-repository universe
    sudo add-apt-repository multiverse
    sudo apt-get update
    sudo apt-get install gstreamer1.0-tools gstreamer1.0-alsa gstreamer1.0-
plugins-base gstreamer1.0-plugins-good gstreamer1.0-plugins-bad gstreamer1.0-
plugins-ugly gstreamer1.0-libav
    sudo apt-get install libgstreamer1.0-dev libgstreamer-plugins-base1.0-
dev libgstreamer-plugins-good1.0-dev libgstreamer-plugins-bad1.0-dev
```

之后，将 Makefile 文件中 OPENCV 参数设为 1，并完成 make 编译操作，即可接入实时视频监控数据，完成基于小型智能计算机 Jetson Nano 的枪支检测。

## 7.4　本章小结

本章以智能安防下的危险物品（枪支）检测为应用实例，利用轻量级卷积神经网络模型完成了基于小型智能计算机 Jetson Nano 的静态图像检测和实时视频监控检测，从轻量级人工智能模型和边缘智能硬件相结合的角度对边缘智能进行了实践。为便于读者理解，特将本章关键知识点和实践步骤凝练如下：

（1）基于全天候高清化视频图像、机器视觉技术和“云 - 边 - 端”协同模式，传统安防正从视频监控走向智能安防，从传统防控辅助发展为立体化、系统化、机动化的智能安防体系；

（2）典型视觉目标检测技术包括基于视频图像的目标检测和基于静态图片的目标检测，分为区域建议、特征表示和区域分类等三个步骤；

（3）轻量化神经网络主要包括人工设计轻量化神经网络模型、基于神经网络架构搜索的自动化神经网络架构设计和神经网络模型的压缩等 3 个研究方向；

（4）基于 Jetson Nano 的枪支检测主要流程包括基础环境准备、数据集准备、模型训练、测试部署等 4 个步骤；

（5）深度神经网络性能的评价指标包括准确率、混淆矩阵、精确率、召回率、AP 和 mAP 等；

（6）YOLO V3 的骨干网络为 Darknet-53，采用残差网络 ResNet 的残差单元跨层连接模式，由 53 个卷积层构成。

## 参考资源

智能安防场景下的边缘智能实践以在自己的训练数据集（本案例为自己构建的枪支数据集）上训练高效的轻量级目标检测模型为核心思想，对相关技术原理及算法优化涉及不多，案例设计上也以工程实践和工具应用为主。为便于读者对个人感兴趣的视觉目标进行个性化模型训练，将相关工具及基本教程作为参考资源列举如下：

（1）图像标注工具 labelImg，下载地址为：https://pan.baidu.com/s/1kwwO5VxLMpAuKFvck PpHyg（提取码：2557）；

（2）YOLO V3 项目地址为：https://github.com/ultralytics/yolov3；

（3）YOLO V3 网络模型参数地址为，https://pjreddie.com/media/ files/ yolov3- tiny.weights；https://pan.baidu.com/s/1nv1cErZeb6s0A5UOhOmZcA（提取码：t7vp）；

（4）YOLO V3 入门教程地址：https://blog.csdn.net/ public669/ article/details/ 98020800；

（5）YOLO 模型压缩项目地址：https://github.com/tanluren/yolov3-channel-and- layer-pruning；

（6）Jetson Nano Developer Kit 官网开发资源地址：https://developer.nvidia.com/embedded/learn/ get-started -jetson-nano-devkit。

# 第 8 章　智慧电梯场景下的边缘智能实践

2020 年初，“新型冠状病毒”肆虐华夏大地，疫情防控一线的传统防控手段受到病毒传播模式和扩散速度的“极限挑战”。在这场战“疫”中，病毒主要通过飞沫和接触传播，而电梯轿厢作为相对密闭的空间，空气流通缓慢，载客频次高，须直接接触电梯按钮，存在较大病毒传播风险。为避免电梯成为病毒传播的高危区域，非接触式智慧电梯成为了抗疫的重要解决方案。

本章面向智慧电梯场景，以智能语音技术为支撑，利用深度神经网络模型和树莓派等智能硬件对边缘智能在非接触式语音电梯控制领域的落地应用进行编程实现，希望相关技术实践既可以保障公众的电梯出行安全和公共场所疫情防控管理，又可推动电梯行业走向智能化发展。

## 8.1　实践背景

智慧电梯是智能语音技术应用的新兴场景，是无接触式交互模式的重要载体。本节既明确了智慧电梯的边缘智能应用需求，又梳理了智能语音的技术、商业、政策背景，为基于智能语音技术的边缘智能实践勾勒出典型的应用环境。

### 8.1.1　智慧电梯：无接触式交互的“垂直出行”

随着社会的不断发展，电梯已经成为人们每天出入最频繁的场所之一，尤其是在高层建筑和公共场所，电梯已经成为不可或缺的重要建筑设备。作为一种垂直方向的交通工具，常规电梯包括轿厢、门系统、导向系统、曳引系统、安全保护系统、电气控制系统、重量平衡系统和电力驱动系统等。其中，安全保护系统包括超速（失控）保护装置、终极限位保护装置、撞顶保护装置、层轿门电气联锁装置、电梯不安全运行防止装置以及供电系统保护装置等。

然而，传统电梯仅为公共固定式升降设备，在区域管制、特定楼层限制、业主身份识别、访客管理及无接触式操作等方面存在诸多不足，且电梯轿厢内部空间狭小，极易发生意外紧急情况。尤其是在“新冠疫情”期间，电梯按键表面可能成为病毒附着的潜在区域，当用户的手触摸到被污染的电梯按键表面后进食或揉眼睛，极有可能造成病毒感染。如图 8-1

所示，民间所谓的无接触式电梯控制方法终治标不治本，因此，以智慧电梯为代表的无接触式交互模式应运而生。

智慧电梯可以对电梯信息进行全面科学的信息化管理控制，是有效保障用户人身和财产安全的重要工具。尤其是在语音呼梯方面，集成智能语音、声纹识别、图像识别等技术的无接触式离线语音模块，可以实现语音呼梯、语音播报提醒等功能。此外，基于高精度微距手势传感器的手势呼梯、电梯二维码、可视化 AI 语音对讲等功能，可以实现“全程零接触”的智慧电梯使用模式，打造电梯人机交互全新体验，如图 8-2 所示。

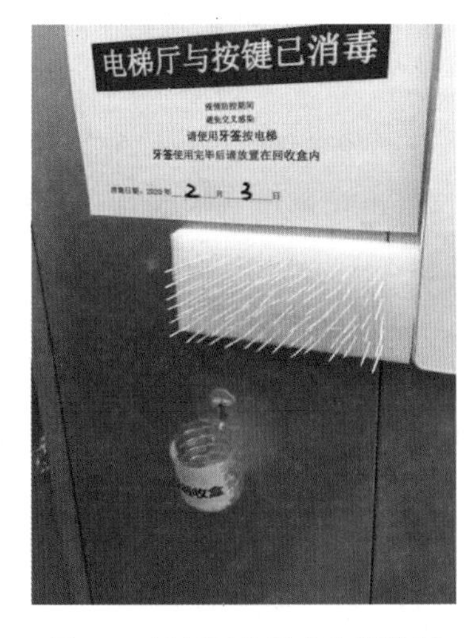


图 8-1　民间无接触式电梯控制

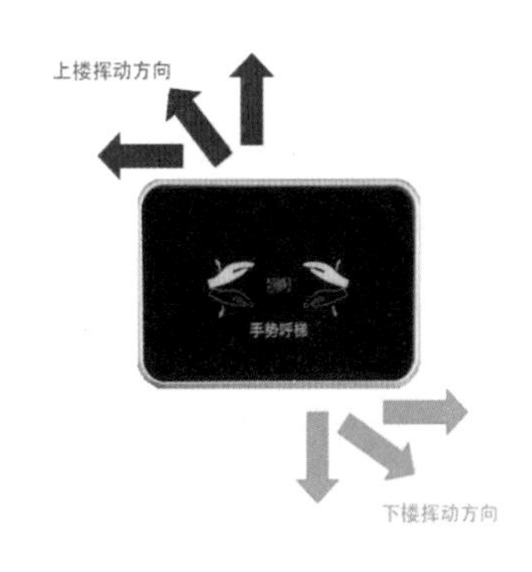


图 8-2　智慧电梯的手势呼梯模式

其实，声控电梯多年前已经问世，但由于电梯语音控制的识别准确率较低、反应时间长、用户辨别能力差等问题，声控电梯的发展停滞不前。近年，随着语音识别技术飞速发展，亚马逊、谷歌、苹果、科大讯飞、思必驰等公司的语音识别技术均已相对成熟。加之新冠肺炎疫情的防控常态化，电梯卫生防控的重要性尤为凸显，以智能语音控制为基础的智慧电梯正朝着无接触的智能模式快速发展。

### 【思维拓展】基于离线语音模块的无接触式智慧电梯

突如其来的新冠肺炎疫情给人们习以为常的生活和工作模式带来了巨大影响，从远程办公到在线教育、从“不见面交流”到“不接触服务”，既对传统行业产生了冲击，也给新兴领域带来了机遇。以无接触式语音智慧电梯为例，用语音呼梯替代传统按键，既可以安全地避免病毒的交叉感染，又方便小孩、老人等行动不便群体的电梯操作。

尽管已有部分电梯具有语音播报功能，但仅在楼层到达开门时播报楼层语音以提醒乘客，由于只是在电梯轿厢外简单部署感应模块，无法与电梯系统产生智能联动，算不得智慧电梯。以电梯离线语音模块为指令交互核心的无接触语音控制电梯可以利用高性能语音识别算法集成线性双麦技术，为传统电梯赋予安全、高效的语音交互能力。以苏州思必驰信息科技有限公司的智慧电梯离线语音模块为例，如图 8-3 所示，可以根据不同电梯应用场景设置不同的语音指令。

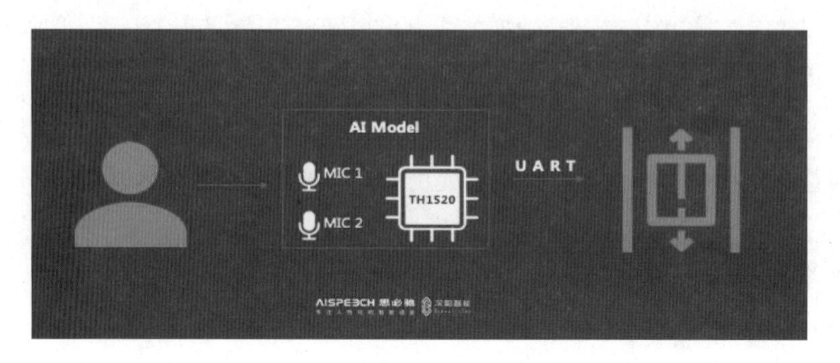


图 8-3　智慧电梯离线语音模块

思必驰的离线语音模块（如图 8-4 所示）内置了思必驰高性能语音算法，集成了线性双麦，可以实现强鲁棒远场识别，在 1~3m 内唤醒成功率超过 97%，识别率高达 95%，可以实现边缘智能的完全离线、零响应延时的语音识别，同时还支持定制百条本地指令识别，并能对于儿童、老人以及带方言的普通话进行特定算法优化，并可快速与各大电梯厂商 / 方案商对接测试。

图 8-4　思必驰智能语音呼梯模式

## 8.1.2　智能语音：人机交互的“私人助手”

在日常生活场景中，键盘、鼠标、触摸屏等传统人机交互方式已无法满足多样化、个性化用户功能需求，而语音（Speech）天生符合人类日常生活习惯，是人类最自然、最有效的沟通交流方式。人类大脑皮层每天处理的信息中，声音信息约占 20%，它是人机对话最重要的纽带。完整的人机对话包括：声音信号的前端处理，将声音转为文字供机器处理，在机器生成语言之后，用语音合成技术将文本语言转化为声波，从而形成完整的人机语音交互。

随着深度学习技术的发展，作为人工智能基本目标之一的语音识别正朝着智能语音方向进展，并成为新一代智能人机交互方式的重要代表。在人工智能的诸多核心目标（如感知、学习、推理、规划等能力）当中，智能机器是通过语音识别技术来模仿人类“听”的认知能力的。人类听觉形成过程的本质是对声音特征和文本的分类任务，即将字音分类对应为文字、将文字对应为潜在语义。

智能语音技术的发展经历了模板匹配方法主导、概率统计建模方法主导和深度神经网络方法主导等三大阶段[1]，如图 8-5 所示，从特定人的孤立数字语音识别，到隐马尔科夫模型（HMM）和高斯混合模型（DMM）应用，再到微软深度神经网络（DNN）-HMM 在大词汇量连续语音识别任务上性能的显著提升；智能语音识别准确率已基本达到人类水平，面向不同场景的大量智能语音技术正在不断落地。

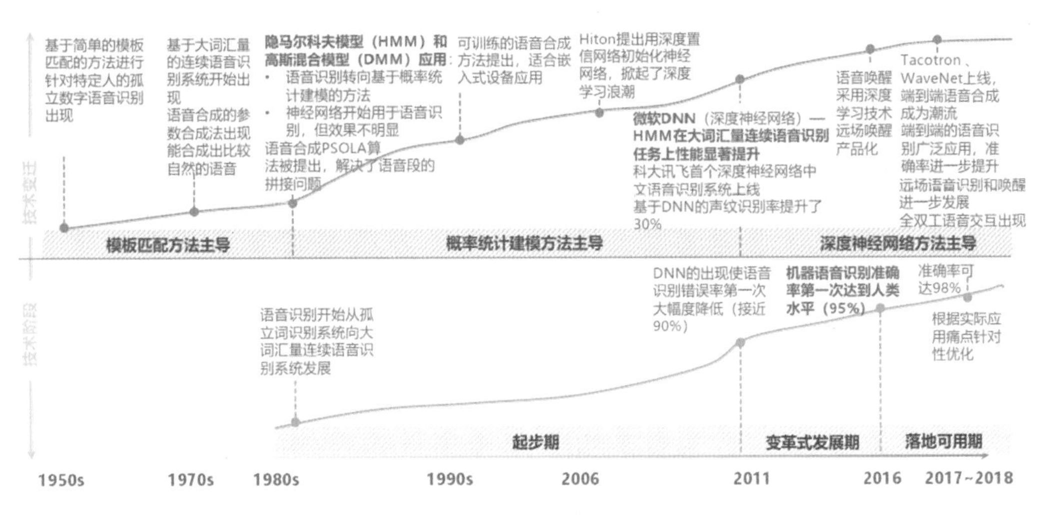


图 8-5　智能语音技术发展历程

智能语音被誉为人工智能皇冠上的“明珠”，目前具有智能语音能力的消费级硬件大体可划分为智能家居、儿童产品、随身便携产品、车载设备、商务产品等。部分产品的交互特性更强，需要通过语音交互为用户提供音频内容和某些任务处理操作，例如智能音箱与车载设备可用于控制开关、收听 FM、导航等；部分产品的功能性更强，例如智能录音笔的核心功能是为用户提供语音转文字服务。

此外，科大讯飞、百度、阿里巴巴、腾讯、Google、Microsoft、Amazon、Facebook 等公司的产品极大地推动了智能语音的研究和应用，相关产品在教育、客服、电信、车载、家居、医疗、智能硬件等语音技术领域广泛应用。例如，科大讯飞发布了以语音技术（语

[1] 《2020 年中国智能语音行业研究报告》

音识别、语音合成、语音唤醒等）为核心的人工智能开放平台；Amazon 发布了名为“Echo”的智能音箱，其核心是 Alexa 内置语音助手。

我国高度重视新一代人工智能产业的发展，国务院发布的《新一代人工智能发展规划》，明确部署了包括语音识别技术在内的人工智能理论、技术与应用的具体发展阶段，力争到2030 年使中国人工智能达到世界领先水平，成为世界主要人工智能创新中心。《2020-2025年中国智能语音行业经营发展战略及规划制定与实施研究报告》指出，深度神经网络是智能语音技术持续落地可用的关键工具，尤其在多模态高密度交互服务升级方面将会得到深度融合式发展。

随着新一代人工智能发展规划的启动实施，加快实现产业化和落地应用是着力点。工信部和相关企业将进一步推动以智能语音为代表的人工智能核心技术发展，加强技术攻关，促进行业融合应用，优化发展环境，务实推动智能语音产业规模发展。可以预见，随着行业应用和场景的大规模切入，智能语音产品将快速迭代，产品的性能和用户体验也会不断提升，智能语音的发展大有可为。

## 8.2 技术梳理

本节以智慧电梯的语音控制为应用需求，对语音识别技术、电梯指令控制流程进行梳理，为 8.3 和 8.4 两节的实践案例所对应的功能步骤提供技术支持。

### 8.2.1 语音识别：人工智能关键步骤

语音是包含时序信息的信号序列，通常由人体中一系列发音器官协同配合产生，具体过程为：肺部产生气流动力，经过气管引起声带振动形成声源，最后经过咽腔、口腔、鼻腔等区域形成最终语音。不同于其他生物的声音，人类语音承载着丰富的语义，从简单的语音处理到语音理解，语音识别是所有语音产品实现人机互动的重要基础。

语音识别（Speech Recognition）或自动语音识别（Automatic Speech Recognition，ASR），是指将语音自动转换成相应文本的过程，是人类与机器进行交互的关键环节，更是实现人工智能的关键步骤之一。基于语音识别的统计学框架可以将输入音频与输出识别文字结果抽象为如下的语音识别问题，其本质是序列数据的识别。

已知一段语音信号输入 signal，其声学特征向量为 $\boldsymbol{X}=[x_1;\ x_2;\ \cdots\cdots]$，其中，$x_i$ 表示一帧（Frame）的特征向量，可能的文本序列表示为 $\boldsymbol{W}=[w_1;\ w_2;\ \cdots\cdots]$，$w_i$ 表示一个词，则语音识别基本方程为：

$$\boldsymbol{W}^* = \arg\max_{\boldsymbol{W}} P(\boldsymbol{W} \mid \boldsymbol{X}) \tag{8-1}$$

由贝叶斯公式可知：

$$P(\boldsymbol{W}|\boldsymbol{X}) \propto P(\boldsymbol{X}|\boldsymbol{W})\,P(\boldsymbol{W}) \tag{8-2}$$

其中，$P(\boldsymbol{X}|\boldsymbol{W})$ 为声学模型（Acoustic Model，AM），$P(\boldsymbol{W})$ 为语言模型（Language Model，LM）。传统方法分别求取声学模型和语言模型，而基于深度神经网络的端到端（End-to-End）语音识别方法将声学模型和语言模型融为一体，可以直接计算 $P(\boldsymbol{W}|\boldsymbol{X})$。目前，主流语音识别框架由特征提取、声学模型、语言模型、解码器等 4 部分构成，如图 8-6 所示。

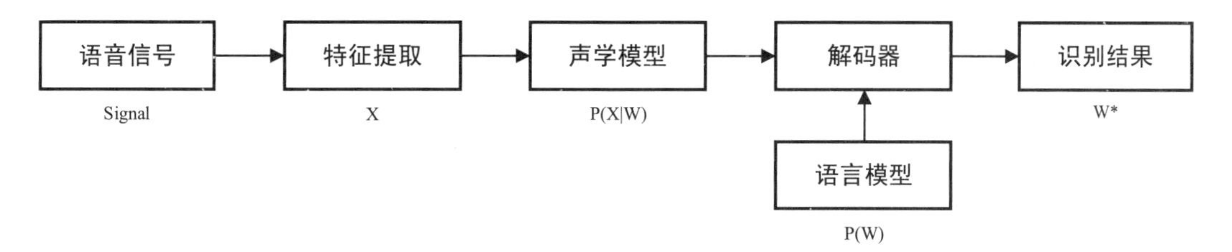


图 8-6　语音识别的统计学框架

可以看到，语音识别与自然语言处理具有相当部分的重叠。其中，信号处理和特征提取是音频数据的预处理部分，可以通过噪声消除和信道增强等预处理技术将信号从时域转化到频域，为声学模型提取有效特征向量。后续的语言模型，可以利用自然语言处理中的 n-gram、RNN 等成熟模型，解码搜索阶段对声学模型得分和语言模型得分进行综合，将得分最高的词序列作为最后的识别结构。

### 1. 特征提取

特征提取以原始语音信号为输入，将其由时域转换到频域，进一步处理后以特征向量的形式输出。目前，基于倒谱分析的声学特征提取在语音识别领域中获得了广泛的使用，例如，梅尔频率倒谱系数（Mel Frequency Cepstral Coefficients，MFCC）和滤波器组特征（Filter Bank Feature，FBank）等。这些声学特征通常考虑动态特征，即在原始特征上拼接一阶差分与二阶差分。梅尔频率倒谱系数提取的基本流程主要包括预处理、滤波、函数变换等 7 个步骤，如图 8-7 所示；其中，快速傅里叶变换与梅尔滤波器组是其中最重要的两个步骤。

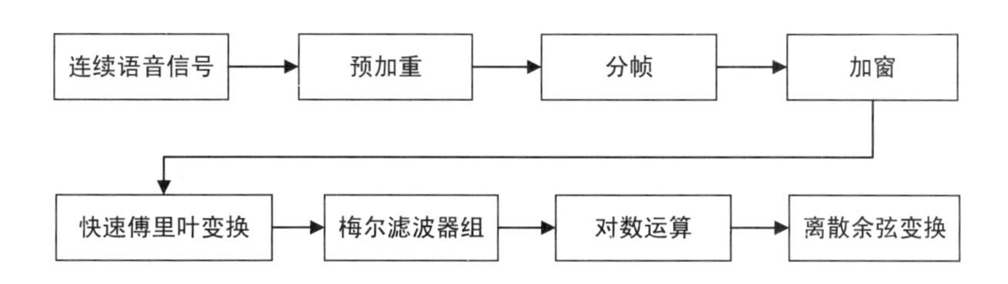


图 8-7　梅尔倒谱系数提取的基本流程

此外，在提取声学特征之后，需要进行特征降维或者规整等操作。常用的特征降维技术包括线性判别分析（Linear Discriminant Analysis，LDA）和主成分分析（Principal Component Analysis，PCA）等。常用的规整技术包括信号偏差移除（Signal Bias Remove, SBR）和谱均值规整（Cepstral Mean Normalization，CMN）等，可以用来减少语音信号中存在的噪音信号干扰。

### 2. 声学模型

声学模型以特征提取的输出为输入，在声学层面上对语音进行评估。声学模型可以计算产生特定声学特征序列的文本序列概率 $P(\boldsymbol{X}|\boldsymbol{W})$，这既需要考虑文本中音素、音节、词、短语、句子等建模单元的选择问题，又需要考虑如何建立语音和文本序列间的不定长关系模型。隐马尔可夫模型（Hidden Markov Model，HMM）是解决上述问题的重要方法。

以 $P(\boldsymbol{X}|\boldsymbol{W}) = P(x_1, x_2, x_3|w_1, w_2)$ 的隐马尔可夫链为例，如图 8-8 所示；$w$ 是 HMM 的隐含状态，$x$ 是 HMM 的观测值，隐含状态数与观测值数目不受彼此约束，并满足：

$$P(\boldsymbol{X}|\boldsymbol{W}) = P(w_1)P(x_1 \mid w_1)\ P(w_2|w_1)\ P(w_2|w_2)\ P(x_2|w_2)\ P(x_3|w_2) \tag{8-3}$$

其中，HMM 初始状态概率 $P(w_1)$ 和状态转移概率 $P(w_2|w_1)$、$P(w_2|w_2)$ 可以从样本计算得出，而 HMM 发射概率（Emission Probability）$P(x_1 \mid w_1)$、$P(x_2 \mid w_2)$、$P(x_3|w_2)$ 的计算通常选择高斯混合模型（Gaussian Mixture Model，GMM）。

在传统语音识别领域，高斯混合模型－隐马尔可夫模型（GMM-HMM）是非常有效的声学模型，如图 8-9 所示；该模型中一个音素由一个 HMM 表示，HMM 的每个状态都由一个 GMM 进行建模，通过 GMM 计算得出的发射概率回传给 HMM 供其进行训练或解码。其中，HMM 和 GMM 的参数一般通过自我迭代式的 EM 算法（Expectation-Maximization Algorithm）进行训练。

通俗地讲，GMM-HMM 的目的是找到每一帧属于哪个音素的哪个状态，通过 EM 算法估计所有语音特征数据的最大似然（Maximum Likelihood Estimation，MLE），一步一步地优化 GMM 的概率密度函数。

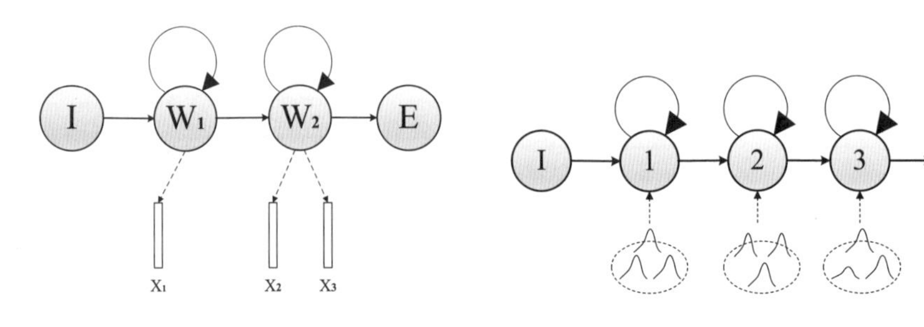


图 8-8　隐马尔可夫模型　　图 8-9　基于 GMM-HMM 的声学模型

随着深度学习的兴起，使用了接近 30 年的语音识别声学模型 HMM 逐渐被深度神经网络（DNN）声学模型所替代，其模型精度也大幅提升。尤其是深度神经网络超强的特征学习能力大大简化了特征抽取的过程，降低了建模对专家经验的依赖，实现了简单的端到端建模流程。如图 8-10 所示，深度神经网络（Deep Neural Network，DNN）声学模型中，语音特征是 DNN 的输入，DNN 的输出则用于计算 HMM 的发射概率。

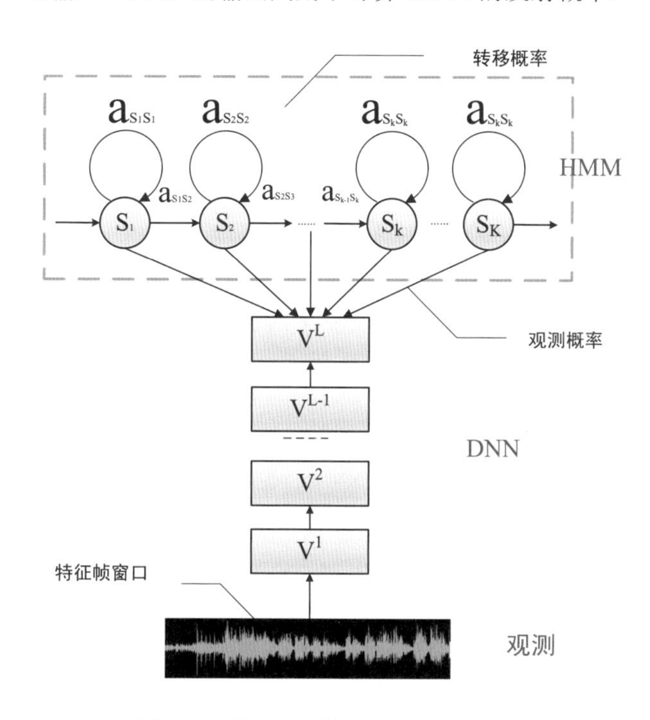


图 8-10　基于深度神经网络的声学模型

### 3. 语言模型

语言模型针对语音可能对应的文本序列进行语言层面上的评估。经典的统计语言模型是典型的自回归模型（Autoregressive Model），它可以用于描述符合语言客观规律的不同词序列的概率分布，概率的大小可以描述词序列符合语法、表达方式、逻辑性等的程度，据此可以判断出相同发音情况下更加符合语言特性的文本。$n$ 个单词构成的词序列 $S$ 的概率表示为：

$$\begin{aligned}P(S) &= P\left((w_1 w_2 \cdots\cdots w_n)\right) \\ &= P(w_1)P\left(w_2 \mid w_1\right)\cdots\cdots P\left(w_n \mid w_1 w_2 \cdots\cdots w_{n-1}\right)\end{aligned} \tag{8-4}$$

其中，$w_i$ 为词序列中第 $i$ 个单词（$i=1,\cdots\cdots,n$）。在常用语言模型中，通常采用 $n$-gram 模型作为近似方法，即当前词出现的概率只与该词之前 $n-1$ 个词相关，其训练过程以文本语料的统计计算为主，并可以简化为计算语料中相应词串出现的比例关系。此外，如图 8-11

所示，基于循环神经网络模型（RNN）的语言模型，可以使用相同的网络结构和参数处理任意长度的历史信息，并可以利用句子中的历史词汇来预测当前词。

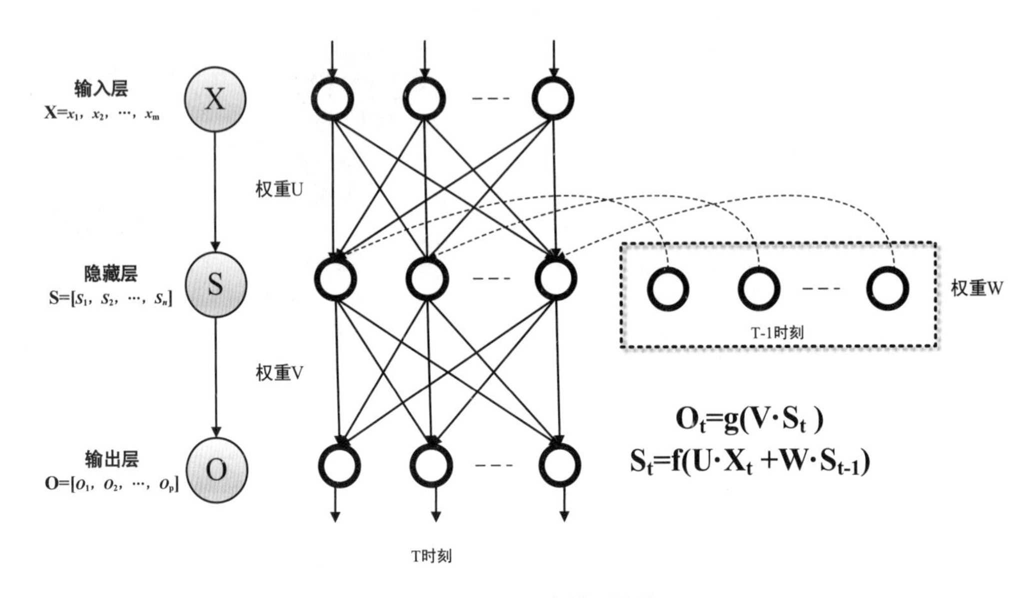


图 8-11　RNN 语言模型结构

### 4. 解码器

语音识别中的解码器需要综合考虑发音词典信息以及声学模型和语言模型的评估信息来生成解码图（Decoding Graph），通过搜索解码图找到最优路径，进而得到可能性最大的词序列。解码器的最终目标是选择使 $P(\boldsymbol{W}|\boldsymbol{X})$ 最大的 $\boldsymbol{W}$ 值，所以解码本质上是一个搜索问题，并可借助加权有限状态转换器（Weighted Finite State Transducer，WFST）中的作何构图（Composition）、确定化操作（Determination）、最小化操作（Minimization）在解码器中统一进行最优路径搜索。

此外，解码图的构造可以使用静态方法、动态方法以及动静态混合方法等。解码图的路径搜索方法有广度优先（Breadth-first）、深度优先（Depth-first）、动态规划以及启发式（Heuristic）等搜索方法。目前广泛使用的搜索方法是基于动态规划思想的维特比（Viterbi）算法。

除了基于传统声学模型的语音识别系统，以深度神经网络为代表的端到端智能语音识别是未来最重要的发展方向。如图 8-12 所示，基于深度学习的语音识别流程的核心为深度神经网络模型。

以开源语音识别模型 MASR（Mandarin Automatic Speech Recognition）为例，该模型是一个端到端的中文普通话语音识别工具，其核心模块是门控卷积神经网络（Gated Convolutional Network），其网络结构与 Facebook AI 研究中心在 2016 年的研究成果相近。

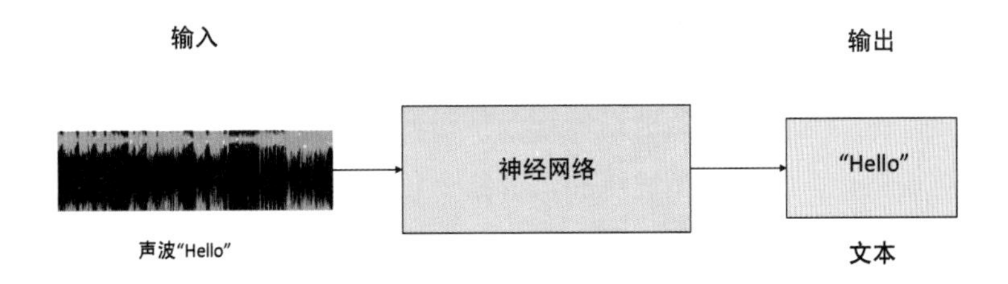


图 8-12　基于深度学习的语音识别流程

如图 8-13 所示，MASR 采用门控线性单元 GLU 作为激活函数，其收敛速度优于 Hard Tanh 等激活函数，可以保留网络的非线性学习能力，实现学习过程的并行化，缓和深层网络参数的梯度消失问题，拓展卷积网络在语音识别领域的应用。

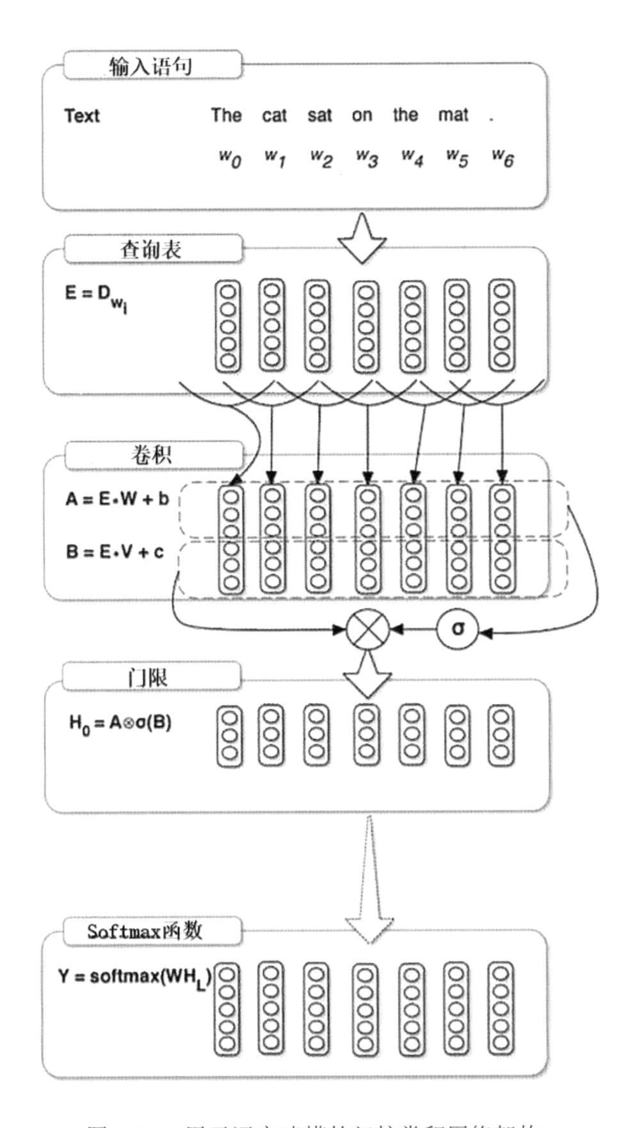


图 8-13　用于语言建模的门控卷积网络架构

### 8.2.2 智慧电梯语音指令识别流程

智慧电梯语音指令识别流程的通用流程包括语音指令数据集构建、语音数据预处理、深度神经网络结构设计、网络模型训练和语音指令识别测试等 5 个步骤。接下来，我们具体了解一下这 5 个步骤的具体功能。

（1）语音指令数据集构建

语音指令数据集构建主要是指利用私有数据与录制数据，结合外源语音合成 API 构建语音指令数据集。

（2）语音数据预处理

语音数据处理主要是对时域音频信号提取 MFCC 频谱特征，将时域与频域特征作为神经网络的输入张量。

（3）网络结构设计

网络结构设计主要包括编码网络和解码网络，可以利用神经网络对音频特征进行再编码，并提取更高级别的特征。如图 8-14 所示，常用的基于深度神经网络的解码器结构可以由长短时记忆单元（Long Short-term Memory，LSTM）与 CTC（Connectionist Temporal Classification）解码器组成，其中：

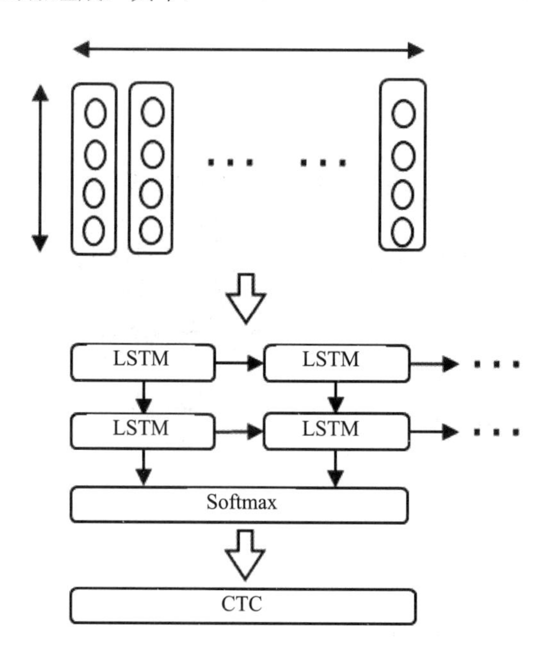


图 8-14 基于深度神经网络的解码器结构

- LSTM 擅长处理序列数据，可以分别对历史输出和历史语音特征进行信息累积，并通过全连接神经网络共同作用于新输出；

- CTC 通过引入空白标签构建损失函数，解决语音识别中真实输出长度远小于输入长度的问题，使得模型输出序列尽可能拟合目标序列，进而实现不确定长度的语音编码识别。

（4）网络模型训练

与本书第 5 章讲解的典型深度神经网络结构一样，用于语音识别的神经网络模型参数依然利用误差反向传播算法计算网络参数梯度，并更新模型参数值直至模型的训练过程收敛。

（5）语音指令识别测试

利用测试集对训练好的模型进行测试，评估语音指令识别效果。

此外，除了基于上述深度神经网络实现完整的语音识别流程外，还可以利用树莓派开发板对可编程语音识别模块进行二次开发，如图 8-15 所示，入门者无须深入了解语音识别原理，只需通过集成电路总线通信（Inter-Integrated Circuit，IIC），即可实现特定电梯语音指令词条的识别，完成智慧电梯场景下的边缘智能实践。

图 8-15　可编程语音识别模块

接下来的两节，我们分别基于深度神经网络的智能语音识别和基于树莓派的可编程语音识别来讲解智慧电梯边缘智能实践，涉及环境准备、数据集准备、编程与模型训练、测试部署等步骤。

## 8.3　实践案例：基于深度神经网络的通用电梯语言指令识别

基于深度神经网络的智能语音识别主要面向边缘智能的“云 - 边 - 端”架构的云端需求，利用高性能 GPU 和开源语音数据集训练基于残差门控卷积神经网络的端到端中文普通话语音识别模型 MASR，实现高准确率的中文语音识别功能。

### 8.3.1　基础环境与数据集构建

基础环境中，以 Pytorch 13.0 为开发框架，以 Python 3.5 为编程语言，以 Nvidia RTX 2080(4) 为网络模型训练加速卡。为实现基于深度神经网络的通用电梯语音指令识别，我们利用主流开源中文语音识别训练数据集 Thchs-30、AISHELL-1、St-cmd 进行语音识别模型训练，具体数据见表 8-1。

表 8-1　开源中文语音识别数据集

| 开源数据集 | 时长 / 小时 | 来源单位 |
| --- | --- | --- |
| THCH30 | 40 | 清华、CSLT |
| Aidatatang_200zh | 200 | 北京数据科技有限公司（数据堂） |
| AISHELL-1 | 178 | 北京希尔公司 |

## 8.3.2　模型设计与训练

基于深度神经网络的电梯语音指令识别可以利用开源预训练模型 MASR 实现相关通用功能，其下载命令如下：

```
git clone https://github.com/libai3/masr.git
```

程序运行需要的依赖模块包括：

```
torch==1.0.1
librosa
numpy
```

为实现特定场景下的电梯语音指令识别，需要安装语音依赖库 pyaudio 进行声音录制，命令如下：

```
pip install pyaudio
```

在 MASR 预训练模型的基础上，可以针对电梯语音指令识别的特定场景，设计如图 8-16 的残差门控卷积神经网络，进行高质量 MFCC 音频特征提取。其中，音频信号采样率为 16000，滑动窗口大小为 0.02，步长为 0.01。

为满足边缘智能的“云 - 边 - 端”部署，MASR 模型支持 docker 容器部署，其核心模块为门控卷积神经网络，输入为语音频谱系数矩阵，编码特征提取网络由残差门控卷积操作构成。其关键代码如下：

```
class GatedConv(MASRModel):
    def __init__(self, vocabulary, blank=0, name=”masr”):
        modules.append(ConvBlock(nn.Conv1d(161, 500, 48, 2, 97), 0.2))
        for i in range(7):
        modules.append(ConvBlock(nn.Conv1d(1000, 2000, 1, 1), 0.5))
        modules.append(weight_norm(nn.Conv1d(1000, output_units, 1, 1)))
        self.cnn = nn.Sequential(*modules)
    def forward(self, x, lens):
        return x, lens
    def predict(self, path):
        out = self.cnn(spec)
        out_len = torch.tensor([out.size(-1)])
```

```
        text = self.decode(out, out_len)
        self.train()
```

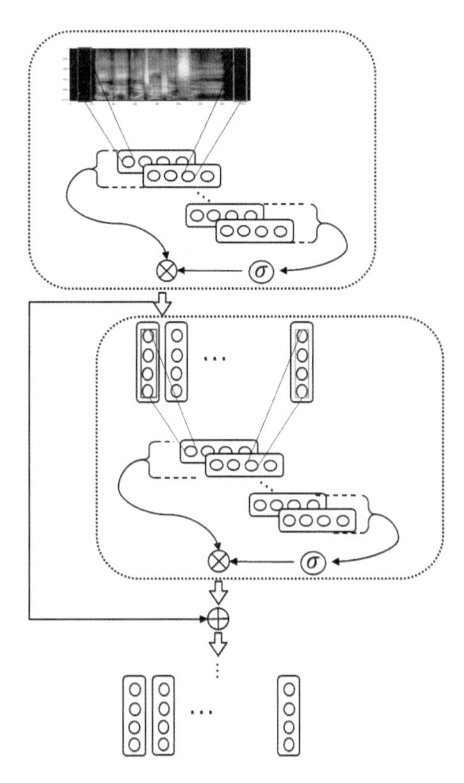

图 8-16　基于残差门控卷积神经网络的编码器

模型训练前需要对WAV格式的语音指令进行MFCC特征提取，图8-17为“我要去三楼”的特征频谱图。

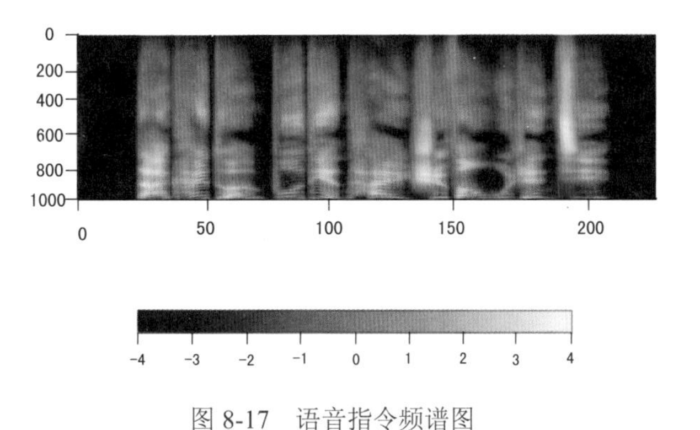


图 8-17　语音指令频谱图

上述模型训练的命令为：

```
python train.py
```

在开源数据集上训练的深度神经网络模型收敛过程如图 8-18 所示，纵轴为 CTC 损失值，

横轴为迭代轮数。其中，当迭代次数达到 250000 轮以后，网络模型收敛于较低 CTC 损失值。

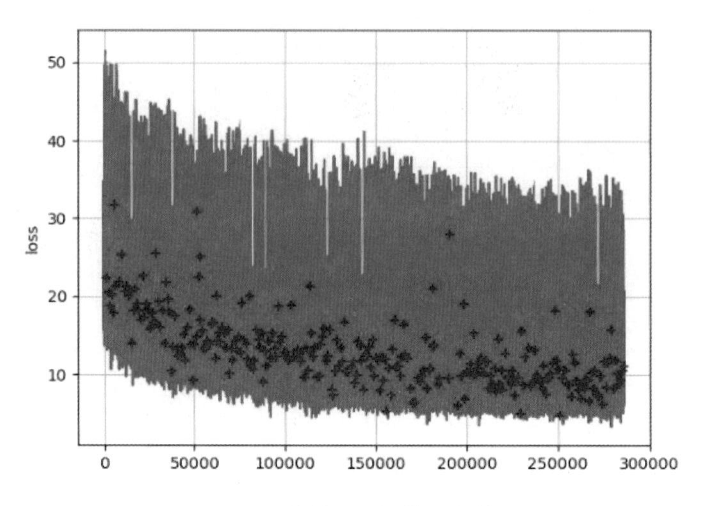


图 8-18　深度神经网络模型收敛过程

### 8.3.3　性能测试

在性能测试方面，基于深度神经网络的智能语音识别模型通常利用词错率（WER）和准确率（Accuracy）进行评价，其基本公式如下：

$$WER = \frac{S + D + 1}{N} \tag{8-5}$$

$$Accuracy = 1 - WER \tag{8-6}$$

其中，$S$ 为替换词数，$D$ 为删除词数，$I$ 为插入词数，$N$ 为汉字总字数，Accuracy 为准确率。词错率 WER 越低，语音识别模型性能越好；准确率越高，语音识别模型识别性能越好。此外，模型测试命令为：

```
python test.py
```

在如表 8-2 所示的测试结果中，基于深度神经网络的智能语音识别模型在三个数据集上都具有最高的识别准确率，原始预训练模型可达到 87% 的准确率，具有残差结构的门控卷积神经网络模型，通过残差模块减少多层卷积带来的信息损失，使得识别准确率可以达到 90% 以上。

表 8-2　算法性能对比表

| Accuracy 结果 / 模型名称 | 开源数据集 | | |
|---|---|---|---|
| | Thchs-30 | AISHELL-1 | St-cmd |
| 原始预训练模型 | 87% | 88% | 87.5% |
| 残差门控卷积神经网络模型 | 90.2% | 91.4% | 91.3% |

# 8.4　实践案例：基于树莓派的可编程电梯语音识别

树莓派是搭载轻量级 Linux 桌面操作系统的微型电脑开发板，是良好的边缘智能应用载体。基于可编程模块的电梯语音指令识别虽然没有基于深度神经网络模型的高识别准确率，但其易上手、便携性、可扩展性等特点决定了它都是入门者的不二选择。

## 8.4.1　基础环境

如图 8-19 所示，树莓派 4B 开发板是主控芯片，使用 Type C 供电接口，具有蓝牙 5.0 适配器，两个 USB 3.0 接口，支持 4K 高清双屏输出和千兆以太网。操作系统镜像采用官方推荐系统版本 Raspbian，SD 卡采用 16GB。此外，语音识别模块传感器需要通过 4P 线连接至树莓派拓展板的集成电路总线 IIC（Inter-Integrated Circuit）接口，拓展板供电使用 7.5V 锂电池。

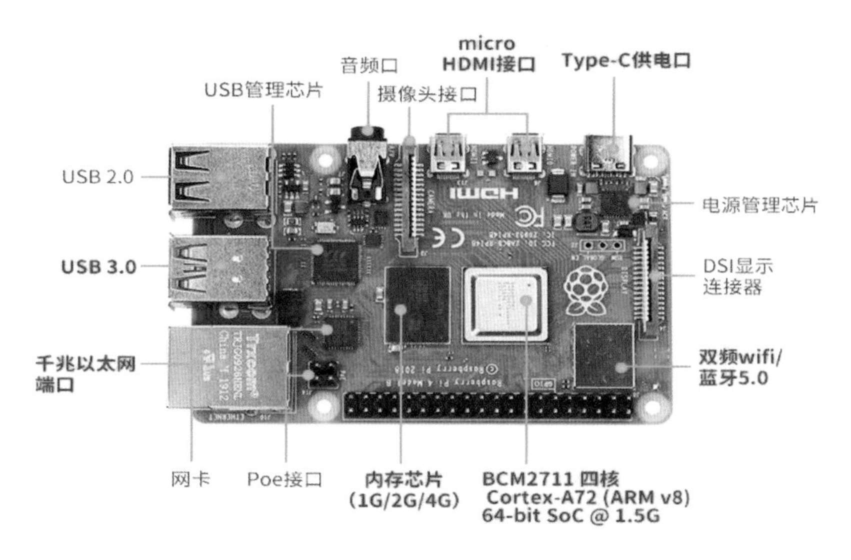


图 8-19　树莓派 4B

在进行树莓派嵌入式开发时，需要用 smbus 模块实现 IIC 通信来连接扩展外设，利用 time 模块控制外接设备的运行与挂起时间，用 numpy 进行数据处理与存储，所需模块的基本调用方式如下：

```
import smbus
import time
import numpy
```

## 8.4.2　GPIO 编程

基于树莓派的可编程语音识别的关键就是 GPIO（General Purpose Input/Output）接口

编程。树莓派 4B 的 GPIO 接口由 40 个引脚（PIN）组成，如表 8-3 所示，每个引脚都可以用杜邦线和外部设备相连，采用 IIC 通信协议，开发者只需要把待识别的关键词以字符串的形式传送进芯片，即可在下次识别中立即生效。在 IIC 串行总线中，一般有两根信号线，一根是双向的数据线 SDA，另一根是时钟信号线 SCL。所有接到 IIC 总线设备上的串行数据 SDA 都会接到总线的 SDA 上，各设备的时钟信号线 SCL 接到总线的 SCL 上。

表 8-3　树莓派 GPIO 引脚

| wiringPi 编码 | BCM 编码 | 功能说明 | 物理引脚 BOARD 编码 | | 功能名 | BCM 编码 | wiringPi 编码 |
|---|---|---|---|---|---|---|---|
| | | 3.3V | 1 | 2 | 5V | | |
| 8 | 2 | SDA.1 | 3 | 4 | 5V | | |
| 9 | 3 | SCL.1 | 5 | 6 | GND | | |
| 7 | 4 | GP10.7 | 7 | 8 | TXD | 14 | 15 |
| | | GMO | 9 | 10 | RXD | 15 | 16 |
| 0 | 17 | GP10.0 | 11 | 12 | GP10.1 | 18 | 1 |
| 2 | 27 | GP10.2 | 13 | 14 | GND | | |
| 3 | 22 | GP10.3 | 15 | 16 | GP10.4 | 23 | 4 |
| | | 3.3V | 17 | 18 | GP10.5 | 24 | 5 |
| 12 | 10 | M0SI | 19 | 20 | GND | | |
| 13 | 9 | MISO | 21 | 22 | GP10.6 | 25 | 6 |
| 14 | 11 | SCLK | 23 | 24 | CE0 | 8 | 10 |
| | | GMO | 25 | 26 | CE1 | 7 | 11 |
| 30 | 0 | SDA.0 | 27 | 28 | SCL.1 | 1 | 31 |
| 21 | 5 | GP10.21 | 29 | 30 | GND | | |
| 22 | 6 | GP10.22 | 31 | 32 | GP10.26 | 12 | 26 |
| 23 | 13 | GP10.23 | 33 | 34 | GND | | |
| 24 | 19 | GP10.24 | 35 | 36 | GP10.27 | 16 | 27 |
| 25 | 26 | GP10.25 | 37 | 38 | GP10.28 | 20 | 28 |
| | | GMO | 39 | 40 | GP10.29 | 21 | 29 |

在 GPIO 引脚中，固定输出信号分为 5V（2、4 号）、3.3V（1、17 号）和地线（6、9、14、20、25、30、34、39 号引脚）。如果一个电路两端接在 5V 和地线之间，该电路就会获得 5V 的电压输入。在树莓派的操作系统中，通常用 GPIO 的编号 14 来指代该引脚，而不是位置编号为 8 的引脚。此外，GPIO 引脚状态为 1 时，对外输出 3.3V 的高电压，否则输出 0V 的低电压。

关于语音识别模块的开发，一般包括两种模式。

- 触发识别模式：主控芯片（如树莓派）在接收到外界触发后，启动芯片上的定时识别过程（比如 5s），要求外界在这个定时过程中说出要识别的语音关键词。该过程结束后，需要再次触发才能再次启动识别过程。

- 循环识别模式：主控芯片反复启动识别过程。若没有识别结果，则每次识别过程的定时结束后再启动识别过程；若有识别结果，则根据识别结果作相应处理后再启动识别过程。

在程序中，识别模式设置值范围为 1~3，分别代表循环识别模式、口令模式、按键模式，实现代码如下：

```
    ASR_MODE_ADDR = 102
    def setMode(self, mode):
        result = self.bus.write_byte_data(self.address, self.ASR_MODE_
ADDR, mode)
        if result != 0:
           return False
        return True
```

可编程语音指令识别模块的地址为 0x79，添加电梯语音指令的函数代码如下：

```
def addWords(self, idNum, words):
        buf = [idNum]
        for i in range(0, len(words)):
            buf.append(eval(hex(ord(words[i]))))
        self.bus.write_i2c_block_data(self.address,
        self.ASR_ADD_WORDS_ADDR, buf)
        time.sleep(0.05)
    def eraseWords(self):
        result = self.bus.write_byte_data(self.address,
                    self.ASR_WORDS_ERASE_ADDR, 0)
        time.sleep(0.06)
        if result != 0:
           return False
        return True
```

上述语音指令添加函数 add Words() 和语音指令删除函数 eraseWords() 通过 smbus 模块实现 IIC 通信协议，通过 numpy 模块实现语音指令的增加和删除；其中，所添加的语音呼梯指令词条示例如表 8-4 所示，左侧栏为包括唤醒词、具体指令内容的命令词条，右侧栏为利用语音合成模块完成的指令回复词条。

表 8-4　语音呼梯指令词条示例

| 语音呼梯指令词条示例 | |
|---|---|
| 命令词条 | 回复词条 |
| 唤醒词 | 在 |
| 去负四楼 | 好的去负四楼 |
| 去负三楼 | 好的去负三楼 |
| 去负二楼 | 好的去负二楼 |
| 去负一楼 | 好的去负一楼 |
| 去一楼 | 好的去一楼 |

续上表

| 语音呼梯指令词条示例 | |
|---|---|
| 命令词条 | 回复词条 |
| 去二楼 | 好的去二楼 |
| 去三楼 | 好的去三楼 |
| 去四楼 | 好的去四楼 |
| …… | …… |

### 8.4.3 部署测试

对准语音识别模块说出“我要上三楼”或“电梯开门”等语音控制指令，当语音模块识别成功后，模块的STA指示灯会闪烁并且屏幕Shell界面会输出1，主要函数代码如下：

```
if __name__ == "__main__":
    addr = 0x79 #传感器iic地址
    asr = ASR(addr)
    if 1:
        asr.eraseWords()
        asr.setMode(1)
        asr.addWords(1, 'wo yao shang san lou') #我要上三楼
        asr.addWords(2, 'dian ti kai men') #电梯开门
    while 1:
        data = asr.getResult()
        print("result:", data)
        time.sleep(0.5)
```

上述代码中，语音识别模块的接入地址为0x79（由模块出厂默认设置决定），在语音识别函数ASR()的实现部分，主要调用eraseWords()函数实现初始识别功能的原始语音清空；调用setMode函数，设置参数值为1，即为循环语音识别模式；调用增加词条函数addWords()添加待识别电梯控制语句（注意待识别词条用汉语拼音编写）。

**【思维拓展】语音合成**

语音合成是由文字生成声音的过程，通俗地说，就是让机器按照人的指令发出声音。主流的语音合成方法可归纳为参数合成、拼接合成、统计模型合成和神经模型合成等4种。如图8-20所示，语音合成模块上设有4PIN防反插接口，具有良好的防短路设置，同时，可以与树莓派上IIC通信接口相连。参数设置中，[v10]为设置音量，音量范围为0~10; [s5]为设置语速，语速范围为0~10。例如，调整播放音量的代码如下：

```
v.TTSModuleSpeak("[h0][v10][m55]","我要上三楼")
```

图 8-20　语音合成模块

## 8.5　本章小结

本章以智慧电梯场景下智能语音控制为实例，利用深度神经网络模型和基于树莓派的语音识别模块完成了电梯控制指令的识别，从语音识别角度对边缘智能进行了模型实现和硬件测试。为便于读者理解，特将本章关键知识点和实践步骤凝练如下：

（1）智能语音技术的发展经历了模板匹配方法主导、概率统计建模方法主导、深度神经网络方法主导等三大阶段；

（2）主流语音识别框架由特征提取、声学模型、语言模型、解码器等 4 部分构成；

（3）语音识别中解码图（Decoding Graph）中广泛使用的搜索方法是基于动态规划思想的维特比（Viterbi）算法；

（4）主流的语音合成方法可归纳为参数合成、拼接合成、统计模型合成和神经模型合成等 4 种。

## 参考资源

智能语音识别是涵盖语音信号处理和特征提取、声学模型、语言模型以及解码搜索等模块的复杂体系；其中，在训练声学模型中依赖大规模语料库，而语言模型则依赖文本库。为降低智能语音识别的入门门槛，可以利用语音识别的开源工具和开源数据集进行算法入门和方法复现。下面将相关资源整理如下，以期为读者动手实践和持续提升奠定基础：

（1）清华大学中文语料库（THCH30）下载地址，http://www.openslr.org/18/；

（2）清华大学语音和语言技术中心，http://cslt.org；

（3）语音识别工具 Kaldi 脚本地址，https://github.com/tzyll/kaldi；

（4）剑桥大学语音识别工具包 HTK，下载地址 http://htk.eng.cam.ac.uk；

（5）包含书籍、课程、论坛等资源的我爱语音识别网站，地址为 http://www.52nlp.cn/ %e4%b9%a6%e7%b1%8d；

（6）中文语音识别模型 MASR 开源地址：https://github.com/yeyupiaoling/MASR.git。

# 第9章　智慧社区场景下的边缘智能实践

社区是城市的细胞，每一个社区都是城市的一个缩影。智慧社区作为智慧城市的重要组成部分，既是智慧城市紧贴社区用户生活的末端延伸，也是对智慧城市概念的继承、发展和实施。智慧社区场景与边缘智能的“云－边－端”架构高度一致，智慧城市大脑通过城市基础设施，联通智慧社区等多个城市“细胞”，形成涵盖终端用户、社区、城市云端大脑的全链路“新基建”智能应用体系。

本章针对智慧社区场景中的垃圾分类问题，以基于联邦学习的图像分类技术为支撑，通过联邦学习开源框架编程实现日常垃圾分类，以期依托边缘智能“云－边－端”架构及相关技术推动智慧社区的个性化、合规化和智能化发展。

## 9.1　实战背景

作为城市的细胞，智慧社区正是智慧城市建设的基础。智慧社区建设与人们的美好生活息息相关，本节选取紧贴居民生活的社区垃圾分类问题作为切入点，以期为边缘智能技术的落地实践明确问题导向，同时也希望通过典型应用场景推动相关技术的升级迭代。

### 9.1.1　智慧社区：民生的智慧“生活圈”

社区是体现基层精细化治理能力，满足人民美好生活需求的重要载体。然而传统社区运营已成规模化，因此，智慧社区的建设更多是对传统社区的升级改造。作为创建智慧城市的基础，智慧社区已经成为当下提速城镇化发展、创新社区管理与服务水平、提升居民生活满意度和幸福感的全新战略。随着我国智慧城市建设的积极推进与边缘智能等新一代信息技术的日益成熟，目前我国智慧社区处于高速建设发展阶段，在“新基建”的浪潮之下，智慧社区无疑将被注入更多的资源，迈向发展快车道。

近年来，智慧城市建设成为解决城市发展难题，实现城市可持续发展的有效途径，是未来城市发展的重要方向，作为其中最重要的组成部分——智慧社区建设也在如火如荼地进行。据《2019—2025年中国智慧社区行业市场运营态势及发展前景预测报告》显示，我国有近30万个社区，2018年智慧社区市场规模约3920亿元，在2023年将达到6000亿元，未来将保持持续增长。

智慧社区是指通过利用各种智能技术和方式，规划、设计、建造、运营、整合各类社区服务资源，为社区群众提供政务、商务、娱乐、教育、医护和生活互助等多种便民利民公共服务的智能化创新模式，如图9-1所示。按照边缘智能体系架构，将社区中人、车、事、物、防等要素全部数字化，可以形成信息上传、治理下沉的社区管理新模式。

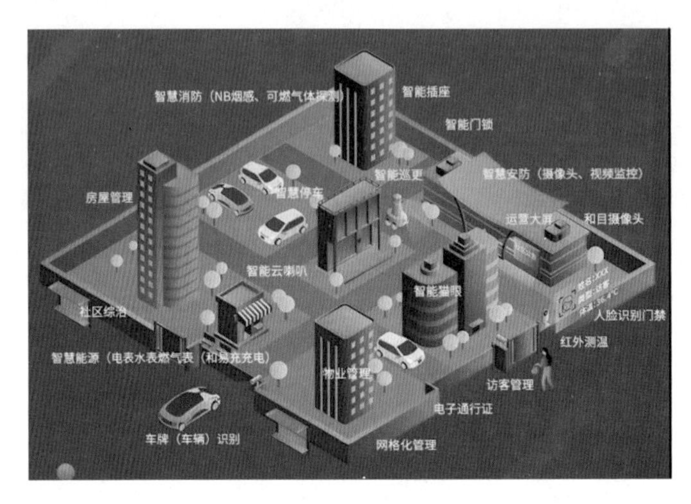


图9-1　智慧社区模式

2014年住建部印发《智慧社区建设指南（试行）》，涉及智慧社区的指导思想和发展目标、评价指标体系、总体架构与支撑平台、基础设施与建筑环境、建设运营模式、保障体系建设等内容。其中，智慧社区总体框架图（如图9-2所示）以政策标准和制度安全两大保障体系为支撑，覆盖“云－边－端”架构下社区治理、小区管理、公共服务、便民服务以及主题社区等多个领域，初步形成了边缘智能的体系雏形。

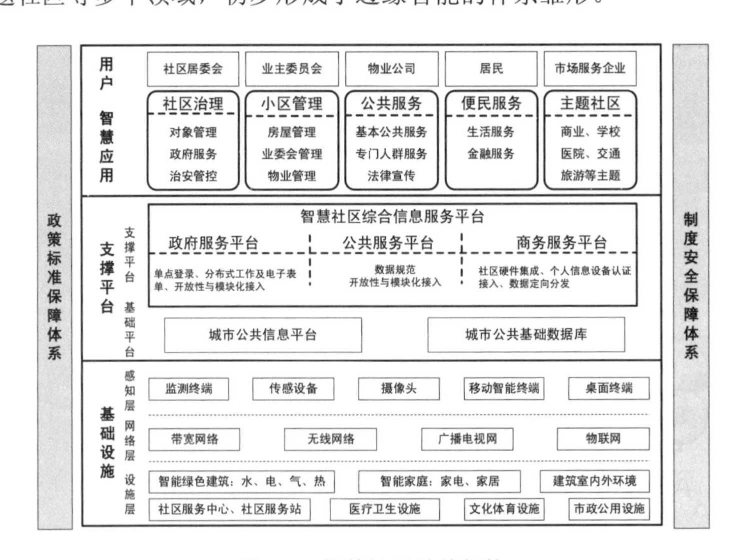


图9-2　智慧社区总体架构

智慧社区应用场景涵盖智慧防疫、智慧安防、智慧治理、智慧物业、智慧生活等 5 个方面，如图 9-3 所示，共同构建全面感知、智能分析、自动预测、智慧决策的智慧社区“大脑”，实现重点人员管控，助力社区人员管理，提高社区安全度，提升居民居住体验和幸福感。

图 9-3　智慧社区五大场景

（1）智慧防疫

社区是新型冠状病毒肺炎疫情防控的最前线，从线上团购到智能门禁，从“健康码”到疫情快讯精准推送，社区智慧防疫可以实现疫情防控宣传、疫情上报、疫情动态数据统计等功能，提高疫情数据汇总的及时性，减少居民恐慌心理的产生。

（2）智慧安防

安防体系是智慧社区“以人为本”建设理念的核心，依托边缘智能模式可以实现对社区监控信息全面、充分的利用，满足社区安全隐患可追溯、可查询、提前预警和快速查证的需求。

（3）智慧治理

人口是社区治理的重点，可以利用移动大数据实现重点人口分析、访客来源、驻时分布等事项监控，对特定人员进行分析和重点管控。

（4）智慧物业

智慧物业管理涉及客户服务、收费管理、工程运维、经营管理和安全保障等 5 个维度，可为社区各类人员提供社区医疗、场所预定、班车、物业报修、社区电子通知公告、社区票券等服务。

（5）智慧生活

从各类智能抄表终端的能耗管理，到便捷的社区居民充值缴费，再到智慧养老服务，智慧社区既可以提供对辖区各类垃圾的收集、运输、处置的全生命周期管理，也可以实现一键求助、语音对讲、公共广播等功能的高度集成，是提升居民家居生活便利性、舒适性和安全性的重要保障。

从整体上来说，我国智慧社区建设起步较晚，经历了从“信息惠民”到“智慧城市”，再到“智慧社区”的发展历程，但目前仍处于初级发展阶段，存在区域发展不均衡、建设模式不清晰、智慧应用较少、集成化程度较低、数据缺乏管理等问题。因此，需要立足实际，在全面感知和泛在互联的基础上，整合各类资源，完善社区生活基础设施，提高社区生活服务和治理水平，增强社区便民利民服务能力，为智慧城市的实现提供基础。

### 9.1.2 社区中生活垃圾分类

近年来，国家层面对垃圾分类日渐重视，社区生活垃圾分类进入“快车道”。2018年11月，习近平总书记在上海考察时指出，垃圾分类工作就是新时尚。2019年3月李克强总理在政府工作报告中强调要加强固体废弃物和城市垃圾分类处置。2019年6月，住建部等9部委联合发布《关于在全国地级及以上城市全面开展生活垃圾分类工作的通知》，进一步明确了垃圾分类的推进目标。

2019年7月，上海正式实施《上海市生活垃圾管理条例》，通过政企合作、智慧平台建设、一户一码、轮岗分班引导等方式，有效缓解城镇化背景下的“生活垃圾围城”困境。2019年12月新修订的《生活垃圾分类标志》将生活垃圾类别调整为可回收物、有害垃圾、厨余垃圾及其他垃圾4个大类，其下又细分为纸类、塑料、金属等11个小类，如图9-4所示。

9-4　生活垃圾分类标志

- 可回收物：可具体分类为纸类、金属、塑料、玻璃和织物。
- 有害垃圾：具体可分类为灯管、家用化学品和电池。

- 厨余垃圾：具体可分类为家庭厨余垃圾、餐厨垃圾和其他餐厨垃圾。其中，家庭厨余垃圾适用于家庭，餐厨垃圾适用于企业和公共机构，其他餐厨垃圾适用于农贸市场、农产品批发市场等。
- 其他垃圾。

通常讲，垃圾分类是指按规定或标准将垃圾分类储存、分类投放和分类搬运，从而转变成公共资源的一系列活动的总称。垃圾分类的目的是提高垃圾的资源价值和经济价值，力争物尽其用。在顶层设计方面，我国先行先试的 46 个重点城市基本建成了垃圾分类处理体系；其中，北京是首个将垃圾分类纳入法治框架的立法城市。

在目前的社区垃圾实际投放实践工作中，主要存在着以下两种垃圾投放模式。

### 1. 监督式垃圾投放模式

“垃圾是放错位置的资源”，生活垃圾分类关系千家万户，是智慧社区建设的重要内容，更是最具开发潜力的、永不枯竭的“城市矿产”。传统的社区垃圾分类制度没有志愿者或保洁员督促落实，属于“匿名化”模式，推行难度大。监督式垃圾投放过程让垃圾投放转化为“当面化”，其投放过程如图 9-5 所示，让居民行为变得可监督、可追溯、可追责，保证了投放的准确率，同时还可提供精准化的指导。

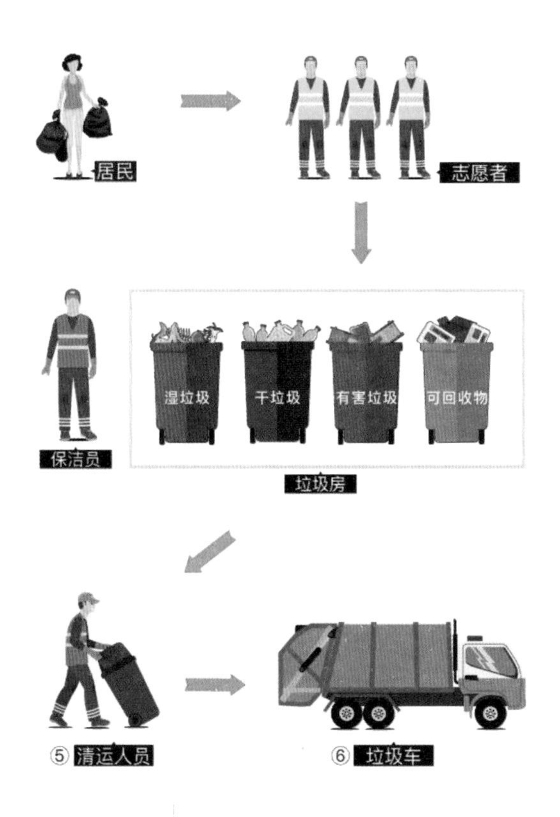


图 9-5　监督式垃圾投放过程

### 2. 垃圾不落地分类模式

垃圾不落地分类模式是指垃圾车在固定时间来到固定地点，附近居民提着垃圾，当着市政工人的面，分类投放到市政的垃圾车上，形成居民投放－市政人员监督－清运的“当面化”透明流程，如图 9-6 所示。其主要步骤包括前期宣传教育、引导居民在家准确分类和投放时帮助指导，让居民现场精准投放。

图 9-6 “垃圾不落地”的垃圾分类模式

然而，我国社区规模普遍很大，无法在同一个时间实现居民在家进行垃圾的准确分类和投放时的准确指导两个步骤。此外，大量志愿者或保洁员的监督人力成本耗费巨大，监管效率低，这种模式尚不符合我国国情。因此，基于物联网传感器、电子标签、视觉图像识别等技术的社区生活垃圾智能分类具有大量应用需求。

以基于图像识别的垃圾分类为例，可以利用部署于各个家庭的智能识别摄像头对家庭垃圾进行分类；然后，社区再集中对家庭垃圾进行二次分类收集。这种以各个家庭为“终端”，以社区为边端（或云端）的分布式模式与边缘智能的“云－边－端”架构高度一致。接下来的 9.2 和 9.3 节将以垃圾图像分类为技术点，依托联邦学习的分布式隐私保护机器学习模式，讲解智慧社区场景下智能垃圾分类的相关技术与实践案例。

## 9.2 技术梳理

智慧社区场景下的垃圾分类可以归结为垃圾图像的分类问题，同时，生活垃圾与居民的日常生活习惯、家庭情况等个人隐私密切相关。因此，在边缘智能的分布式框架下，需要同时兼顾垃圾分类的功能实现和居民个人信息的合理保护。接下来，本节从图像识别和联邦学习两方面对编程实践涉及的技术进行梳理。

### 9.2.1 垃圾图像分类

图像分类是计算机视觉的核心问题，传统方法以特征描述和检测为主。在边缘智能领域，图像分类以深度神经网络为基础，对于给定的输入图像进行类别标签预测。毋庸置疑，垃圾图像分类可以按照图像分类的经典流程实现，主要包括以下三部分。

（1）训练集输入：以具有明确标签的垃圾图像集合作为输入，为训练智能分类模型提供数据储备。

（2）模型学习：利用大量垃圾图像构建的训练集训练深度神经网络模型，使其具备智能学习能力。

（3）模型评价：让深度神经网络模型预测未知垃圾图像的分类标签，并以此来评价该智能模型质量。

2012 年，在 ImageNet 图像识别大赛中，Hinton 教授领衔的 AlexNet 引入了全新卷积神经网络结构，得到了超高的图像分类准确率，将 LeNet 模型（1986 年提出）思想发扬光大，因此，基于卷积神经网络的垃圾图像分类技术具有良好的分类性能，其关键方法包括卷积、池化以及全连接等组件，接下来我们具体了解一下，为后面的实践做技术储备。

### 1．卷积

卷积主要涉及卷积计算、窗口滑动、填充等操作。其中，卷积计算是基于滤波器的局部数据非线性运算过程，并通过窗口滑动来完成整体数据遍历。卷积核的大小决定了卷积的视野，常见卷积核尺寸为 3×3 像素，步长决定卷积核遍历图像时移动步子的大小，默认值为 1。填充操作可以决定图像边界范围，并补全卷积过程中边缘信息的丢失。如图 9-7 所示，一张 32×32 的彩色图像，其通道数和深度均为 3，滑动窗口大小可自行设置。

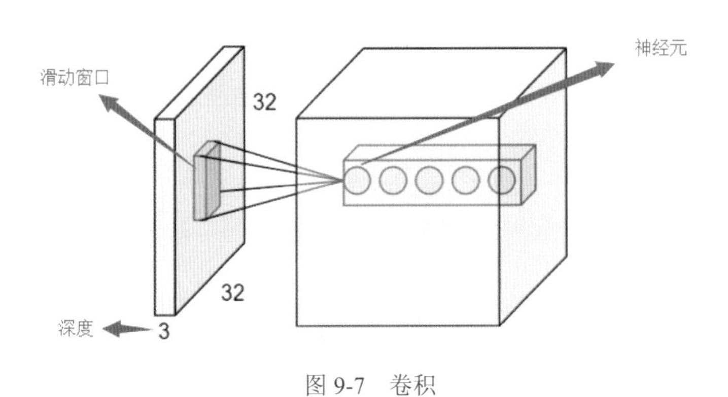


图 9-7　卷积

在深度神经网络中，卷积的滤波器权重是在模型训练阶段获得的。常用的卷积类型包括 2D 卷积、3D 卷积、转置卷积、扩张卷积、可分卷积等。

### 2．池化

池化也称为下采样，是模拟人类视觉系统对视觉输入图像降维和抽象的过程，常用的非线性池化函数包括平均池化（Average Pooling）和最大池化（Max pooling）。其中，平均池化将输入图像划分为若干个矩形区域，以其平均值作为该区域的池化值。最大池化是输出每个子区域的最大值。如图 9-8 所示，以 4×4 图像为例，最大池化操作将输入图像进行特征降维。

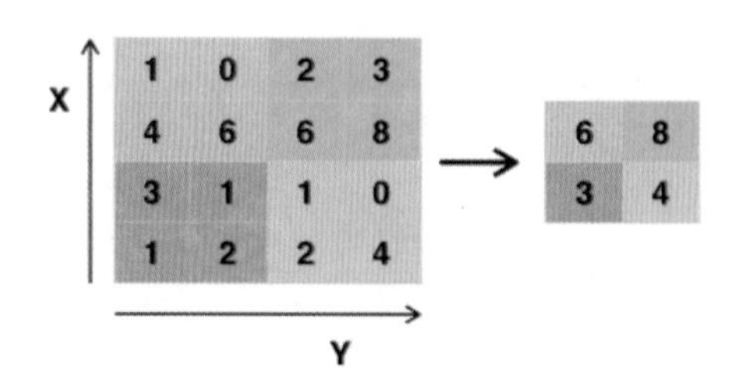


图 9-8　最大池化

### 3. 全连接

全连接是卷积神经网络中的“分类器”，实现对卷积、池化等操作获取的高级图像特征的分类输出，可以完成原始图像数据空间到样本标记空间的映射。通常情况下，全连接通过多隐层前馈神经网络实现。在著名的 AlexNet 深度神经网络模型中，其网络结构包含 5 个卷积层，3 个全连接层，并通过全连接层输出 1000 类物体的分类概率。

此外，卷积神经网络中激活函数的选择也至关重要，它决定着神经网络中神经元之间信号的非线性传递形式。在模仿生物学神经网络的相似性基础上，激活函数有助于将神经元的输出值限定在一定的范围内，并增强神经网络的非线性表征能力。常用的激活函数包括 Sigmoid 函数、Tanh 函数、ReLU 函数及其改进型。

然而，AlexNet 等卷积神经网络模型参数体量大、训练时间长，并不适于边缘智能场景。SqueezeNet 是一种轻量且高效的 CNN 模型，其参数数量是 AlexNet 的 1/5，但模型性能与 AlexNet 接近。如图 9-9 所示，SqueezeNet 的基本单元包含 1×1 卷积核的 squeeze 层和混合使用 1×1、3×3 卷积核的 expand 层，保证了在参数大幅减少的情况下尽量不损失精度。

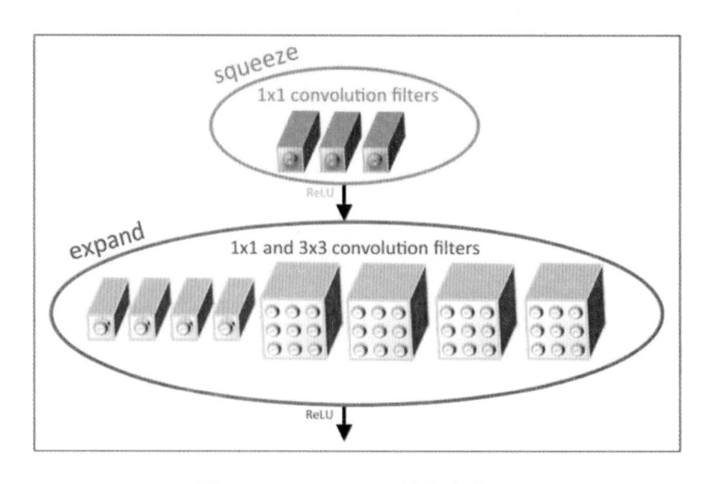


图 9-9　SqueezeNet 的基本单元

## 9.2.2　联邦学习

在智慧社区场景下，解决垃圾分类问题实践需选择联邦学习技术，出发点有两个：

一是联邦学习技术可以解决智慧社区中分散在各地的各类智能系统导致的“数据孤岛”问题，打破智慧家居、视频监控、门禁、电梯等系统自有数据共享的壁垒，让各个参与方都能获益；

二是联邦学习技术可以解决数据安全问题，生活垃圾涉及用户的生活习惯、消费情况等隐私信息，需要在边缘智能的分布式架构下兼顾基于图像的智能垃圾分类识别和用户隐私数据的保护需求。

下面从架构模型和典型平台两个方面讲解边缘智能与联邦学习的相似点以及联邦学习的“云 - 边 - 端”协同模式，以 FedVision 计算机视觉平台为例，介绍基于联邦学习的计算机视觉任务实现流程与基本配置模块。

### 1. 联邦学习的分布式架构

2016年，谷歌率先提出满足数据隐私、安全和性能要求的云边协同计算框架——联邦学习，实现了满足隐私保护和数据安全前提下的分布式机器学习，通过“本地训练模型→加密上传模型权重→服务器端综合用户模型→反馈模型改进方案”等步骤，解决了安卓手机终端用户在本地更新模型的问题（如图 9-10 所示），该模式与边缘智能的“云 - 边 - 端”架构高度吻合。

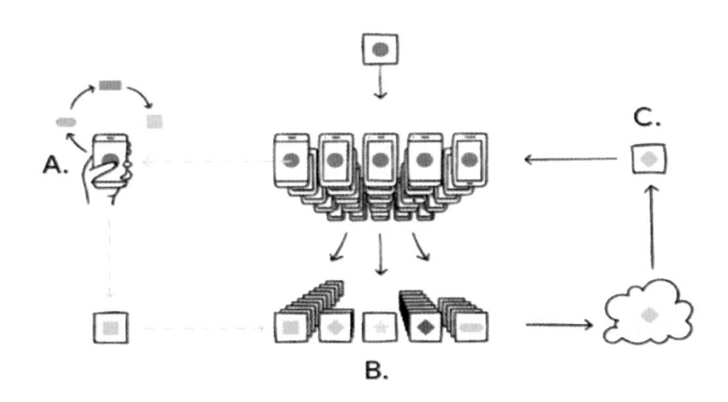


图 9-10　联邦学习框架

传统云计算具有实时性较差、能耗较大、带宽有限、不利于保护数据安全和隐私等突出问题，不能满足智慧社区场景的智能应用需求。边缘智能的“云 - 边 - 端”协同模式，可以解决 AI 算法的高算力资源需求与边缘设备算力资源少的矛盾、用户的高服务质量要求和用户数据隐私之间的矛盾、智能应用需求多样化和边缘设备能力有限之间的矛盾。因此，基于联邦学习的分布式架构有如下三种协同方式。

（1）训练 - 预测协同

云计算中心根据边缘设备上传的数据训练和升级 AI 模型，而边缘设备负责收集和清洗数据，并基于最新模型进行实时推理。

（2）云导向协同

在云导向协同方式中，云计算中心除了承担 AI 模型的训练外，还会负责一部分模型推理工作，即将 AI 模型分割，云中心负责模型前端的计算，将中间结果传输给边缘设备，边缘设备继续执行预测工作，得出推理结果。

（3）边缘导向协同

边缘导向协同方式下的云计算中心只负责初始的模型训练任务，经过初始训练的模型下载到边缘设备，边缘设备既要模型训练也要模型推理。

不同于传统的集中式模型训练方案，联邦学习的分布式架构具有典型的协同计算特点，为了保护居民数据隐私，需要云计算中心和边缘设备不断交换加密的模型中间数据，甚至需要边缘设备之间直接交换加密数据，进而实现全局模型的更新。

### 2. FedVision 平台

通常的垃圾图像分类训练流程需要将垃圾图像数据存储在云端进行集中化训练；然而，出于对隐私问题和传输视频数据的高成本考量，无法将各个来源的垃圾图像样本数据汇聚在一起，以至于在集中式存储的大型训练集上使用集中式深度神经网络模型训练方法来建立垃圾图像分类模型是非常具有挑战性的。

FedVision 是基于联邦学习的计算机视觉平台，克服了传统机器学习需要在云端存储大量数据的基础上训练强大智能模型的限制，采用了“云－边－端”分布式的模型进行“数据不动、模型参数动”的智能训练模式；它是第一个将联邦学习落地于在计算机视觉任务中的实际应用，非常适合于基于垃圾图像分类的边缘智能实践，可以保证模型在分布式训练的同时，兼顾用户数据的隐私性以及安全性。

FedVision 平台的工作流程主要包括图像标注、联邦学习模型训练、联邦学习模型更新等 3 个步骤，如图 9-11 所示。

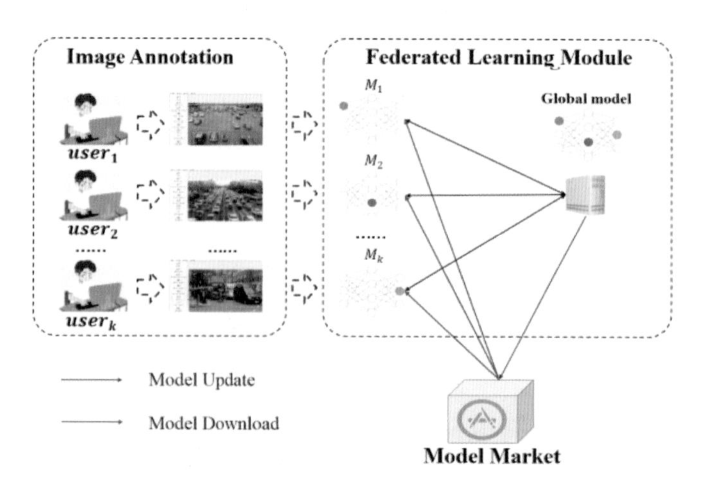


图 9-11　FedVision 平台工作流程

从系统工程角度来看，FedVision 的联邦模型训练过程既需要基础配置、任务调度、任务管理、监督等流程服务，同时也需要联邦学习服务端和客户端所提供的分布式隐私保护机器学习底层算法支持，具体流程如图 9-12 所示。

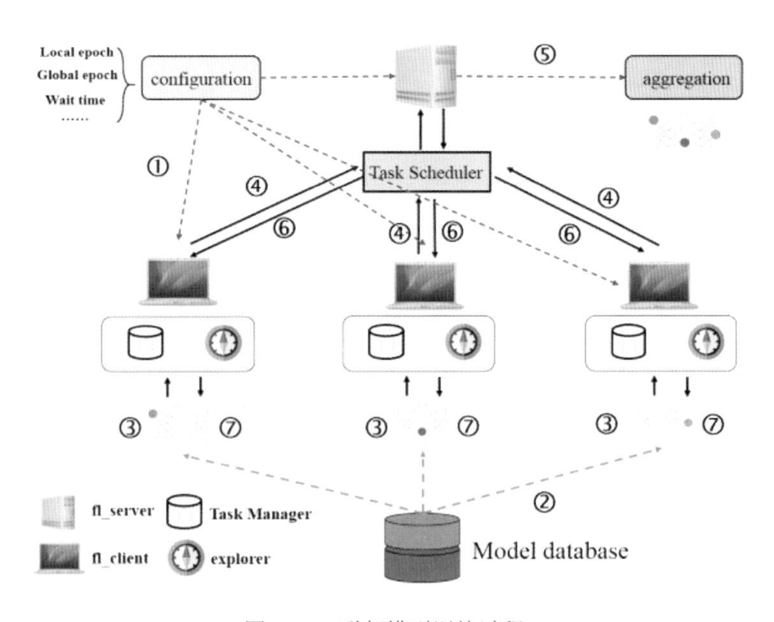


图 9-12　联邦模型训练过程

FedVision 平台包括配置模块、任务调度模块、任务管理模块、监督模块、联邦学习服务端、联邦学习客户端等 6 个模块，相关介绍如表 9-1 所示。

表 9-1　FedVision 的主要模块及功能

| 模块名称 | 功能说明 |
|---|---|
| 配置模块 | 用于配置训练信息，例如迭代次数、重连接次数、更新模型参数服务器端的 URL 和其他关键参数 |
| 任务调度模块 | 用于执行全局的分发调度，可以协调联邦学习服务器和客户端之间通信，从而在联邦模型训练过程中平衡本地计算资源的使用 |
| 任务管理模块 | 当多个算法模型被客户端同时训练时，该模块会对这些并存的联邦模型训练过程进行调度 |
| 监督模块 | 在客户端监督资源使用状况（例如 CPU 使用、内存使用、网络负载等），并将这些信息传递给任务调度模块，辅助进行负载均衡的决策 |
| 联邦学习服务端 | 负责联邦学习中模型参数更新、模型聚合和模型分发等重要步骤 |
| 联邦学习客户端 | 承载任务管理模块和监督模块的工作，以及执行本地模型训练等步骤 |

FedVision 平台的设计初衷是实现物体检测，主要采用 YOLOv3 的深度神经网络结构。而垃圾图像分类问题较为简单，只需通过深度神经网络模型输出垃圾图像的类别即可，无需给出图像中目标的坐标位置。因此，基于联邦学习的垃圾图像分类问题具有明显的技术可行性和工程可行性。此外，适合学术研究的联邦学习框架包括谷歌的 TensorFlow Federated、OpenMined 开源的 PySyft 框架、微众银行的工业级联邦学习框架 FATE 等。

# 9.3 实践案例：基于联邦学习的垃圾图像分类

本节以基于联邦学习的垃圾图像分类为例，对智慧社区场景下的边缘智能进行编程实现。其中，按照 FedVison 平台的工作流程，采用 SqueezeNet 策略对深度神经网络模型 AlexNet 进行压缩，主要步骤包括基础环境、数据集构建、模型训练与测试等。

## 9.3.1 基础环境：FATE

联邦学习的底层框架以 FATE 开源项目为主（地址为 https://github.com/ webankfintech/ fate），包括机器学习库 FederatedML、高性能服务系统 FATE Serving、建模 Pipeline 调度和生命周期管理工具 FATEFlow、可视化工具 FATEBoard、多方通信网络 Federated Network、部署管理工具 KubeFATE，其基本功能如表 9-2 所示。

表 9-2 FATE 开源项目主要模块及基本功能

| 主要模块 | 基本功能 |
|---|---|
| FederatedML | 实用的、可扩展的联邦机器学习库，包括联邦机器学习算法 FML、联邦机器学习工具和安全协议 |
| FATE Serving | 可扩展的、高性能联邦学习模型服务系统，可为生产环境提供在线联邦学习算法、在线推理管道、动态加载模型、A / B 测试实验和多级缓存等服务 |
| FATEFlow | 可为用户构建端到端的联邦学习 pipeline 生产服务，实现了 pipeline 的状态管理及运行的协同调度，提供了联邦机制下模型一致性管理以及生产发布功能 |
| FATEBoard | 为终端用户可视化和度量模型训练全过程，由任务仪表盘、任务可视化、任务管理与日志管理等模块组成，支持模型训练过程全流程的跟踪、统计和监控等 |
| Federated Network | 支持联邦学习中多方间的跨站点通信，包括元数据管理者和持有者、应用程序层传输端点、全局对象的抽象和实现等模组 |
| KubeFATE | 使用云本地技术管理联邦学习工作负载，支持通过 Docker Compose 和 Kubernetes 进行 FATE 部署 |

FATE 的基本前提运行环境包括 JDK1.8+、Python3.6、Python virtualenv、MySQL5.6+、Redis-5.0.2，在此不做赘述。

通常采用 KubeFATE 部署 FATE 框架，依赖 docker 和 docker-compose 环境支撑，具体操作步骤为：

```
# 获取安装包
wget https://webank-ai-1251170195.cos.ap-guangzhou.myqcloud.com/docker
_standalone-fate-1.4.5.tar.gz
tar -xzvf docker_standalone-fate-1.4.5.tar.gz
# 执行部署
cd docker_standalone-fate-1.4.5
bash install_standalone_docker.sh
```

安装 FATE 后，可以使用以下命令运行测试：

```
CONTAINER_ID=`docker ps -aqf "name=fate_python"`
docker exec -t -i ${CONTAINER_ID} bash
```

```
bash ./federatedml/test/run_test.sh
```

如果FATE被正确安装，那么所有单元测试都将成功通过。此外，可以访问http://hostip: 8080，看到所有任务的执行情况。

**【小贴士】“避坑”指南**

在FATE基础环境安装配置中，经常遇到docker安装、Python版本、Redis、MySQL、虚拟环境配置等问题，下面对相关问题报错及解决方案进行说明。此外，由于相关开源软件版本更新较快，所以当读者在环境配置时遇到新问题时，不要紧张，建议仔细查阅官方文档以及步骤说明，即可解决相应问题。

（1）未安装docker的问题

未安装docker的解决方法为选择yum方式安装，然后服务运行，具体执行如下命令：

```
# 安装命令
yum -y install docker-io
# 运行 docker 服务
service docker start
# 查看版本
docker -v
```

（2）Python版本问题

当报错提示为：

```
File "/usr/bin/yum", line 30 except KeyboardInterrupt
```

该提示意味着Python版本问题，其解决方法为：修改yum的Python解析版本为2.7。

（3）安装Redis的报错

当问题报错为：

```
You need tcl 8.5 or newer in order to run the Redis test
```

意味着缺少td解决包，其解决方法为：安装一下td，在/redis/src里修改配置文件，执行如下命令：

```
yum install tcl
make install PREFIX=/uer/local/redis
# 转移配置文件
mkdir -p /usr/local/redis/bin
mkdir -p /usr/local/redis/etc
```

（4）启动MySQL报错

当启动MySQL时报错为：

```
mysqld_safe error: log-error set to '/var/log/mariadb/mariadb.log'
```

表明当前操作没有路径和权限，因此，创建相应路径并授权即可解决问题。

（5）虚拟环境安装问题

当配置virtualenv和virtualenvwrapper时提示如下错误：

```
AttributeError: module 'importlib._bootstrap' has no attribute
'SourceFileLoader'
```

以上错误提示说明缺少setuptools或版本过低，只需升级工具即可解决，具体命令如下：

```
setuptools :pip install --upgrade --ignore-installed setuptools
# 然后再安装
pip install virtualenvwrapper
```

### 9.3.2 数据集构建

为提高深度神经网络模型的分类性能，可以采用手工标注、网上爬取等方式下载垃圾图像数据集，也可以下载网上公开的数据集，其中，训练集占85%，测试集占15%。部分垃圾图像数据如图9-13所示。

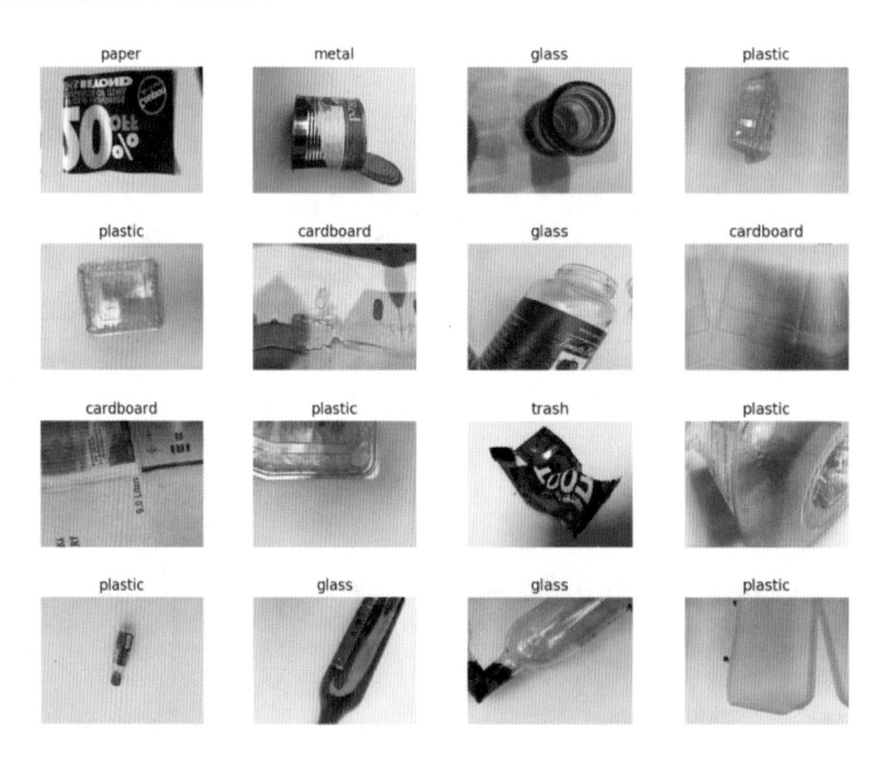


图9-13 部分垃圾分类训练数据集

部分垃圾种类文本标签如下：

```
{
    "0" : "其他垃圾/一次性快餐盒",
    "1" : "其他垃圾/污损塑料",
    "2" : "其他垃圾/烟蒂",
    "3" : "其他垃圾/牙签",
    "4" : "其他垃圾/破碎花盆及碟碗",
    "5" : "其他垃圾/竹筷",
```

```
        "6" : "厨余垃圾 / 剩饭剩菜" ,
        "7" : "厨余垃圾 / 水果果肉" ,
        "8" : "厨余垃圾 / 茶叶渣" ,
        "9" : "厨余垃圾 / 菜叶菜根" ,
        "10" : "厨余垃圾 / 蛋壳" ,
        "11" : "厨余垃圾 / 鱼骨" ,
        "12" : "可回收物 / 充电宝" ,
        "13" : "可回收物 / 包" ,
        "14" : "可回收物 / 化妆品瓶" ,
        "15" : "可回收物 / 塑料玩具" ,
        "16" : "可回收物 / 塑料碗盆" ,
        "17" : "可回收物 / 塑料衣架" ,
        "18" : "可回收物 / 快递纸袋" ,
        "19" : "可回收物 / 插头电线" ,
        "20" : "可回收物 / 食用油桶" ,
        "21" : "可回收物 / 饮料瓶" ,
        "22" : "有害垃圾 / 干电池" ,
        "23" : "有害垃圾 / 软膏" ,
    ……
    }
```

## 9.3.3 模型构建

在 9.2.1 小节讲解 AlexNet 神经网络结构时，首次在卷积神经网络中成功应用了 ReLU、Dropout 等技巧，结果显示其在图像分类中具有良好性能；然而，该网络具有 5 个卷积层和 3 个全连接层，网络参数总量超过 6000 万，这与边缘智能所需的轻量级模型并不相适应。因此，为压缩 AlexNet 骨干网络，本案例采用轻量化神经网络 SqueezeNet，利用 1*1 卷积核（实现降维和升维操作）、低卷积的通道数、降采样后置等三个策略来减少网络参数和保证性能精度。其实现需要基于 Pytorch 框架加载的 squeezenet1.0 和 squeezenet1.1 两个版本模型完成，关键代码如下：

```
    import torch
    import torch.nn as nn
    import torch.nn.init as init
    from .utils import load_state_dict_from_url
    _all_ = [ 'SqueezeNet' ,  'squeezenet1_0' ,  'squeezenet1_1' ]
    model_urls = {
        'squeezenet1_0' : 'https://download.pytorch.org/models/
squeezenet1_0-a815701f.pth' ,
        'squeezenet1_1' : 'https://download.pytorch.org/models/
squeezenet1_1-f364aa15.pth' ,
    }
```

SqueezeNet 的基本单元涉及 squeeze 层和 expand 层，使用 1*1 卷积和 3*3 卷积构建 Fire 模块，极大地压缩了参数数量，关键代码如下：

```
    class Fire(nn.Module):
        def _init_(self, inplanes, squeeze_planes, expand1x1_planes,
     expand3x3_planes):
            super(Fire, self)._init_()
            self.inplanes = inplanes
            self.squeeze = nn.Conv2d(inplanes, squeeze_planes, kernel_
size=1)
            self.squeeze_activation = nn.ReLU(inplace=True)
            self.expand1x1 = nn.Conv2d(squeeze_planes, expand1x1_planes,
     kernel_size=1)
            self.expand1x1_activation = nn.ReLU(inplace=True)
            self.expand3x3 = nn.Conv2d(squeeze_planes, expand3x3_planes,
     kernel_size=3, padding=1)
            self.expand3x3_activation = nn.ReLU(inplace=True)
```

SqueezeNet 以卷积层（conv1）开始，接着使用 8 个 Fire modules（fire2-9），最后以卷积层（conv10）结束。每个 fire module 中的 filter 数量逐渐增加，并且在 conv1、fire4、fire8 和 conv10 后使用步长为 2 的最大池化，关键代码如下：

```
    class SqueezeNet(nn.Module):
        def _init_(self, version=' 1_0' , num_classes=1000):
            super(SqueezeNet, self)._init_()
            self.num_classes = num_classes
            if version ==  '1_0' :
                self.features = nn.Sequential(nn.Conv2d(3, 96, kernel_size=7,
                  stride=2),
                    nn.ReLU(inplace=True),
                    nn.MaxPool2d(kernel_size=3, stride=2, ceilvmode=True),
                    Fire(96, 16, 64, 64),
                    Fire(128, 16, 64, 64),
                    Fire(128, 32, 128, 128),
                    nn.MaxPool2d(kernel_size=3, stride=2, ceil_mode=True),
                    Fire(256, 32, 128, 128),
                    Fire(256, 48, 192, 192),
                    Fire(384, 48, 192, 192),
                    Fire(384, 64, 256, 256),
                    nn.MaxPool2d(kernel_size=3, stride=2, ceil_mode=True),
                    Fire(512, 64, 256, 256),
                )
```

通过调用 FATE 框架的数据上传接口，即可利用垃圾分类图像数据训练卷积神经网络模型，数据上传命令为：

```
    python ${your_install_path}/fate_flow/fate_flow_client.py -f upload -c
${upload_data_json_path}
```

其中，{your_install_path} 为 FATE 的安装目录，{upload_data_json_path} 为上传数据配置文件路径。

### 9.3.4 训练与测试结果

FATE框架具有良好的可视化工具FATEBoard，可以轻松地查看训练和测试结果。因此，在上传完训练数据，并提交任务后，通过FATE框架工具可以查看训练过程，如图9-14所示。

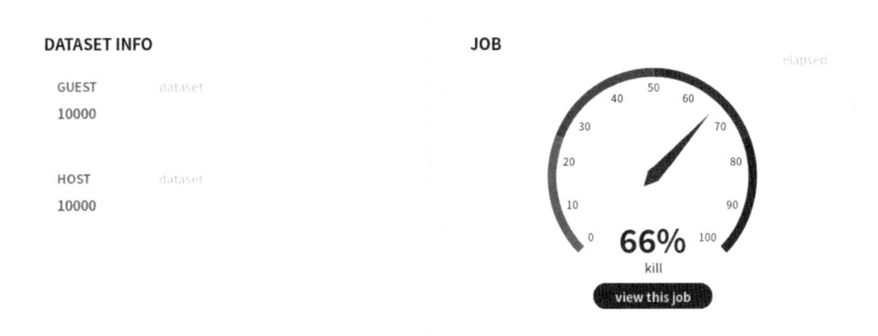


图 9-14 训练过程

在完成训练过程、数据流、角色参数配置等操作后，通过 FATE 框架工具可以查看所有结果，并可以通过切换 job 查看 guest 端和 host 端的数据和模型输出。如图 9-15 所示，auc 值、ks 值显示数据集的正样本概率以及样本累计差异率，模型输出的相关指标良好，训练速度较快。

模型性能测试评估的命令如下：

```
python {fate_install_path}/fate_flow/fate_flow_client.py -f submit_job
-c ${runtime_config} -d ${dsl}
```

其中，{runtime_config} 为运行配置文件路径，{dsl} 为 dsl 文件路径。

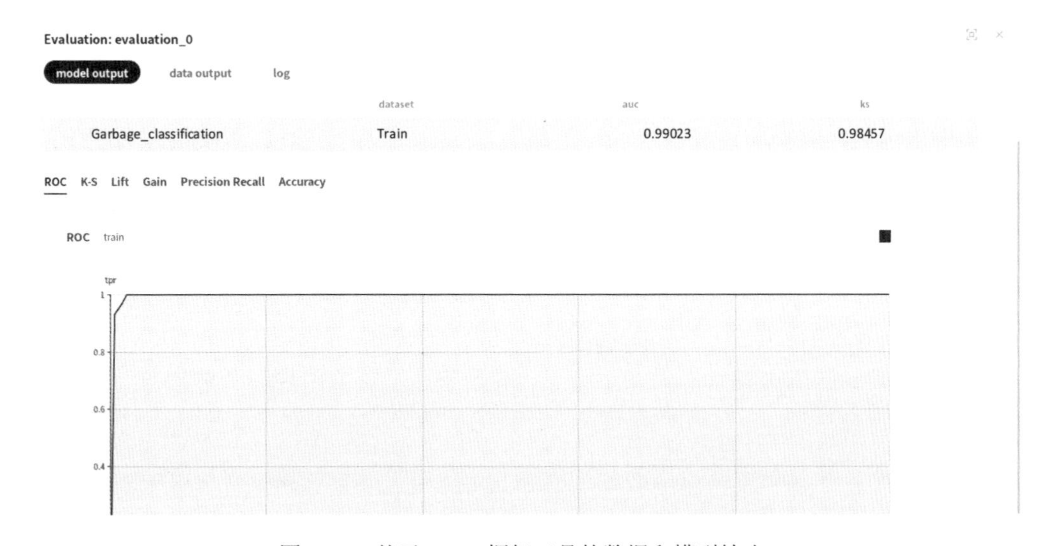


图 9-15 基于 FATE 框架工具的数据和模型输出

**【思维拓展】数据中台与联邦学习**

实现垃圾分类模型“智能”的基础既需要大量标记数据的训练，又需要深度神经网络模型的支撑。然而，目前边缘智能中的人工智能是通过大量数据不断训练模拟出来的“智能”，并非是机器自己的判断逻辑。因而，“数据孤岛”是人工智能发展的一大壁垒。尽管，数据中台和联邦学习都有助于解决“数据孤岛”问题，但二者有着本质区别。数据中台与联邦学习的关系分析如表 9-3 所示。

**表 9-3　数据中台与联邦学习的关系分析**

| | 关注点 | 关联关系 |
|---|---|---|
| 联邦学习 | 联邦学习以密码学技术为基础，可以在不共享数据的情况下进行分布式机器学习建模，重点解决数据的安全防控问题 | 在已具备数据中台的情况下，联邦学习需要进一步确定数据范围、数据粒度、数据脱敏、加密等问题 |
| 数据中台 | 数据中台是数据流处理的综合应用，通常包括数据模型、数据服务、数据开发等三层，重点解决跨域数据整合和知识沉淀、数据封装和开放共享以及数据个性化应用问题 | 数据中台可以打通各具体应用业务线的数据孤岛，为联邦学习提供良好的数据共享环境 |

因此，联邦学习是数据驱动的系统工程，可以满足隐私数据保护以及数据外协需求，而数据治理和加工需要有数据中台支持。因此，数据中台可以打通各业务线数据，并为联邦学习提供良好的数据基础环境，但并非实现联邦学习的必要条件。

## 9.4　本章小结

本章以智慧社区中垃圾分类为应用实例，利用联邦学习框架完成了基于卷积神经网络的垃圾图像分类，并面向边缘智能的轻量级 SqueezeNet 模型进行编程实践。为便于读者理解，特将本章关键知识点和实践步骤凝练如下：

（1）智慧社区是通过各种智能技术和方式，规划、设计、建造、运营、整合各类社区服务资源，为社区群众提供政务、商务、娱乐、教育、医护及生活互助等多种便民利民公共服务的智能化创新模式；

（2）智慧社区应用场景涵盖智慧防疫、智慧安防、智慧治理、智慧物业、智慧生活等方面；

（3）卷积计算是基于滤波器的局部数据非线性运算过程，通过窗口滑动来完成图像数据的遍历；

（4）FedVision 平台的工作流程主要包括图像标注、联邦学习模型训练、联邦学习模型更新等三个步骤；

（5）FATE 框架包括机器学习库 FederatedML、高性能服务系统 FATE Serving、建模 Pipeline 调度和生命周期管理工具 FATEFlow、可视化工具 FATEBoard、多方通信网络 Federated Network 以及部署管理工具 KubeFATE 等。

# 参考资源

智慧社区中的垃圾分类问题既是边缘智能应用的重要方向，又是涉及用户隐私安全的挑战性难题。联邦学习是支持隐私保护的分布式机器学习框架，与边缘智能的“云－边－端”架构高度一致，因此，利用联邦学习开源框架探索垃圾分类问题的智能化解决方案具有积极意义。下面对垃圾分类训练图像数据集构建、网络模型结构、联邦学习框架等相关的资源进行梳理，以期为读者扩展训练数据集、深化联邦学习理论研究提供一定帮助：

（1）垃圾分类图像识别 API 调用地址，https://www.tianapi.com/apiview/101；

（2）垃圾分类训练数据集地址，https://raw.githubusercontent.com/ garythung/ trashnet/ master/data/dataset-resized.zip；

（3）垃圾分类查询网站地址，https://lajifenleiapp.com/sk/；

（4）基于联邦学习的计算机视觉平台 –FedAI 中文网站地址，https://cn.fedai.org/ cases/ computer- vision-platform-powered-by-federated-learning/；

（5）PySyft 框架的开源地址，https://github.com/OpenMined/PySyft；

（6）SqueezeNet 开源地址，https://github.com/DeepScale/SqueezeNet；

（7）垃圾分类扩充数据集下载地址，https://pan.baidu.com/s/1SulD2MqZx_ U891 JXeI2- 2g（提取码：epgs）。

# 第 10 章　智慧医疗场景下的边缘智能实践

智慧医疗以边缘智能“云－边－端”架构为依托，充分利用人工智能技术在医学影像、辅助诊断、药物研发、健康数据管理、疾病预测等方面优势，提供移动化、远程化、智能化的医疗服务模式，可以创新智慧医疗业务应用，节省医院运营成本，促进医疗资源共享下沉，提升医疗效率和诊断水平，有效缓解患者看病难的问题。

本章以智能健康数据管理中医疗数据隐私保护与共享为着力点，基于联盟区块链和云原生软件开发技术对智慧医疗场景下边缘智能进行编程实战，以期为各医疗机构之间数据共享、医疗数据隐私保护等问题的解决提供技术参考。

## 10.1　实践背景

智慧医疗既是医疗技术发展趋势，也是人们对美好生活质量的基本期盼。本节分析了智慧医疗的产生背景、基本概念、应用场景，并从智慧健康数据管理角度，讨论了医疗数据隐私保护问题。

### 10.1.1　智慧医疗：患者数据获取、知识发现和远程服务模式

近年来，“看病难，看病贵”已成为中国医疗卫生事业亟待解决的难题。由于中国人口众多，总体医疗资源相对匮乏，难以满足人民群众对健康、养老日益增长的需求。只有利用信息技术深度改变现有的医疗服务模式，提高医疗资源利用率，才能从根本上破解这个难题。

随着以边缘智能为代表的新一代信息技术的发展，人工智能被广泛应用于智慧医疗领域，尤其是随着“大健康”、医疗大数据等概念的提出，民生健康已成为国家战略概念，进一步促进了智慧医疗的发展。早在 2008 年，IBM 首次提出“智慧医院”概念，通过建立以病人为中心的医疗信息管理和服务体系，以期实现医疗信息互联、共享协作、临床创新、诊断科学以及公共卫生预防等功能。

在大多数医疗场景中，在不打破原有规则下不可能同时实现提高医疗质量、增加医疗服务可及性和降低医疗服务成本的目标。只有通过引入新的技术变量改变活动方式、产业构成以及社会法度，才能使医疗场景中所有变量同时往一个方向发展。因此，依托新一代

信息技术的智慧化医疗模式应运而生。

智慧医疗是一种以患者数据为中心的医疗服务模式，通过数据获取、知识发现和远程服务三个阶段实现患者与医务人员、医疗机构、医疗设备之间的智能化互动，三个阶段的逻辑关系如图 10-1 所示。数据获取由智能医疗边缘端完成，知识发现主要依靠医疗云端强大的大数据处理能力进行，远程服务由“云 - 边 - 端”服务共同支撑。

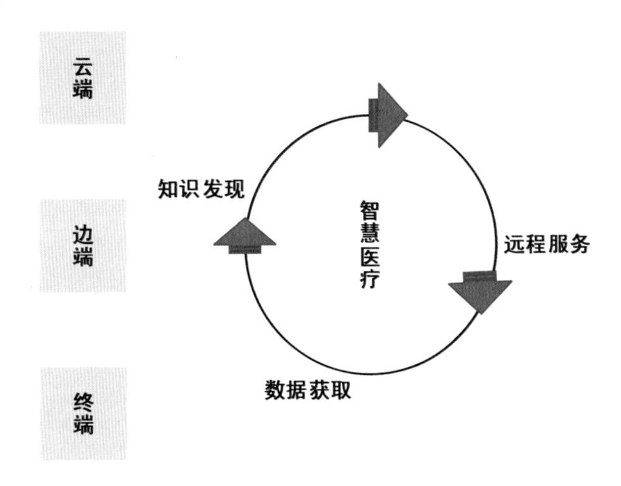


图 10-1　智慧医疗模式逻辑框图

智慧医疗有助于提高医疗机构的内部运转效率，实现跨区远程医疗资源共享协作、个人健康管理和精准医疗服务。目前，以智能医学影像、智能辅助诊断、智能药物研发、智能健康数据管理、智能疾病预测在内的智慧医疗领域取得了较大进展。结合医疗业务特征，以及边缘智能“云 - 边 - 端”架构，可以将智慧医疗落地于以下的 5 个应用场景中。

（1）智能医学影像

智能医学影像能够为医生阅片和勾画提供参考，解决病灶识别与标注、靶区自动勾画与自适应放疗、影像三维重建等问题。

（2）智能辅助诊断

智能辅助诊断可以提供医学影像、电子病历、导诊机器人、虚拟助手等服务，通过医院脱敏病例数据和临床经验实现智能语音录入、自然语言识别、临床决策、智能问诊等功能。

（3）智能药物研发

智能药物研发可以缩短传统药物的研发周期，降低时间、人力成本和失败率；智能药物研发包括药物研发和临床试验两个阶段。

（4）智能健康数据管理

智能健康数据管理可以基于智能穿戴硬件设备和疾病相关数据的积累，实现糖尿病和高血压等慢性病数据管理、母婴数据管理、精神健康数据管理和基本人口健康数据管理等。

（5）智能疾病预测

智能疾病预测可以通过基因测序和检测，提前预测疾病发生的概率。同时，可以关联生化、行为、影像等日常数据来预测疾病发生情况。

我国的智慧医疗应用以AI医学影像技术为主，其中，百度发布了医疗大脑，包括智能分导诊、AI眼底筛查一体机、临床辅助决策支撑系统等产品；阿里健康发布了医疗AI系统“Doctor You”和ET医疗大脑；腾讯发布了首款AI影像产品“腾讯觅影”。然而，影像只是智慧医疗数据的一小部分，如何解决医疗数据安全和数据孤岛难题，实现个人医疗数据保护和可追溯，切实提升病患就医体验，应当成为智慧医疗发展着重解决的问题。

### 10.1.2 医疗数据隐私保护

在智慧医疗中，智慧健康数据管理与公民个人信息关系最为紧密，也是人工智能在智慧医疗中最直接的数据支撑，然而，不同医院各类医疗系统通常互不兼容，加之相关隐私保护法律规范的约束和公民的隐私保护需求，隐私数据的“孤岛”问题尤为突出。目前，打通各类医疗系统的数据壁垒已不存在技术瓶颈，但医疗数据隐私保护涉及法律、伦理、技术等多方面因素，需要予以重点关注和研究。

具体讲，医疗数据是患者的宝贵资料，包括患者的个人隐私和一般信息数据。所谓患者的隐私，就是患者在医疗机构接受医疗服务时所表现出的涉及患者自身，因诊疗服务需要而被医疗机构合法获悉，需要通过特定法律手段或者经过信息持有者的同意才可获得的信息内容。

然而，目前不同医院的医疗系统信息大多不能相互通用，导致患者每到一个医院需要重新办理医疗卡记录医疗信息。同时，医疗健康记录数据的安全极为敏感，使用传统数据库来实现医疗信息共享往往会因没有职业道德的工作人员倒卖泄露，对患者造成进一步的损失。因此，智慧医疗场景下医疗人员与患者迫切需要实现各医院间医疗信息共享，并保证患者信息不被泄露。

医疗数据中个人电子健康记录（Electronic Health Records，HER）包括个人身份信息、诊断信息、病历信息、用药信息、治疗信息和住院信息等方面，极易成为黑客窃取、篡改攻击的目标，同时新一代信息技术在智慧医疗领域的应用也势必带来信息安全风险。2017年，某医疗服务信息系统遭黑客入侵，超过7亿条公民信息遭泄露，8000余万条公民信息被贩卖；2018年全年美国共发生18起涉及医疗记录的数据泄露事件，被泄露的医疗记录数量超过10万份；2019年，有超过7.37亿个放射图像“裸奔”于互联网，涉及2000多万人和52个国家的患者。由此可见，医疗数据隐私保护迫在眉睫。

就HER数据而言，国家可以通过健康档案管理，掌握居民的整体健康水平以及公众的疾病情况，有利于实现公共卫生服务的均等化；公民可以利用健康档案得到更好的医疗服务，提高生命质量的同时降低医疗花费；医疗机构医务人员可以快速、准确、直观地了解病人的病情以及病史，缩短确诊时间，而且大量的电子健康记录为医疗机构进行医学研究提供了数据基础。因此，如何在保证用户个人隐私的基础上实现安全的数据共享成为智慧医疗的关键。

经典的医疗数据隐私保护方法中，标识符隐私匿名保护通过损失部分数据属性来保证数据的安全性；基于访问控制的分级隐私保护可以通过完整的分级制度对参与人员角色权限、访问内容，进行统一地授权管理，在医疗数据的存储、访问、应用等环节形成系统性的保护。

在医疗数据隐私保护的前沿技术方面，可以分为以下几个方向：

- 联邦学习可以在分布式服务器上训练算法，而不需要交换数据样本，但这样会导致能耗、计算和网络的需求增大；
- 差分隐私通过在采集个人信息时加入噪声来保护原始数据，但同时会导致数据准确性的下降；
- 同态加密可以允许对加密数据进行计算，但受限于计算速度和计算成本。

此外，医疗数据隐私保护的难点之一在于医疗数据的归属不明。一方面，医疗数据反映了患者的健康状况等个人信息，可以归患者所有。另一方面，医疗数据是医疗机构的诊疗结果，亦可以归属于医疗机构。因此，明确相关隐私保护法律条文，加快技术研发，推动数据流通与共享安全，解决医疗数据防篡改、防泄漏难题是智慧医疗中健康数据管理的重要基础性工作。

## 【思维拓展】隐私保护法律规范

如表 10-1 所示，世界多国和地区都制定了大量个人隐私保护相关的法律规范，但隐私泄露问题仍然不断爆发。尤其，2018 年 5 月欧盟实施了史上最严的《通用数据保护条例（General Data Protection Regulation，GDPR）》，以保护公民数据隐私。

表 10-1　国内外隐私保护相关法律规范

| 国家与组织 | 名　　称 | 内　　容 |
| --- | --- | --- |
| 中国 | 《民法典》（2021 年 1 月） | 明确定义隐私权，任何组织或者个人不得以刺探、侵扰、泄露、公开等方式侵害他人的隐私权 |
| | 《移动互联网应用程序个人信息防范指引》（2020 年 3 月） | 对疫情期间个人信息的收集和使用提出相应指引 |
| | 《网络安全实践指南》（2019 年 6 月） | 规范移动互联网应用基本业务功能的必要信息 |
| | 《信息安全技术个人信息规范》（2018 年） | 规范个人信息控制者在收集、保存、使用、共享、公开披露等信息处理环节的相关行为 |
| | 《互联网个人信息安全保护指引》（2018 年） | 保障网络数据安全和公民合法权益 |

续上表

| 国家与组织 | 名　称 | 内　容 |
| --- | --- | --- |
| 中国 | 《国家情报法》（2017 年） | 不得泄露商业秘密和个人信息 |
| | 《网络安全法》（2017 年） | 网络运营商不得侵害个人信息 |
| | 《反恐怖主义法》（2016 年） | 泄露个人隐私追究法律责任 |
| 欧盟 | 《个人数据保护指令》（1995 年） | 强调个人信息保护 |
| | 《通用数据保护条例》（2018 年） | 对于违反数据处理原则、违反同意规则要求、损害数据主体合法权利等行为，予以重罚 |
| 美国 | 《隐私权法》（1974 年） | 保护公民隐私权 |
| | 《医疗保险便携与责任法》（1996 年） | 保护可识别个体的健康信息 |
| | 《生物信息隐私法案》（2008 年） | 伊利诺伊州颁布，是美国境内第一部规范“生物标识符和信息的收集，使用，保护，处理，存储，保留和销毁”的法律 |
| | 《澄清域外合法使用数据法》（2018 年） | 规定只要是在美国实际开展业务的公司，无论数据存储在何处，都属美国管辖。 |
| | 《加州消费者隐私法》（2018 年） | 加利福尼亚州颁布，美国目前最全面和严格的隐私法，赋予消费者可以要求删除个人数据、要求机构公开如何收集和共享信息、不得出售个人数据等权力 |
| 日本 | 《个人信息保护法》（2005 年） | 确保个人信息有效利用的同时保护个人信息安全 |
| 法国 | 《联邦数据保护法》（1977 年） | 保护隐私权 |
| 联合国 | 《公民权利和政治权利国际公约》（1966 年） | 为保护隐私，可以不公开刑事审判 |

## 10.2 技术梳理

为实现智慧医疗场景下医疗健康数据的隐私保护，按照边缘智能体系架构，本节从联盟区块链医疗数据管理和云原生软件开发技术出发，构建面向数据隐私保护和共享的医疗管理系统开发技术栈。

### 10.2.1 联盟区块链医疗数据管理

医疗数据的有效共享可提升整体医疗水平，降低患者的就医成本，但目前医疗数据共享是敏感话题，是智慧医疗行业应用发展的痛点和关键难题，这主要源于患者对个人敏感信息的隐私保护需求。区块链具有去中心化、匿名化等特性，可以安全、合法地管理医疗健康数据，为解决医疗数据共享难题提供了潜在的解决方案。下面将介绍医疗数据共享与区块链、联盟区块链与医疗数据管理的相关技术。

#### 1. 医疗数据共享与区块链

随着区块链技术的日益普及和发展，智慧医疗场景下的医疗数据共享出现了安全、可信的新模式，即将不同医疗机构之间的患者历史就医记录上传到区块链平台，相应数据提供者可以授权用户对患者数据的访问，这样可以在数据流通过程中保护病人数据隐私，解决信任问题，也可以降低运营成本。

区块链作为一种由密码学支撑的、可验证的、不可篡改的分布式账本，可以通过事务记录和对事务记录有效性的分布式共识来保障分布式不可信环境中的安全交互，可以为智慧医疗场景下数据共享与隐私保护提供支撑。

医疗数据共享的基础是基于区块链的数据存储，主要涉及区块、交易单和医疗数据存储等方面。如图 10-2 所示，在医疗区块链中，一条区块链由多个记录着前一区块 ID 的区块组成，而每个区块又包含了若干交易单。这些交易单是实际存储区块链数据的载体。举例来讲，一条区块链可以看作是一个数据库，构成区块链的每一个区块可以看作是数据库中的一张表，交易单可以看作是每张表上的一条记录。

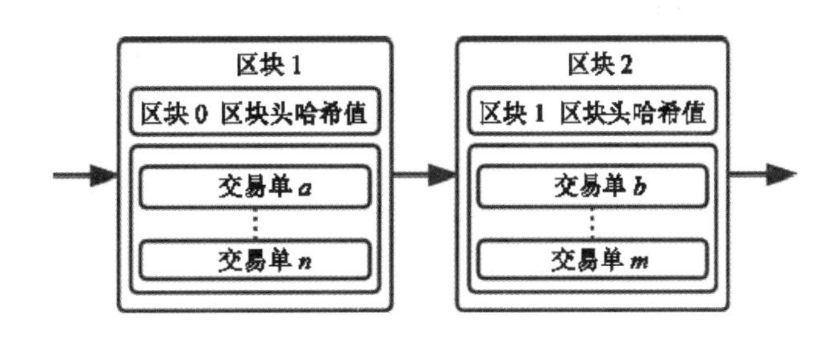


图 10-2　区块链构成

医疗信息交易单中存储的信息包括患者信息、医生信息、医疗记录信息、各节点的信息等。交易单实际上是传统数据库每张表里每条数据记录的载体，而交易单内容相当于每条记录，主要包括以下三类信息。

（1）实体类信息

实体类信息主要用于记录患者、医疗人员等实体的详细信息，如患者的身份证号、姓名、性别、年龄、婚姻状况、联系方式等个人信息；同时也包含患者所拥有的密钥中的公钥信息。

（2）医疗类信息

医疗类信息主要用于记录患者的相关医疗信息，例如，就诊时间、就诊地点、就诊的具体情况等。

（3）实体 - 信息关联类信息

实体 - 信息关联类信息主要用于关联实体与医疗信息或其他敏感信息，因此该类信息需要进行加密操作，防止实体的隐私泄露。

在医疗数据存储主要是对现有医疗系统的整合，包括医院信息系统（Hospital information system, HIS）、临床管理信息系统（Clinic information system, CIS）、医学影像归档和通信系统（Picture archiving and communication systems, PACS）、实验室检验信息系统（Laboratory information system, LIS）和电子病历（Electronic medical record, EMR）等；其参考存储架构如图 10-3 所示。

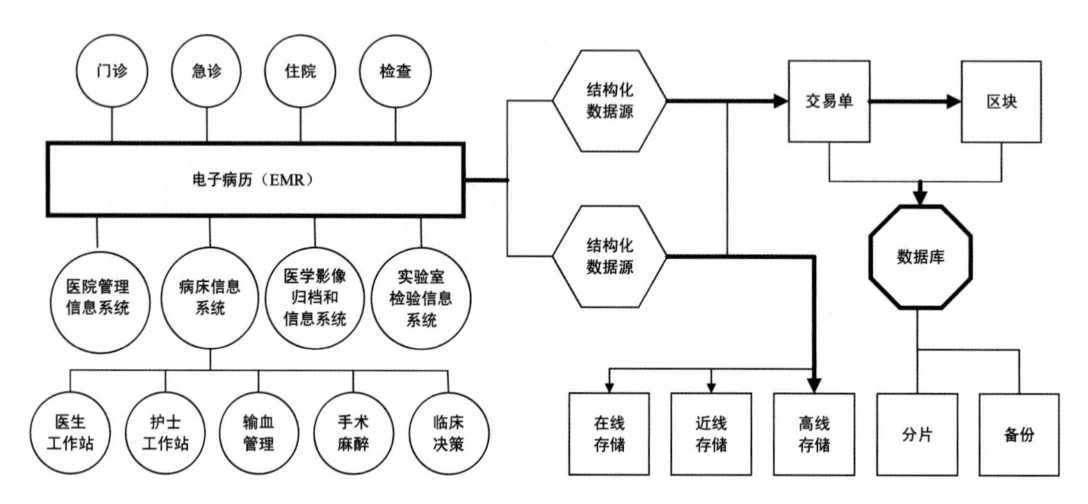


图 10-3　医疗数据存储架构

在区块链中仅存储医疗健康记录数据的链接，而非实际的医疗数据，这样既可以对患者动态医疗数据进行监控，也可以最大限度地减少节点间共享的敏感数据，发挥兼具互操作性的区块链优势。目前，医疗区块链系统大多采用工作量证明（Proof of work, POW）、权益证明（Proof of stack, POS）和股份授权证明（Delegate proof of stack, DPOS）等 POX 系列共识算法来达成分布式共识。

### 2. 医疗数据管理与联盟区块链

如图 10-4 所示，区块链包括公有链、私有链和联盟链三种形式。其中：

- 公有链的任意节点均可接入区块链服务，具有较强的去中心化特征，例如比特币、以太坊等；
- 私有链只由单个区块链服务客户使用，仅有授权的节点才能接入，并按照规则参与共识和读写数据；
- 联盟区块链（Consortium blockchain），简称联盟链，是指管理着多个组织的区块链，它仅允许系统内的机构读取、写入数据和发送交易，具有交易速度快、权限控制强、交易成本低等优点，在保留利益差异的同时更容易寻求共同点，去中心化特征较弱，例如 Hyperledger Fabric。

在医疗数据管理中，相关参与实体是独立的医疗机构，其行政、财务等是完全独立的；同时这些实体接受政府监督与管理，且有严格的准入和分级制度限制。这与联盟区块链的组织架构与工作模式高度一致。因此，联盟区块链更符合智慧医疗场景要求，可以在应用中最大化区块链技术的数据管理特性，从而降低数据共享场景下不同单位非信任环境中交易的信任成本。所以，可以将医疗区块链定义为一种联盟区块链。

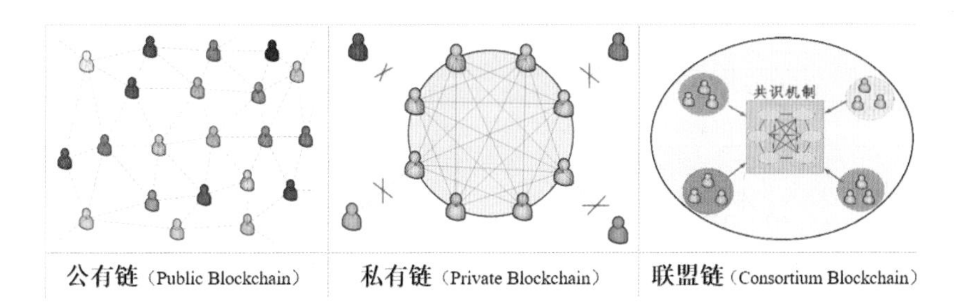


图 10-4　区块链的三种类型

通常，基于联盟区块链的医疗数据管理主要包括存储管理、节点管理和用户管理等三个部分：

- 存储管理指的是在逻辑上如何将医疗数据存储到区块链上，以及区块链如何实际地存储在各种存储设备上；
- 节点管理是指对运行区块链系统的各个节点的管理；
- 用户管理指的是对参与者的认证与权限管理。

如图 10-5 所示，在典型的联盟区块链架构中，客户端发起交易并进行签名，签名后发给联盟节点，服务器端根据交易请求，校验交易签名和交易证书等信息；然后将交易推送给共识模块，并通过 P2P 模块进行广播；随后开始节点间的共识。执行模块和虚拟机模块在收到共识模块的交易信息后，具体的交易执行会以智能合约等形式在虚拟机中进行。交易变化量会被保存在执行模块中，交易结果的 Hash 会返回给共识模块用于执行结果的比对。

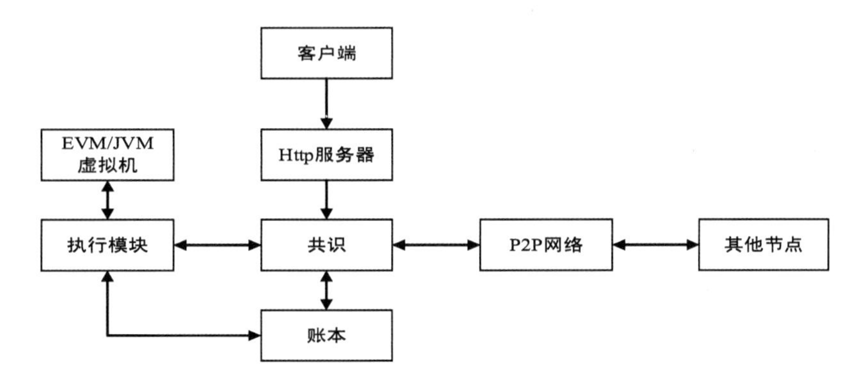


图 10-5　典型的联盟区块链架构

此外，作为联盟区块链的重要实现框架，超级账本项目包括 Hyperledger Fabric、Hyperledger Sawtooth、Hyperledger Indy、Hyperledger Iroha、Hyperledger Burrow 以及工具软件 Hyperledger Caliper 等子项目，相关项目基本情况如表 10-2 所示。

表 10-2　超级账本相关项目基本情况

| 项目名称 | 基 本 情 况 |
| --- | --- |
| Hyperledger Fabric | 该项目用模块化架构作为开发区块链应用程序或解决方案的基础，允许一些部件（如共识和成员服务）变成即插即用服务 |
| Hyperledger Sawtooth | 该项目是创建、部署和运行分布式账本的模块化平台，共识算法采用经历时间证明(Proof of Elapsed Time，PoET）机制 |
| Hyperledger Indy | 支持去中心化身份的一种分布式账本，提供基于区块链或者其他分布式账本互操作创建和使用独立数字身份的工具、代码库和可重用组件 |
| Hyperledger Iroha | 易于将分布式账本技术与基础架构型项目集成而设计的区块链框架项目 |
| Hyperledger Burrow | 支持经许可的智能合约解释器，部分建立在以太坊虚拟机（EVM）规范基础上 |
| Hyperledger Caliper | 可以测试区块链功能，给出区块链中时延、系统资源占用等性能指标报告 |

在超级账本项目中，Hyperledger Fabric 提供了成员关系服务、共识服务、链码服务、安全与密码服务等，其整体架构与边缘智能“云－边－端”分布式架构高度吻合。如图 10-6 所示，其核心组件包括身份管理（Identity）、智能合约（Smart Contact）、账本管理、交易管理（Ledger&Transactions）等部分。

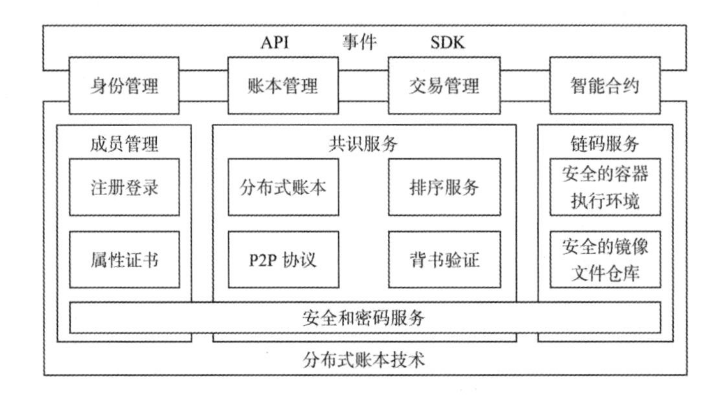


图 10-6　Fabric 整体逻辑架构

## 10.2.2　云原生软件开发

云原生是利用云计算交付模型构建、运行应用的方式，其软件开发的三大特征包括 Docker 容器、kubernetes 编排和微服务架构；同时云原生强调通过自动化提升开发和运维效率。为实现基于联盟区块链的医疗数据管理，下面对云原生软件开发的相关技术细节进行讲解。

### 1. 微服务

微服务架构（Microservice Architecture）是不断从单体架构、分布式架构、面向服务架构演进而来的软件架构风格，可以利用 API 通讯和模块化组合方式构建大型应用系统。具有如下特点：

- 轻量级通信协议（Lightweight Communication Protocol）可以支撑各个分布式微服务应用程序之间的通信，可分为同步和异步协议两种模式；
- 中心化数据管理（Decentralized Data Management）可以保持微服务多样化的数据持久化特性，并支撑不同类型的数据库存储模式；
- 基础设施自动化（Infrastructure Automation）可以完成自动化软件开发、测试、部署等流程，并提高产品的质量、连续集成和交付能力。

与边缘智能的“云－边－端”架构类似，微服务架构的本质是分布式系统，具有服务粒度更小、数据更多元、交互更复杂等特点。与传统面向服务的 SOA 架构的水平分层服务不同，微服务通常是直接面对用户需求的垂直服务，更便于敏捷开发和快速迭代部署。

### 2. Docker 容器虚拟化

Docker 是一种用于开发、交付、运行应用程序的开源容器技术，能运行于单个操作系统之上。与 KVM 等虚拟化技术不同，多个独立 Docker 应用服务可以在同一个操作系统上运行轻量级虚拟化程序，资源利用率更高，并具有如下特点：

- 更快速地交付和部署：开发者可以基于并引用各种标准镜像来构建自己特定功能的镜像，运维人员可以直接应用镜像进行部署；
- 更轻松地迁移和扩展：Docker 容器可以在包括物理机、虚拟机、公有云、私有云、混合云等各种平台上运行，跨平台支持能力非常强；
- 更简单地管理和维护：基于 Docker 容器的镜像支持以增量的方式更新和分发，而且支持版本号操作，便于管理和维护。

Docker 以守护进程（Docker Daemon）为底层支撑，对外提供 RESTful 接口（REST API）和命令行（Client Cli）交互，并以镜像、容器、通信网络和数据卷作为主要组件，其架构如图 10-7 所示。因此，Docker 容器虚拟化可以作为微服务的交付载体。

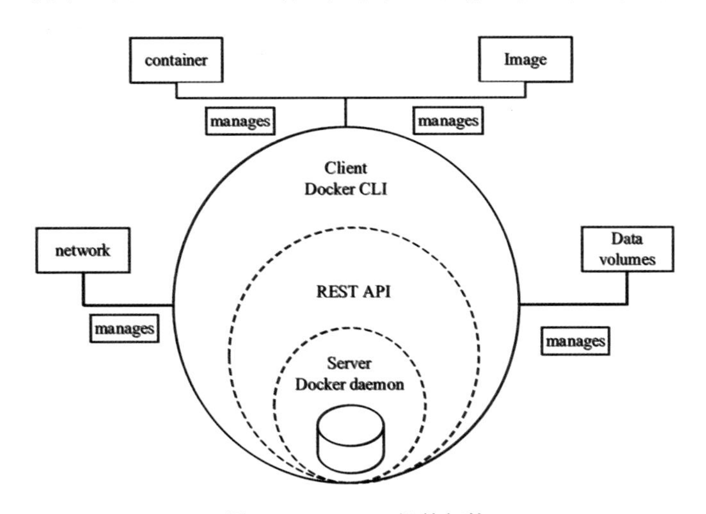


图 10-7　Docker 组件架构

### 3. Kubernetes 工具

Kubernetes 工具来源于谷歌大规模应用容器技术的经验积累和升华，是基于 Docker 容器技术的分布式集群管理方案，为容器化的应用提供了资源调度、部署运行、服务发现、扩容缩容、滚动升级、健康监控等系列功能。Kubernetes 与“云 - 边 - 端”的分层架构相似，如图 10-8 所示，kubelet 管理全局 Pod，每一个 Pod 承载着一个或多个容器，kube-proxy 负责网络代理和负载均衡。Kubernetes 节点外部对应的控制管理服务器，负责节点的统一管理调度。

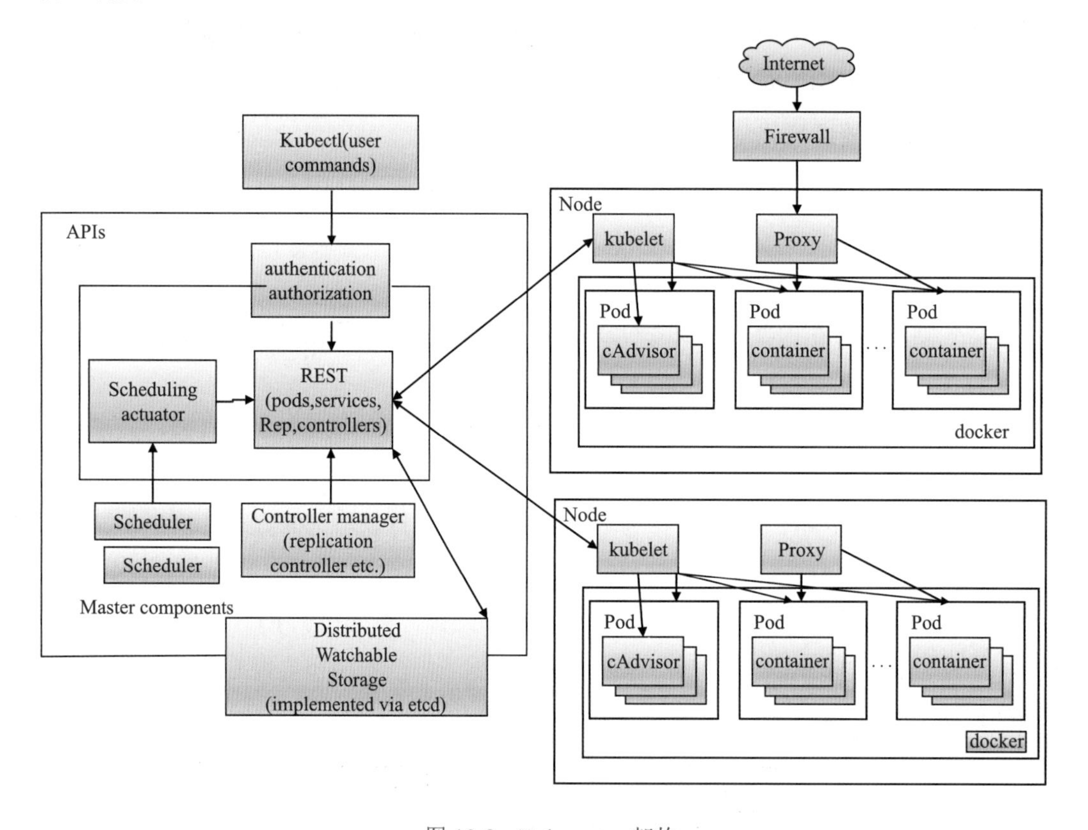


图 10-8　Kubernetes 架构

以边缘智能“云 - 边 - 端”架构为依托，通过整合微服务、Docker 容器虚拟化和 Kubernetes 编排工具等云原生软件开发组件，面向隐私保护和数据共享的联盟区块链医疗数据管理系统的技术栈已经梳理完成，下面将从编程应用角度进行实战解析。

# 10.3　实践案例：基于联盟区块链的医疗数据隐私保护方案

智慧医疗场景下的边缘智能实战以医疗数据隐私保护为主要目标，以微服务框架为基础，利用 Fabric 联盟区块链实现医疗数据的基本存储管理等功能。主要包括总体框架设计、基础环境部署、关键功能实现等三个重要步骤。

## 10.3.1　总体框架设计

联盟区块链 Fabric 主要以面向网络编程的 Go 语言实现，微服务方面使用简化版的微服务工具集 Micro、开源远程过程调用协议框架 grpc、分布式服务发现与配置工具 consul 来共同搭建，基本功能包括基于微服务核心模块、Fabric 核心模块等。联盟区块链医疗数据管理系统框架及逻辑构成关系与边缘智能的分布式架构一致，如图 10-9 所示。

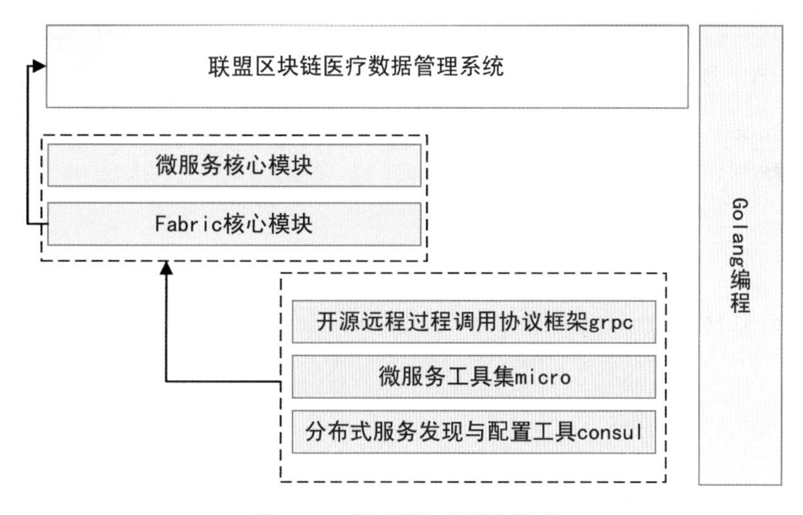


图 10-9　总体框架和逻辑构成

## 10.3.2　基础环境部署

基础环境准备部分主要包括超级账本 Fabric 环境搭建和微服务 Micro 框架搭建，共同为联盟区块链和微服务架构软件开发提供底层支持。

### 1. Fabric 环境搭建

主要包括 Docker 容器、Go 语言以及 node.js 的安装，其中，Docker 所需的基础软件安装在第 9 章已经涉及，在此不做赘述。在安装 Go 语言时，其安装包下载地址如下：

```
https://golang.org/dl/ - 国外
https://studygolang.com/dl - 国内
```

部署 Hyperledger Fabric 的主要包括可执行程序下载、测试实例下载和 Fabric 镜像下载等步骤，其中，fabric-sample 用于联盟区块链的实例测试，自带实例包括转账 balance-transfer、基本网络 basic-network、链码 chaincode、chaincode-docker-devmode 以及汽车信息管理案例 fabcar 等，测试实例克隆命令如下：

```
sudo git clone https://github.com/hyperledger/fabric-samples.git
```

在具备了 Fabric 的基础配置环境后，即可生成并启动 Fabric 网络（也称作 first-network 测试），生成 Fabric 网络的命令如下：

```
sudo ./byfn.sh -m generate
```

输出结果如下：

```
    Generating certs and genesis block for channel 'mychannel' with CLI timeout
of '10' seconds and CLI delay of '3' seconds
    Continue? [Y/n] y
    proceeding ...
    /home/smallone/go/hyperledger/fabric-samples/first-network/../bin/cryptogen
    ##########################################################
    ##### Generate certificates using cryptogen tool #########
    ##########################################################
    + cryptogen generate --config=./crypto-config.yaml
    org1.example.com
    org2.example.com
    + res=0
    + set +x
    /home/smallone/go/hyperledger/fabric-samples/first-network/../bin/configtxgen
    ##########################################################
    #########  Generating Orderer Genesis block ##############
    ##########################################################
    CONSENSUS_TYPE=solo
    ……
```

生成 Fabric 网络后，即可得到证书（certs）和联盟区块链的第一个区块，即创世区块（genesis block），然后通过自动化脚本 byfn.sh 启动刚刚创建的区块链网络，启动网络命令如下：

```
sudo ./byfn.sh up
```

输出结果如下：

```
    Starting for channel 'mychannel' with CLI timeout of '10' seconds and
CLI delay of '3' seconds
    Continue? [Y/n] y
    proceeding ...
    LOCAL_VERSION=1.4.0
    DOCKER_IMAGE_VERSION=1.4.0
    Creating network "net_byfn" with the default driver
    Creating volume "net_peer0.org2.example.com" with default driver
```

```
Creating volume "net_peer1.org2.example.com" with default driver
Creating volume "net_peer1.org1.example.com" with default driver
Creating volume "net_peer0.org1.example.com" with default driver
Creating volume "net_orderer.example.com" with default driver
Creating peer0.org2.example.com ...
Creating orderer.example.com ...
Creating peer1.org2.example.com ...
Creating peer1.org1.example.com ...
……
```

从上述输出结果可以看到，我们在 Fabric 区块链网络中启动了一个排序节点（orderer）和两个组织（org1 和 org2），每个组织包括两个 peer 节点（peer0 和 peer1），Fabric 的运行时架构如图 10-10 所示。

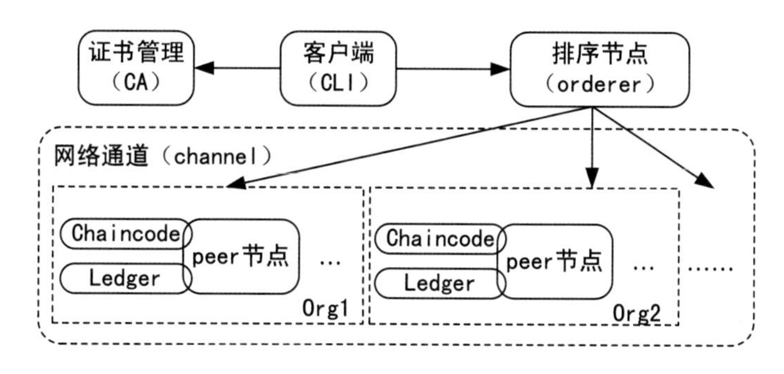


图 10-10　Fabric 运行时架构

至此，Hyperledger Fabric 环境搭建完成。

### 2. 微服务框架搭建

微服务是分布式系统解决方案中较小的独立功能单元，而微服务架构是将复杂系统拆分成轻量级组件并进行整合的设计方法，可以概括为“分而治之，合而用之”。其中，Micro 微服务是用 Go 语言创建的微服务简洁工具集合，其安装包括下载、编译等流程。其中下载命令如下：

```
$ go get -u -v github.com/go-log/log
$ go get -u -v github.com/gorilla/handlers
$ go get -u -v github.com/gorilla/mux
$ go get -u -v github.com/gorilla/websocket
$ go get -u -v github.com/mitchellh/hashstructure
$ go get -u -v github.com/nlopes/slack
$ go get -u -v github.com/pborman/uuid
$ go get -u -v github.com/pkg/errors
$ go get -u -v github.com/serenize/snaker
$ go get github.com/micro/micro
```

编译安装 Micro 时，还需要下载相关插件，其中，Protobuf 用于定义微服务，便于服务的编译和进一步开发，其命令如下：

```
$ cd $GOPATH/src/github.com/micro/micro
$ go build   -o micro  main.go
$ sudo cp micro /bin/
# 插件安装
go get -u -v github.com/golang/protobuf/{proto,protoc-gen-go}
go get -u -v github.com/micro/protoc-gen-micro
```

至此，支撑联盟区块链医疗数据管理系统开发的微服务框架配置完成；我们来创建一个新的微服务，命令如下：

```
    new       Create a new Micro service by specifying a directory path
relative to your $GOPATH
    # 创建通过指定相对于 $GOPATH 的目录路径，创建一个新的微服务。
    USAGE:
    # 用法
    micro new [command options][arguments...]
    --namespace "go.micro" Namespace for the service e.g com.example
    --type "srv"     Type of service e.g api, fnc, srv, web
    --fqdn    FQDN of service e.g com.example.srv.service (defaults to
namespace.type.alias)
    --alias   Alias is the short name used as part of combined name if
specified
```

### 10.3.3 功能实现

医疗数据隐私保护功能主要涉及以下两部分：

（1）区块链的数据存储和链码开发，即利用 Fabric 联盟区块链完成医疗数据的基本存储、智能合约链码编程；

（2）基于 Micro 微服务框架的基本调试。

下面首先从功能实现角度对区块链数据存储和链码开发涉及的 Fabric 核心模块进行讲解，其基本运行架构与图 10-10 一致，在初始化区块链网络基础上，存储原始医疗字符串数据，并进行智能合约链码编写。

#### 1. Fabric 核心模块

Fabric 基础环境部署和编译成功后会具有如表 10-3 所示的 5 个核心模块。其中，peer 和 orderer 属于系统模块，cryptogen、configtxgen、configtxlator 属于工具模块，负责证书文件、区块链创始块、通道创始块等相关文件和证书的生成工作。

表 10-3　Fabric 的核心模块

| 模块名称 | 功　能 |
| --- | --- |
| peer | 主节点模块，负责存储区块链数据，运行维护链码 |
| orderer | 交易打包，排序模块 |
| cryptogen | 组织和证书生成模块 |

续上表

| 模块名称 | 功　　能 |
| --- | --- |
| configtxgen | 区块和交易生成模块 |
| configtxlator | 区块和交易解析模块 |

实现 Fabric 核心功能需要按照清空环境配置、生成证书文件、生成创世区块、生成创世交易、启动容器等步骤进行，其中，排序节点（orderer）是账本维护、共识排序、区块分发等服务的关键；通道（channel）是排序节点隔离 peer 节点信息的重要机制，是区块链正常运行医疗数据存储的基础。创建 orderer 和 channel 的初始块命令为：

```
    configtxgen -profile ItcastOrgOrdererGenesis -outputBlock ./channel-
artifacts/genesis.block
    configtxgen -profile TwoOrgsChannel -outputCreateChannelTx ./channel-
artifacts/channel.tx -channelID mychannel
```

peer 模块在 Fabric 中主要负责存储区块链数据、运行维护链码、提供对外服务接口等工作，医疗数据的认证存储主要在此进行，相关命令行和常用参数如下：

```
    # 通过 docker 启动 peer 节点的镜像文件，可查看相关操作命令
    $ docker run -it hyperledger/fabric-peer bash
    $ peer --help
    Usage:
      peer [command]
    Available Commands:
      `chaincode`    相关的子命令：
            `install`
            `instantiate`
            `invoke`
            `package`
            `query`
            `signpackage`
            `upgrade`
            `list`
      channel     通道操作：create|fetch|join|list|update|signconfigtx|getinfo.
      help        查看相关命令的帮助信息
      logging     日志级别：getlevel|setlevel|revertlevels.
      node        node 节点操作：start|status.
      version     当前 peer 的版本
    ……
```

Fabric 中将智能合约称为链码（ChainCode），是实现医疗数据创建、添加、修改、注销等管理操作的关键，主要流程包括链码开发模式启动、创建通道、加入通道等步骤。例如，添加一条医疗数据记录（healthcare）的链码交互命令为：

```
    # 链码交互
    '''bash
    # 添加一个记录 Tom，年龄 45，男性，头疼的医疗数据
```

```
peer chaincode invoke -C channel -n healthcare -c ' {"Args":["enroll",
"Tom" , "headache" , "45" "male" ]}'
```

### 2. 微服务核心模块

微服务核心模块主要包括两部分，一是微服务创建，二是通过 Web 接口调用区块链中存储的医疗信息数据。由于 Micro 是简化的分布式微服务框架，在安装完微服务基础框架后，即可创建微服务对区块链进行医疗数据存储开发。在微服务核心功能中，创建服务命令 new 的参数 NameSpace 表示服务命名空间、srv 表示当前微服务类型，micro 是相对于 go/src 下的文件夹名称，主要包括主函数、插件、被调用函数、订阅服务等文件。具体功能说明如下：

```
$micro new --type "srv" micro/rpc/srv
Creating service go.micro.srv.srv in /home/itcast/go/src/micro/rpc/srv
# 主函数
├── main.go
# 插件
├── plugin.go
# 被调用函数
├── handler
│   └── example.go
# 订阅服务
├── subscriber
│   └── example.go
#proto 协议
├── proto/example
│   └── example.proto
#docker 生成文件
├── Dockerfile
├── Makefile
└── README.md
```

在已创建完成的微服务基础上，通过添加 Web 路由和服务器端请求，获取联盟区块链 Fabric 中存储的用户基本医疗数据服务，主要通过 rpc 接口调用 GetUserInfo 实例实现用户 id、用户名、性别、年龄、疾病等信息的获取，具体命令如下：

```
$ micro new  --type "srv" sss/GetUserInfo
proto
service Example {
    rpc GetUserInfo(Request) returns (Response) {}
}
message Request {
    string Sessionid = 1 ;
}
message Response {
    //错误码
    string Errno =1 ;
```

```
        //错误信息
        string Errmsg = 2;
        //用户 id
        int64  User_id = 10 ;
        //用户名
        string Name =Tom;
        //性别
        string Sex =male ;
        //年龄
        string Age =45;
        //疾病
        string Disease =headache ;
    }
```

为便于读者上手理解，本节仅对联盟区块链的医疗数据记录添加操作智能合约链码进行了讲解，并对 Micro 微服务中 Web 路由和服务器端请求的 Fabric 中基本医疗数据展示进行分析。由于基于联盟区块链的医疗数据隐私保护方案涉及软件系统开发、智能合约编程等一系列知识，因此，有兴趣读者可以在本章参考资源部分获取相应支持，二次扩展相应功能模块。

## 10.4　本章小结

本章以智慧医疗场景下医疗数据隐私保护为目标，按照云原生软件开发流程，设计并实现了基于联盟区块链的医疗数据管理原型系统，从联盟区块链角度对边缘智能的“云－边－端”架构进行编程实现。为便于读者理解，特将本章关键知识点和实践步骤凝练如下：

（1）智慧医疗是以患者数据为中心的医疗服务模式，包括数据获取、知识发现和远程服务三个阶段；

（2）智慧医疗的主要应用领域包括智能医学影像、智能辅助诊断、智能药物研发、智能健康数据管理和智能疾病预测；其中，以医疗数据隐私保护为重要关切的智能健康数据管理与患者个人数据关系密切；

（3）医疗数据“孤岛”问题涉及不同医院系统的互不兼容、隐私保护法律规范的约束和公民的隐私保护需求等多方面，需要从技术、伦理、法律等多角度联合解决；

（4）医疗区块链系统主要包括存储管理、节点管理和用户管理等三个部分。其中，区块链存储管理主要包括区块、交易单和医疗数据存储方面的管理，是医疗区块链最基本的构成部分；

（5）云原生软件开发的特征包括 Docker 容器、Kubernetes 编排、微服务架构以及自动化开发运维。

## 参考资源

智慧医疗场景下边缘智能实现的基础是分布式底层架构中数据的安全可信；因此，去中心化的联盟区块链搭配“分而治之”的微服务技术会与解决智能健康数据管理中医疗数据隐私安全问题高度契合。然而，基于联盟区块链的医疗数据隐私保护方案实现涉及前端、后台、部署、运维等软件开发完成的技术栈，由于篇幅限制和内容安排，本章仅对核心功能进行讲解。为帮助读者进行后续技术和开发需求的探索，下面对智慧医疗、Fabric 开发、云原生技术实践、Go 语言编程等重要资源作如下梳理：

（1）微软亚洲研究院智慧医疗项目地址，https://www.msra.cn/zh-cn/research/healthcare；

（2）科大讯飞医疗平台，https://www.iflytek.com/health；

（3）超级账本中文网站，https://cn.hyperledger.org/；

（4）Go 语言入门教程中文版地址，https://books.studygolang.com/gopl-zh/；

（5）微服务框架 Spring Cloud 资源地址，https://gitee.com/itmuch/spring-cloud-book；

（6）Docker 中文社区地址，https://www.docker.org.cn/page/resources.html；

（7）Kubernetes 中文社区技术文档地址，https://www.kubernetes.org.cn/doc-11。

# 第11章　智慧交通场景下的边缘智能实践

2020年初，中央提出的“新基建”基础设施体系，是在“加快构建以国内大循环为主体、国内国际双循环相互促进”的新发展格局下助推中国经济复苏和发展的重要力量。其中，作为智慧城市的重要组成部分，智慧交通基础设施建设是新基建的重要内容和重点投资领域，被业内认为是新基建热潮下的主要发力点。然而，我国城市人口数量不断增加，机动车数量不断增长，道路资源日益紧张，交通问题日益严重；故而发展智慧交通是必然要求和发展趋势，利用边缘智能技术改善和引导智慧交通场景下道路、车辆、行人三个关键主体间的关系与行为可以作为一种重要实践途径。

本章首先介绍了智慧交通的应用背景和计算机视觉领域的技术背景，然后以边缘智能体系下车牌识别技术为切入点，从软件工程角度设计了基于计算机视觉的智慧交通应用系统，最后对具备车辆检测、礼让行人、车牌检测等功能的前端检测和后端可视化模块进行编程实现。

## 11.1　实践背景

智慧交通作为智慧城市的重要组成部分，在边缘智能等技术的驱动下正在发挥着重要作用。本节从应用背景和技术背景两个角度梳理智慧交通相关概念，并以计算机视觉技术为突破口，讨论相关技术在满足交通拥堵、海量出行需求的重要应用。

### 11.1.1　智慧交通：“云－边－端”架构下“人－车－路”协同

伴随着全球化和城镇化进程的加速，人们对交通运输的需求与日俱增，这也极大地带动了绿色、安全、高效、畅通的现代综合交通运输系统建设需求。通过云计算、大数据、物联网、5G通信等新一代信息技术，构建边缘智能体系，可以使智能下沉至交通应用的“神经末梢”，提升交通运输行业信息化服务水平，让出行更便捷、物流更高效、城市更通畅、运输保障更有力。

1. 智能交通系统（ITS）

随着经济和社会的发展，机动车保有量迅猛增加，交通拥挤、交通事故救援、交通管理、环境污染、能源短缺等问题已经成为世界各国面临的共同难题，实施有效的交通监控对于解决日益严峻的交通安全问题具有积极意义。无论是发达国家，还是发展中国家，都毫无例外地承受着这些问题的困扰。为解决这些问题，出现了实时、准确、高效的智能交通系统（Intelligent Transport System，ITS）。

ITS 系统（如图 11-1 所示）综合考虑人、车、路三个关键主体，将系列信息技术有效地集成应用于整个交通运输管理体系中，从而使人、车、路三个主体密切协同，提升交通运输效率、能源利用率以及安全性。其中：

- “人”是指一切与交通运输系统有关的人，包括交通管理者、操作者和参与者；
- “车”包括各种运输方式的运载工具；
- “路”包括各种运输方式的道路及航线。

图 11-1　智能交通系统模式

从百度发布的智能交通体系来看，感知体系、支撑平台、应用体系共同奠定了未来智慧交通的融合基础，如图 11-2 所示。其中：

- 底层的智能交通感知体系包括路侧单元、地感线圈、红外传感、超声波检测、视频检测等多源数据的智能感知；
- 智能交通支撑平台包括以时空数据为基础的智能地图、以百度智能云为大脑的交通云平台和智能决策平台以及车联网和交通仿真平台；
- 应用体系涉及交通管理、出行服务、自动驾驶、交通基础设施等方方面面。

图 11-2　百度智能交通体系

未来的智慧交通以云计算、边缘计算、大数据等新一代信息技术为重要推动力，汇集多源异构交通数据，使“云－边－端”全链路体系在城市级时空范围内拓展感知、互联、分析、预测、控制等能力，对交通管理、交通运输、公众出行以及交通建设进行全方面、全过程的智能服务，可以充分保障交通安全，发挥交通基础设施效能，提升交通系统运行效率和管理水平，为通畅的公众出行和可持续的经济发展提供智能服务。

### 2. 应用场景

相关数据显示，2019 年我国智慧交通市场规模达到 815 亿元，且未来五年将保持约 18.18%的年均复合增长率，到 2023 年，智慧交通行业市场规模有望超 1300 亿元。按照“新基建”指导意见，智慧交通融合了高效的基础设施，以交通运输行业为主实施，以智慧公路、智能铁路、智慧航道、智慧港口、智慧民航、智能邮政、智慧枢纽以及新材料新能源应用为载体，并体现新一代信息技术对交通行业的全方位赋能，其主要解决的应用需求涉及以下 5 个方面（但不局限于以下方面）。

（1）交通实时监控

交通实时监控利用广泛布设的高清摄像头以及时空地理信息数据和导航信息，整合交通事故信息和交通拥挤信息，以最快速度为驾驶员和交通管理人员提供支持。

（2）公共车辆管理

公共车辆是智慧交通出行的重要手段，可以实现驾驶员与调度管理中心之间的双向通信，提升商业车辆、公共汽车和出租车的运营效率。

（3）交通信息服务

依托交通实时监控信息的海量汇聚，交通信息服务通过多媒体终端对外提供各种交通综合信息的发布、预警以及智能决策服务。

（4）车辆辅助控制

车辆辅助控制是目前智能驾驶的主要模式，利用实时数据辅助驾驶员驾驶汽车，或者替代驾驶员自动驾驶汽车，可以为智慧交通的未来出行模式提供解决方案。

（5）违规行为检测

智慧交通中违规行为检测是智能监管的重要方式，尤其是对闯红灯、斑马线不礼让行人、占用公交车道、违停或越线等行为进行智能化检测识别，既是公共出行的重要安全保障，也是未来交通治理模式的大趋势。

针对智慧交通应用场景，以“云－边－端”架构下边缘智能为代表的新一代信息技术理念，不仅给智慧交通注入新的技术内涵，也对智慧交通系统的发展产生巨大影响。在交通运行管理优化、面向车辆和出行者的智慧化服务等各方面，将为公众提供更加敏捷、高效、绿色、安全的出行环境。

### 3. 服务对象

作为智慧城市的重要组成，智慧交通的核心是按照边缘智能的“云－边－端”架构，利用新一代信息技术进行交通行业赋能，缓解城市交通拥堵和降低交通事故，实现交通运输的畅通性和安全性。尤其，面对人、车、路的基础设施，智慧交通在路侧可以提供车辆精准定位、行驶规划和决策等所需的实时道路交通地理信息服务；在车辆与用户间进行实时数据共享、“云－边－端”协同决策、高效态势研判、指挥与处置联动等。其服务对象具体主要针对以下三方面群体。

（1）政府层面（TO G）

基于智慧交通行政管理模式，为政府主管部门提供车辆稽查、运营稽查、出租车管理、交通拥堵指挥、交通规划辅助决策等服务，帮助政府提升行政管理效率，有效调配和优化各类公共资源。

（2）公众层面（TO C）

方便公众出行，为公众提供车联网、智慧停车、自动驾驶、车况分析、维护保养、车辆援救等服务，帮助公众了解车况、路况信息，实现安全驾驶。

（3）行业层面（TO B）

促进行业发展，提供交通运营行业信息、汽车厂商、4S店服务以及货运、公交、出租管理等资源整合服务，为整个行业的资源高效和充分利用，提供信息服务支持。

此外，作为智慧交通的重要前沿方向，自动驾驶除了要有“聪明”的车还要有“智慧”的路，因此，如图11-3所示，在智慧园区中，车联网技术不仅可以成为自动驾驶的重要推动力，更是智慧交通的重要基础设施。

图 11-3　车联网演示系统

### 11.1.2 计算机视觉

作为智慧交通中最直接的数据获取、处理载体，摄像头已成为交通基础设施的智能“千里眼”，其背后的关键支撑技术就是计算机视觉（Computer Vision，CV）。通俗地讲，计算机视觉是一门研究如何使机器“看”的科学，即赋予计算机眼睛（摄像机）和智慧（算法），模拟生物的视觉功能进行环境感知、信息获取，甚至知识理解。

计算机视觉不仅是工程和科学领域中极具挑战性的重要课题，更是一门涉及计算机、信号处理、应用数学、神经生理、认知等科学的综合性学科。现将与边缘智能结合较为紧密的常用计算机视觉技术方向梳理出以下 5 各方面的应用场景。

（1）图像分类

在图像分类中，给定已标记类别的图像，需要对新测试图像类别进行预测，并测量预测结果的准确性。目前主要面临视点变化、尺度变化、类内变化、图像变形、图像遮挡、照明条件和背景杂斑等难题；其中，视点和尺寸变化直接在图像来源上影响图像的几何属性；类内变化是图像所承载内容多样性的体现，往往图像较小的类内差异会导致原始算法的失效；图像变形、遮挡、背景杂斑是在图像数据呈现形式上的挑战，而照明条件通过影响图像的亮度增加分类算法的难度。

（2）图像检测

图像检测任务需要同时获取图像中目标对象的分类和定位数据（即位置坐标和尺寸），其输出结果为对象类别、对象边界框和非对象边界框等信息。主流算法包括本书第 7 章讲解的一阶段目标检测算法 YOLO（You Only Look Once）、SSD（Single Shot Multi-Box Detector）等，以及 Fast R-CNN 等两阶段目标检测算法。由于 YOLO 系列算法具有检测速度快、模型参数少等优势，在实时目标检测、边缘端部署等方面应用广泛，故本书在后续实践案例部分会采用 YOLO 模型进行相关目标检测。

（3）目标跟踪

目标跟踪是在特定场景跟踪某一个或多个特定感兴趣对象的过程，主要分为生成式（generative）模型和判别式（discrimination）模型两类，其中：

- 生成式模型通过在线学习方式建立目标模型，然后使用模型搜索重建误差最小的图像区域，完成目标定位，但缺乏对目标背景信息的应用，常用方法包括卡尔曼滤波、粒子滤波、mean-shift 等；
- 判别式模型将目标跟踪看作是二元分类问题，同时提取目标和背景信息用来训练分类器，将目标从图像序列背景中分离出来，从而得到当前帧的目标位置。

以上两类方法最大的区别是，判别式模型方法中分类器所采用的机器学习训练用到了背景信息，进而可以区分目标的前景和背景，所以性能较好。

目标跟踪的主要实现思路包括两种：一种是不依赖于先验知识，即直接从图像序列中检测到运动目标，并进行目标识别，最终跟踪感兴趣的运动目标；另一种是依赖于目标的先验知识，首先为运动目标建模，然后在图像序列中实时找到相匹配的运动目标。其中，运动目标的有效表达是实现目标检测的关键，常用的目标特征表达包括视觉特征（图像边缘、轮廓、形状、纹理、区域）、统计特征（直方图、各种矩特征）、变换系数特征（傅立叶算子、自回归模型）、代数特征（图像矩阵奇异值分解）等。目前，目标跟踪算法已在无人驾驶、行人重识别等领域广泛应用。

（4）语义分割

语义分割的主要任务为将整个图像分成像素组，然后对其进行标记和分类，并在语义上理解图像中每个像素的角色。目前，如图 11-4 所示的深度全序列卷积神经网络是主流的研究热点。

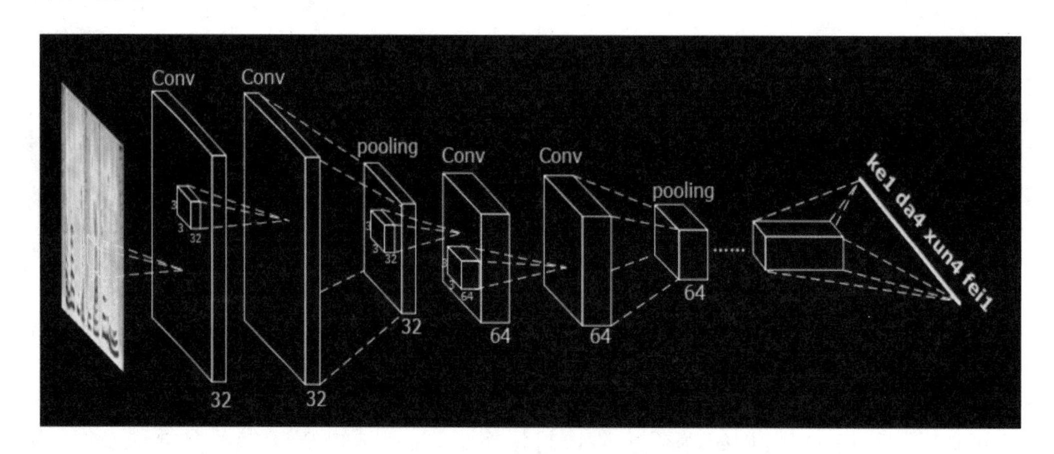


图 11-4　深度全序列卷积神经网络

（5）实例分割

实例分割是用不同颜色对不同类型实例进行分类，并确定对象的边界、差异和关系。与基本的边界框定位图像中对象不同，实例分割需要对每个对象的精确像素进行定位。

在智慧交通应用场景下，计算机视觉可以对视频图像获取、车道线检测、车辆行人检测、行为识别、目标跟踪等方面进行综合集成，尤其在车辆的检测感知、身份识别比对、行为分析、驾驶控制方面具有重要作用。

（1）车辆检测感知

车辆检测感知即把图片或视频中车辆或者其他目标准确的“框”出来。可以分为以下的重要应用场景：

- 在路口感知中，可以精准感知交通路口各方向车辆数量、流量和密度，为缓解交通拥堵提供方案；

- 在路侧停车感知中，可以感知和抓拍路侧违法停车，既提高摄像机使用效率，又降低路侧车位管理成本；
- 在停车场感知中，可以实现停车位和出入口的车辆感知，以及车牌检测识别。

（2）车辆身份特征识别

尽管目前 ETC 和电子标签等方式识别车辆身份的精度较高，但通过深度学习技术可以更精准地识别各种姿态、各种角度的车牌，以及车辆的其他特有特征识别，例如，年检标签个数、是否安装行李架、车灯形状、车辆类型等。

（3）车辆身份比对

最典型的车辆身份比对应用就是以图搜图，即在海量车辆图片中精准完成套牌车分析、收费结算、移动支付等功能。

（4）车辆行为分析

基于连续视频数据可以检测车辆停车、逆行等行为，对交通事故和交通拥堵进行报警，对车辆违章行为进行抓拍，为交通运营管理部门提供准确及时的报警信息。

（5）无人驾驶和辅助驾驶

结合车联网基础设施，利用计算机视觉技术对车辆、行人、障碍物、道路、交通信号灯和交通标识进行识别，可以提升出行体验，构建基于边缘智能的智慧交通体系。

然而，随着车辆保有量增加、城市人口增多，道路愈加拥堵，公共交通管理问题也日益突出。因此，在边缘智能“云－边－端”框架下，对公共交通路口摄像头影像数据进行处理，采用计算机视觉技术对各种复杂交通场景进行检测识别具有重要现实需求。例如，对路口过往车辆流量、车速交通饱和度以及拥堵情况检测，就是智慧交通中重要的数据获取方式。

## 11.2　技术梳理

智慧交通场景下，基于计算机视觉的车辆、行人、道路检测问题涉及目标检测、车牌识别等关键技术，结合边缘智能体系特点，本节重点讲解车牌识别技术以及相关功能软件的设计思路，为编程实践提供技术支撑。

### 11.2.1　车牌识别

车牌是车辆独一无二的标识信息，因此，在智慧交通中对车辆牌照的识别可以作为辨识车辆“行为”最有效的方法。传统基于计算机视觉的车牌识别分为车牌定位和车牌字符识别两个步骤，涉及预处理、边缘提取、车牌定位、字符分割、字符识别等五大模块，其中，字符识别过程需要完成文字图像区域分割、单个文字分离、单个字符识别等环节。

目前，车牌识别面临着图像模糊、光线条件差、不同国家车牌数字存在差异、车牌变形、天气影响等挑战。因此，为更好地实现车牌识别功能，需要对车牌的特征进行深入了解，与计算机视觉相关的车牌特征包括以下三个方面。

（1）形状特征

标准的车牌外轮廓尺寸 440*140mm，字符高 90mm，宽 45mm，字符间距 12mm，间隔符宽 10mm。整个字符的高宽比例近似为 3:1，车牌的边缘是线段围成的有规则的矩形，可用于车牌定位分割。

（2）颜色特征

现有的字符颜色与车牌底色搭配包括蓝底白字、黄底黑字、白底黑字、黑底白字等，可用于对彩色图像车牌的定位。

（3）字符特征

标准车牌有 7 个字符，呈水平排列，待识别的字符模板可以分为汉字、英文字母、阿拉伯数字，主要用于对字符匹配识别。

在边缘智能“云 - 边 - 端”架构下，交通监控视频画质很大程度上取决于监控摄像头的成像清晰度，因此，在智慧交通的车牌识别中，可以利用残差密集网络（Residual Dense Network, RDN）去除车牌图像噪声，实现图像的超分辨率构建，进而便于提高识别准确率和可靠性。

RDN 网络结构（如图 11-5 所示）类似于 ResNet，基本构成单元包括卷积层、上采样层和残差结构等。其中，LR 为原始低分辨率图像（Low-Resolution image），HR 为经过网络处理后得到的高分辨率图像（High-Resolution image）。具体而言，RDN 由特征提取网络 SFENet（shallow feature extraction net）、残差密集块 RDBs（residual dense blocks）、密集特征融合层 DFF（dense feature fusion）、上采样层 UPNet（up-sampling net）等 4 部分构成。

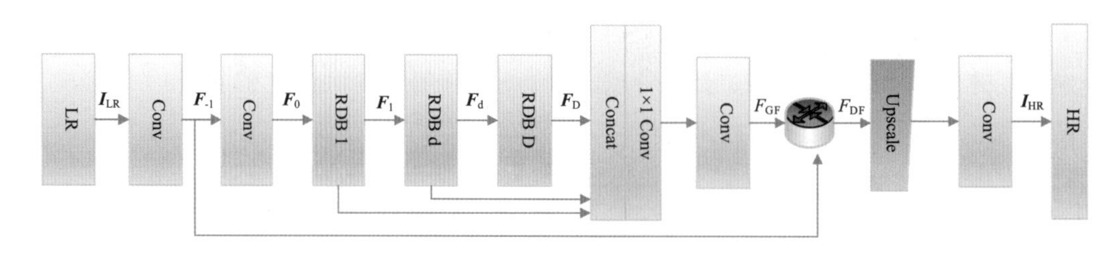


图 11-5　RDN 网络结构

此外，Intel 开源的计算机视觉模型加速框架 OpenVINO 中设计了一个全新的车牌识别模型，在 BITVehicle 数据集上对中文车牌的识别准确率高达 95% 以上，其预训练模型包含可用于实时车牌识别的 LRPNet 模型，如图 11-6 所示。LRPNet 模型以 SqueezeNet 与

Inception Blocks 为基础，采用 BN 与 Dropout 对网络进行正则化，利用端到端的轻量级卷积网络可以实现车牌字符的直接输出。

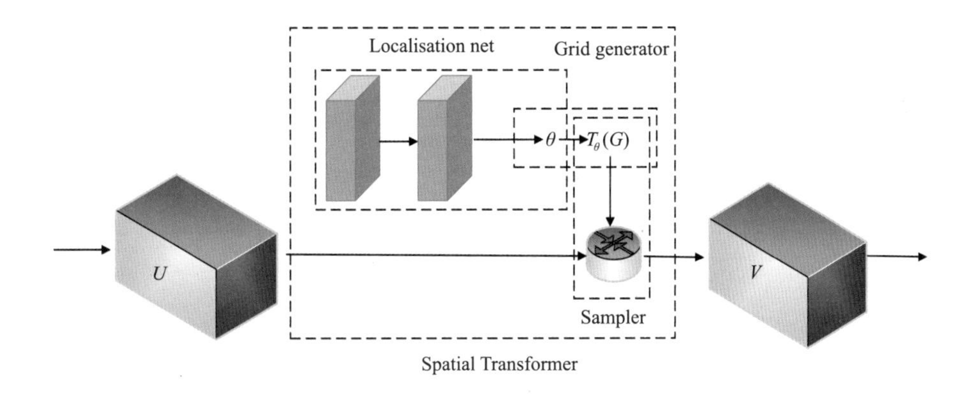


图 11-6　LRPNet 模型

## 11.2.2　智慧交通应用系统设计

智慧交通应用系统主要实现自动化交通违章管理和交通流量管控，具体包括车流量检测、车辆超速检测抓拍、闯红灯检测、车辆不礼让行人检测、车牌号识别记录等功能。其中，摄像头是智慧交通数据的主要采集工具，行人、车辆识别可以通过成熟目标检测工具 YOLO 系列模型实现，车牌识别基于 RDN 网络模型构建的超分辨率车牌图像实现。

### 1. 整体架构

智慧交通应用系统按照 MVC（Model View Controller）软件开发模式流程和边缘智能"云 – 边 – 端"架构，将前端模块部署于智能检测摄像机，可实现实时违章检测中的车辆识别、行人识别、交通灯识别、闯红灯、不礼让行人、车流检测等功能，并将违章车辆车牌号识别记录后传入后端数据库。后端模块由 Front_web 与 Back_web 两部分组成。整体架构如图 11-7 所示。

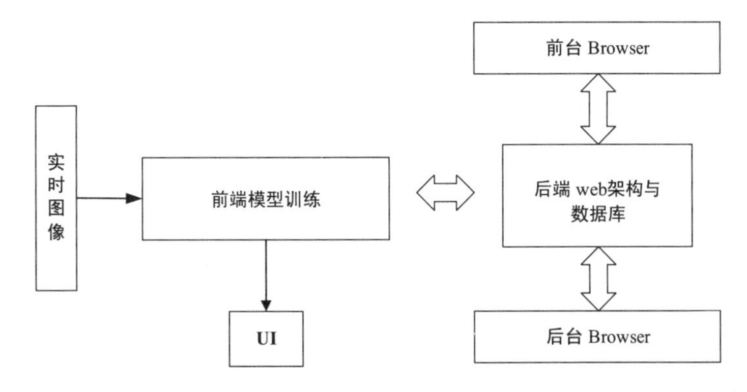


图 11-7　整体架构

其中，前端模型是交通目标检测的核心，通过大量训练数据集的模型训练，实现对部署场景下实时图像的目标检测，进而完成与用户的功能交互；后端 Web 架构依托关系型数据库对业务逻辑数据进行存储，利用前后台的浏览器 / 服务器（browser/server）B/S 模式进行系统访问。

### 2. 前端模块架构

前端模块实现了对监控摄像头图像的智能化处理，判断车辆是否有违章行为，并对违章车辆车牌号、行人等进行识别并且记录，如图 11-8 所示，具体模块架构包括多任务识别、逻辑判断、结果输出等三部分。其中：

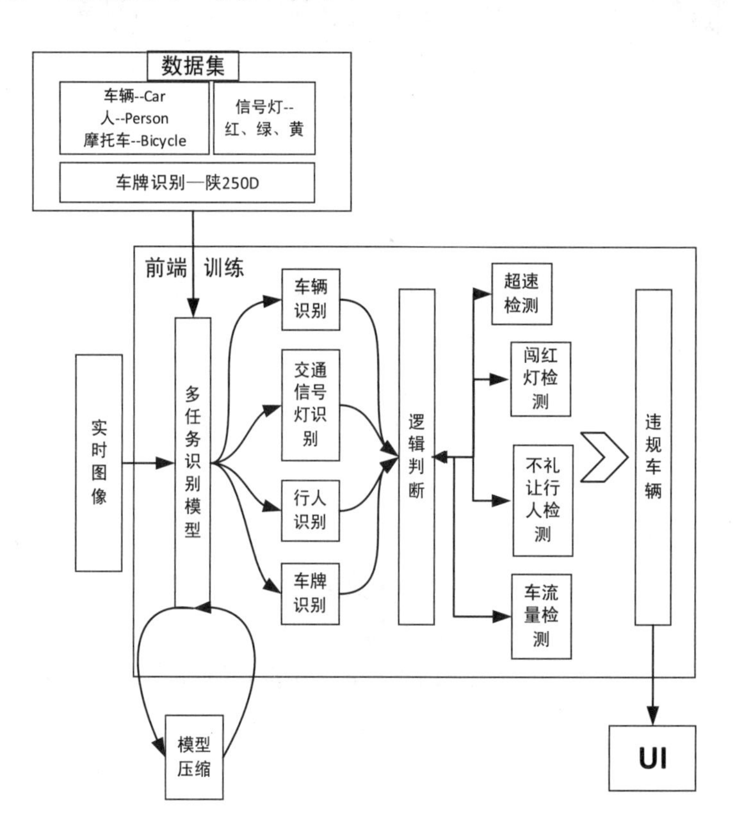


图 11-8　前端模块架构

- 多任务识别以多任务识别模型为核心，利用包含车辆类别、行人、信号灯、车牌信息的数据集进行端到端模型训练，完成车辆、交通信号灯、行人、车牌信息的识别输出；
- 逻辑判断对多任务识别输出进行超速、闯红灯、不礼让行人、车流量等任务的实现；
- 结果输出是在逻辑判断的基础上最终完成违章车辆判断结果的输出。

此外，为实现边缘智能的轻量级模型部署，可以采用本书第 7 章讲解的模型压缩方法进行实时高效的智能终端推理。

### 3. 后端模块架构

后端模块以轻量级 Web 应用框架 Flask 为基础，可提供用户所需的各项查询服务，以及管理员相关功能，如图 11-9 所示，后端模块架构的模型－视图－控制的 MVC 模式中，模型部分由关系型数据库构建，视图部分通过前后台浏览器进行可视化呈现，控制部分依托 Flask 框架实现。

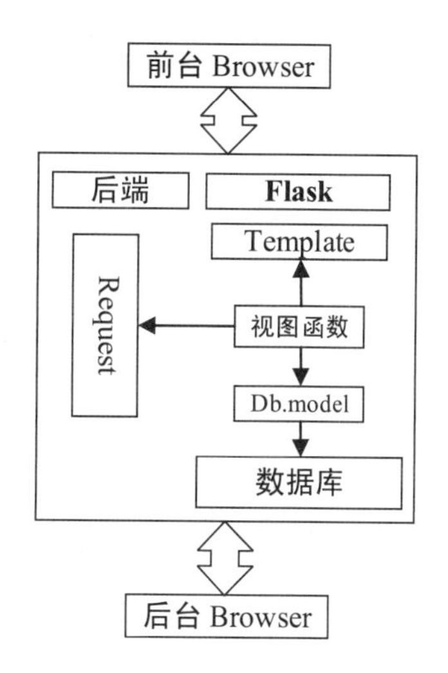


图 11-9　后端模块架构

### 4. 信息流程

根据系统的输入处理输出（Input Process Output，IPO）流程，用户（交通部门）与管理员可通过浏览器访问服务器发布的 Web 服务来实现系统访问与数据管理，为下一步服务器端发布违章车辆展示前台与管理员管理后台做准备，这些也是软件架构要实现的功能，其信息流程如图 11-10 所示；其中，用户通过注册模块统一接入系统进行违章信息的查询，实现系统的安全访问；摄像头获取的交通图像通过系统的多任务识别处理功能进行违章行为判断，进而形成违章信息数据；系统管理员通过登录验证模块进入系统，实现对违章信息的统一管理。

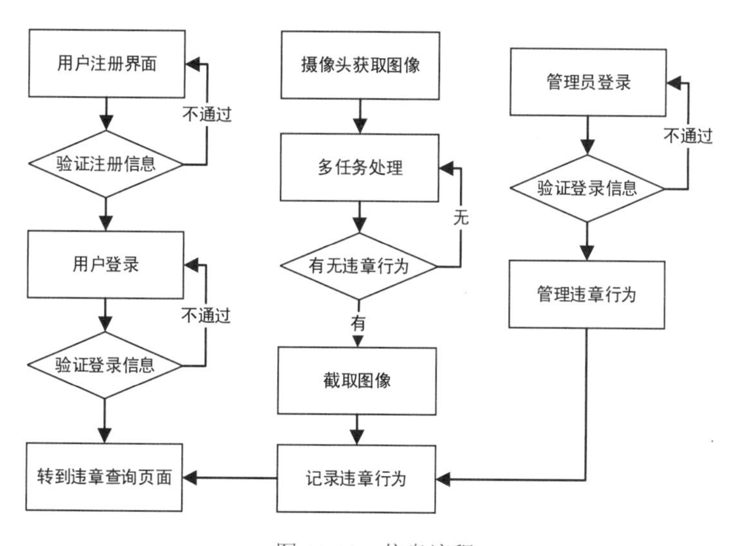


图 11-10　信息流程

## 11.3 实践案例：基于计算机视觉的智慧交通应用系统实现

基于 11.2 节中介绍的整体架构和信息流程，本节针对智慧交通中车辆、行人、道路的检测需求，对基于计算机视觉的智慧交通应用原型系统进行实现。主要包括软硬件基础环境搭建、前端检测、后端模块的功能实现等步骤。此外，为便于读者二次开发和技术交流，已将相关源码开源于 GitHub 社区，相关程序文件结构如图 11-11 所示。

| | | |
|---|---|---|
| Back_web | The new one | 2 months ago |
| Detector_client | The new one | 2 months ago |
| Front_web | The new one | 2 months ago |
| README-md | The new one | 2 months ago |
| Traffic_detect.yaml | The new one | 2 months ago |

图 11-11　相关程序文件结构

### 11.3.1　基础环境搭建

智慧交通应用系统运行环境包括 Python 全栈开发、Ubuntu 20.04LTS 操作系统、Nvidia GTX 1080 硬件加速卡等，其中，利用 Python 技术栈对接 Flask 开发框架和基于深度神经网络的目标检测模型可以得到成熟的开发、维护、部署资源支持，可以减少初学者的入门和程序调试压力；Linux 操作系统（免费）和 GPU 显卡（经典款）对智慧交通场景下的目标检测识别支撑友好，同时价格相对便宜。此外，基础运行环境的具体信息如表 11-1 所示。

表 11-1　基础运行环境具体信息

| | 名　称 | 版　本 |
|---|---|---|
| 操作系统 | Linux | Ubuntu 20.04 LTS |
| 数据库平台 | SQlite3 | 3.31.1 |
| 编程语言 | Python | 3.6 |
| 深度学习平台 | Tensorflow | 1.8.0 |
| 显卡 | Nvidia GTX | 1080 |
| 深度学习库 | CUDA | 10.1 |

鉴于边缘智能对计算、存储等资源的需求，我们在软件开发包管理工具方面选用精简

的 miniconda 作为 Python 的包管理器，在 miniconda 环境下建立并激活智慧交通应用系统运行的虚拟环境 traffic_detection，其命令为：

```
conda create -n traffic_detection python=3.6
# 查看存在的虚拟环境
conda env list
conda activate traffic_detection
```

在建立和激活完 mini conda 环境后，其基本环境信息自动导入项目的 traffic_detection.yaml 文件中，所以只需执行以下脚本即可完成虚拟环境的最终配置操作：

```
conda env create -f traffic_detection.yaml
```

此外，如图 11-12 所示，为支持项目的前后端模块（Back_web 和 Front_web）和交通检测模块（Detect_client）的运行，需在其子项目文件夹下检查所需环境依赖，主要包括 Flask 框架所需的 Flask0.12.2、Jinja2、matplotlib 等模块。检查并安装所需依赖的命令运行方式如下：

```
pip install -r requirement.txt
```

```
1   altgraph==0.10.2
2   antiorm==1.2.1
3   bdist-mpkg==0.5.0
4   bonjour-py==0.3
5   click==6.7
6   decorator==4.1.2
7   dominate==2.3.1
8   Flask==0.12.2
9   Flask-Bootstrap==3.3.7.1
10  Flask-Login==0.4.0
11  Flask-SQLAlchemy==2.3.2
12  Flask-WTF==0.14.2
13  itsdangerous==0.24
14  Jinja2==2.9.6
15  macholib==1.5.1
16  MarkupSafe==1.0
17  matplotlib==1.3.1
18  migrate==0.3.8
19  modulegraph==0.10.4
20  nose==1.3.7
21  pbr==3.1.1
22  py2app==0.7.3
23  pyobjc-core==2.5.1
24  pyobjc-framework-Accounts==2.5.1
```

图 11-12　部分环境依赖

**【思维拓展】视觉传感器与相机**

在智慧交通中，以摄像头为代表的视觉传感器是边缘智能框架下计算机视觉技术实现的基础，常用的视觉传感器包括单目相机、立体相机、RGB-D 相机和事件相机等。

- 单目相机只能按比例获得图像信息，无法获得真实的深度信息和绝对尺度，这称之为尺度模糊；其价格低廉，计算速度快，在计算机视觉中应用广泛。
- 立体相机是两个单目相机的组合，其中两个相机之间的距离是已知的，可以通过定标、较正、匹配和计算 4 个步骤获取深度和尺度信息，但计算资源消耗较大。
- RGB-D 相机，即深度相机，可以通过立体视觉、结构光和飞行时间（Time of flight, TOF）技术直接以像素形式输出深度信息。
- 事件相机通过异步地测量每个像素的亮度变化捕获即时信息，具有高动态范围、高时间分辨率以及低功耗等特点。

### 11.3.2 功能实现

基于计算机视觉的智慧交通应用原型系统的功能包括：

- 基于前端检测模块的车辆识别、行人识别、车牌识别功能；
- 基于后端模块的人、车、路相关信息展示与统计分析功能。

下面讲解具体代码功能实现。

#### 1. 前端检测

前端检测可以实现车辆识别、行人识别和车牌识别，相关识别功能的核心是基于深度神经网络的目标检测模型，本案例中采用 Tensorflow 框架，主要基于 Tensorflow 框架的开发扩展包 object_detection 进行功能实现。在开发和运行程序中需要完成模型超参数定义、车牌识别函数定义、检测模型加载、可视化展示等部分。为降低读者的学习难度，本案例已将上述步骤封装到 VehicleMonitor.py 程序中，只需运行以下脚本即可实现前端检测：

```
python VehicleMonitor.py
```

下面对 VehicleMonitor.py 程序中的车牌识别、车辆检测、闯红灯检测、超速检测等功能实现的基本逻辑和关键函数进行讲解。

（1）车牌识别

车牌识别以 OpenCV 的基本图像处理函数库为基础，利用深度神经网络模型对车牌轮廓、字符等部分进行识别检测，其关键函数代码如下：

```
def plate_recognition(named):
    try:
```

```
            img=cv2.imread(named)
            plate=HyperLPR_plate_recognition(img)
            if len(plate) == 0:
                print("没检测到！！！ ")
                pass
            print(len(plate))
            X1=plate[0][2][0]
            Y1=plate[0][2][1]
            X2=plate[0][2][2]
            Y2=plate[0][2][3]
            print('test:{}'.format(plate[0][0]),'车牌号坐标：{}，{}，{}，{}'.
format(X1,Y1,X2,Y2))
            rimg=img[Y1:Y2,X1:X2]
            frame3=rimg
            img3 = Image.fromarray(frame3)
            w,h=img3.size
            asprto=w/h
            frame3=cv2.resize(frame3,(150,int(150/asprto)))
            cv2image3 = cv2.cvtColor(frame3, cv2.COLOR_BGR2RGBA)
            img3 = Image.fromarray(cv2image3)
            imgtk3 = ImageTk.PhotoImage(image=img3)
            display4.imgtk = imgtk3 #Shows frame for display 1
            display4.configure(image=imgtk3)
            display5.configure(text=plate[0][0])
        except Exception as e:
            print('Exception:\n',e)
```

通过 OpenCV 的 imread 函数读入待识别车牌图像，调用基于深度神经网络的车牌识别模型检测车牌位置和车牌号码，最后输出车牌的位置框坐标和车牌号码值。

（2）车辆检测

车辆检测的功能主要通过模板匹配方式实现，在识别出各类车辆的基础上，利用所识别出车辆的尺寸、颜色等信息进行目标检测，其关键函数代码如下：

```
    def matchVehicles(currentFrameVehicles,im_width,im_height,image):
        if len(vehicles)==0:
            for box,color in currentFrameVehicles:
                (y1,x1,y2,x2)=box
                (x,y,w,h)=(x1*im_width,y1*im_height,x2*im_width-x1*im_width,
y2*im_height-y1*im_height)
                X=int((x+x+w)/2)
                Y=int((y+y+h)/2)
                if Y>yl5:
                    vehicles.append(vehicle((x,y,w,h)))
        else:
            for i in range(len(vehicles)):
                vehicles[i].setCurrentFrameMatch(False)
                vehicles[i].predictNext()
            for box,color in currentFrameVehicles:
```

```
                (y1,x1,y2,x2)=box

        (x,y,w,h)=(x1*im_width,y1*im_height,x2*im_width-x1*im_width,
y2*im_height-y1*im_height)
    ……
```

本案例的车辆基本信息检测通过 matchVehicles 函数实现，利用摄像头捕捉到的当前帧（currentFrameVehicles）车辆的尺寸、颜色等信息匹配预测当前车辆目标，进而完成车辆识别。

（3）闯红灯检测

闯红灯检测功能的实现依托于对红色信号灯的判断，在检测到当前为红色信号灯后，在道路相应位置画出红色位置线，以确定闯红灯车辆的位置，并调用相应的车牌检测程序，进行闯红灯车辆信息的记录和抓拍，其关键函数代码如下：

```
    def checkRedLightCrossed(img):
        global count
        for v in vehicles:
            if v.crossed==False and len(v.points)>=2:
                x1,y1=v.points[0]
                x2,y2=v.points[-1]
                if y1>yl3 and y2<yl3:
                    count+=1
                    v.crossed=True
                    bimg=img[int(v.rect[1]):int(v.rect[1]+v.rect[3]), int(v.
rect[0]):int(v.rect[0]+v.rect[2])]
                    frame2=bimg
                    img2 = Image.fromarray(frame2)
                    w,h=img2.size
                    asprto=w/h
                    frame2=cv2.resize(frame2,(250,int(250/asprto)))
                    cv2image2 = cv2.cvtColor(frame2, cv2.COLOR_BGR2RGBA)
                    img2 = Image.fromarray(cv2image2)
                    imgtk2 = ImageTk.PhotoImage(image=img2)
                    display2.imgtk = imgtk2 #Shows frame for display 1
                    display2.configure(image=imgtk2)
                    named='Rule Breakers/culprit'+str(time.time())+'.jpg'
    ……
```

闯红灯检测功能利用 checkRedLightCrossed 函数判断当前信号灯颜色，当视频帧为红灯时，调用 OpenCV 库在道路位置画出红色边界线，对越界车辆调用车辆检测模块进行车牌识别，并记录其违章信息。

（4）超速检测

超速检测功能的判断逻辑与闯红灯检测判断类似，通过对连续视频帧的抓取，利用车辆检测函数获得同一目标车辆的位置信息，并对视频帧抓取时间间隔进行速度估计，超过规定路段时速的车辆则被判定为超速。其关键代码为：

```
def checkSpeed(ftime,img):
    for v in vehicles:
        if v.speedChecked==False and len(v.points)>=2:
            x1,y1=v.points[0]
            x2,y2=v.points[-1]
            if y2<yl1 and y2>yl3 and v.entered==False:
                v.enterTime=ftime
                v.entered=True
            elif  y2<yl3  and y2 > yl5 and v.exited==False:
                v.exitTime=ftime
                v.exited==False
                v.speedChecked=True
                speed=60/(v.exitTime-v.enterTime)
                print(speed)
                bimg=img[int(v.rect[1]):int(v.rect[1]+v.rect[3]), int(v.
rect[0]):int(v.rect[0]+v.rect[2])]
    ……
                cv2image2 = cv2.cvtColor(frame2, cv2.COLOR_BGR2RGBA)
                img2 = Image.fromarray(cv2image2)
                imgtk2 = ImageTk.PhotoImage(image=img2)
                display2.imgtk = imgtk2 #Shows frame for display 1
                display2.configure(image=imgtk2)
                display3.configure(text=str(speed)[:5]+'Km/hr')
    ……
```

超速检测功能通过 checkSpeed 函数实现，利用车辆检测模块检测出连续视频帧中同一辆车的轨迹，通过截取该目标车辆的驶入时间（enterTime）和驶离时间（exitTime），计算目标车辆在该路段的时速，进而判断其超速情况。

### 2. 后端模块

后端模块主要以统计数据和视频接入的可视化展示为主，以便于管理员和系统访问者对相关数据的获取，可分为数据统计分析和实时视频接入展示两部分。其中，后端服务器中用于人、车、路相关信息展示与统计分析程序的运行脚本如下：

```
#from app import app
#app.run(debug=False, host='192.168.137.70', port=5002)
python app.py
```

为支持前端视频流数据的抓取，利用 Flask 框架和 OpenCV 函数进行视频流数据采集，其关键代码如下：

```
app = Flask(__name__)
……
def get_frame():
    # 解析图片数据
    img = base64.b64decode(str(request.form['image2']))
    image_data = np.fromstring(img, np.uint8)
    image_data = cv2.imdecode(image_data, cv2.IMREAD_COLOR)
```

```
        #cv2.imwrite('get_image/01.jpg', image_data)
        #print(image_data)
        return image_data
    @app.route('/video_feed')
    def video_feed():
        """Video streaming route. Put this in the src attribute of an img
tag."""
        return Response(gen(Camera()),mimetype='multipart/x-mixed-replace;
boundary=frame')
```

通过 OpenCV 库函数对摄像头采集视频流数据进行读取和转码，利用 Flask 框架对视频流数据采集功能进行集成，即可实现视频接入的可视化展示。

此外，后端服务器具有后台数据管理功能，相关函数和功能模块已封装完毕，只需运行如下程序脚本，即可进行管理员后台数据管理与数据统计。

```
    #from app import app
    #app.run(debug=False, host='192.168.137.70', port=5002)
    python run.py
```

最终，智慧交通应用系统的车流量检测、车辆超速检测抓拍、闯红灯检测、不礼让行人检测、车牌号识别记录等功能展示界面如图 11-13 所示。

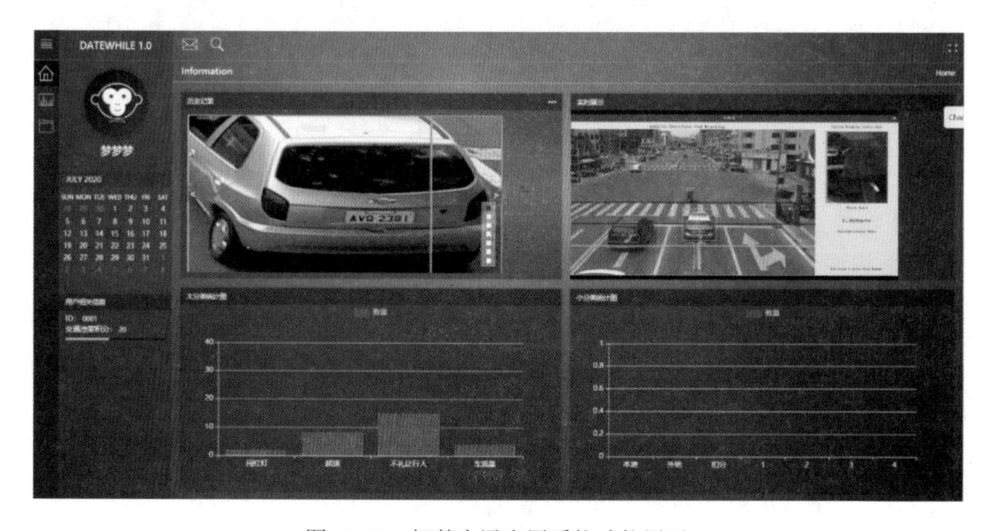


图 11-13　智慧交通应用系统功能展示

本案例利用 Flask 框架实现了智慧交通应用系统的 demo 展示，利用 Tensorflow 框架和 OpenCV 库函数实现了基于深度神经网络的车辆检测、车牌识别、闯红灯检测、超速检测等基本功能。对于初学者来讲，短时间内完全掌握从交通目标检测模型的实现到完整应用系统案例的开发难度较大，其中涉及的软件工程、人工智能等知识点较多，因此建议读者在获得本案例源码后，按照功能模块循序渐进地进行调试和功能实现，并不断地对 Flask、OpenCV、TensorFlow 等框架工具进行学习，以加深理解和解决运维部署、联调联试中遇到的新问题。

## 11.4 本章小结

本章以智慧交通场景下视频监控中的车辆、行人、道路检测为主要对象，按照软件开发设计流程，依托计算机视觉技术，实现了智慧交通应用系统的前端检测模块和后端可视化模块，构建了基于边缘智能“云 - 边 - 端”架构的原型系统，并已在 GitHub 平台开源。为便于读者理解，特将本章关键知识点和实践步骤凝练如下：

（1）利用边缘智能技术改善和引导道路、车辆、行人三个关键主体之间的关系与行为可以作为探索智慧交通发展模式的重要实践途径；

（2）智能交通系统包括人、车、路三个关键主体，涉及一切与交通运输系统有关参与者、各种运输方式的运载工具、道路及航线；

（3）智慧交通以交通运输行业为主实施，以智慧公路、智能铁路、智慧航道、智慧港口、智慧民航、智能邮政、智慧枢纽以及新材料新能源应用为载体，体现新一代信息技术对交通行业的全方位赋能；

（4）传统基于计算机视觉的车牌识别涉及预处理、边缘提取、车牌定位、字符分割、字符识别等五大模块；

（5）常用的视觉传感器包括单目相机、立体相机、RGB-D 相机和事件相机等。

## 参考资源

智慧交通是未来智慧城市建设的重要组成部分，需要依托以边缘智能为代表的新一代信息技术来整合各类资源，兼顾交管部门以及各类交通参与者需求，共同打造智慧交通方案，破解城市出行难题。

下面对智慧交通中读者易于调试和理解的车辆检测模型、车牌识别模型、行人识别检测模型、智慧交通应用系统 demo 等资源进行梳理，以期推动相关智能模型的二次开发和开源技术的共享提升，乃至为下一步实现智慧交通出行、探索高效可行方案提供思路：

（1）PaddleDetection 车辆检测模型调用地址，https://github.com/ Sharpiless/yolov3-vehicle-detection-paddle；

（2）OpenVINO 车牌识别预训练网络模型地址，https://github.com/opencv/_open_model_zoo/ blob/master/ intel_models/index.md；

（3）智慧交通应用系统开源代码地址，https://github.com/baicaitongee/AI_Traffic；

（4）英伟达行人生成 / 重识别代码地址，https://github.com/NVlabs/DG-Net；

（5）基于 ImageAI 的行人和车辆检测代码地址，https://github.com/OlafenwaMoses/ImageAI/ releases/download/2.0.1/imageai-2.0.1-py3-none-any.whl。

# 第12章　开源平台

"Human knowledge belongs to the world!"

这是电影《ANTI TRUST（反托拉斯运动）》中的经典台词，同时也是开源世界的"终极理想"。随着以边缘智能为代表的新一代信息技术发展，开放的开源技术让普适价值回归到每一个人身边，成为推动科技发展和产业革命的不竭动力。

作为全书的收尾章节，开源平台既是边缘智能所植根大时代背景的缩影，又是架构、数据、模型、资源等相关技术的成果积累，更是安防、交通、城市、医疗等场景的落地整合。本章依托边缘智能"云－边－端"架构，按照终端、边端、"云－边－端"协同的逻辑划分，梳理边缘智能相关开源平台资源，以期为相关领域研究者、爱好者、实践者提供有益参考和思维指引。

## 12.1　面向终端的边缘智能开源平台

面向终端的边缘智能开源平台致力于解决在开发和部署智能终端应用过程中存在的问题，例如，异构设备接入方式的多样性等。这些平台部署于网关、路由器和交换机等边缘设备，为边缘智能应用提供最靠近终端的支持。代表性平台包括Linux基金会发布的EdgeX Foundry和Fledge、Eclipse基金会的ioFog以及Apache软件基金会的Edgent等平台。

### 12.1.1　EdgeX Foundry：工业场景标准化智能框架

EdgeX Foundry是面向工业场景的边缘智能标准化互操作性框架，其平台架构如图12-1所示，它部署于路由器和交换机等边缘设备上，为各种传感器、终端设备或其他物联网器件提供即插即用服务，核心目标是简化和标准化工业场景中的边缘智能架构，利用互操作性组件构建边缘智能生态系统。

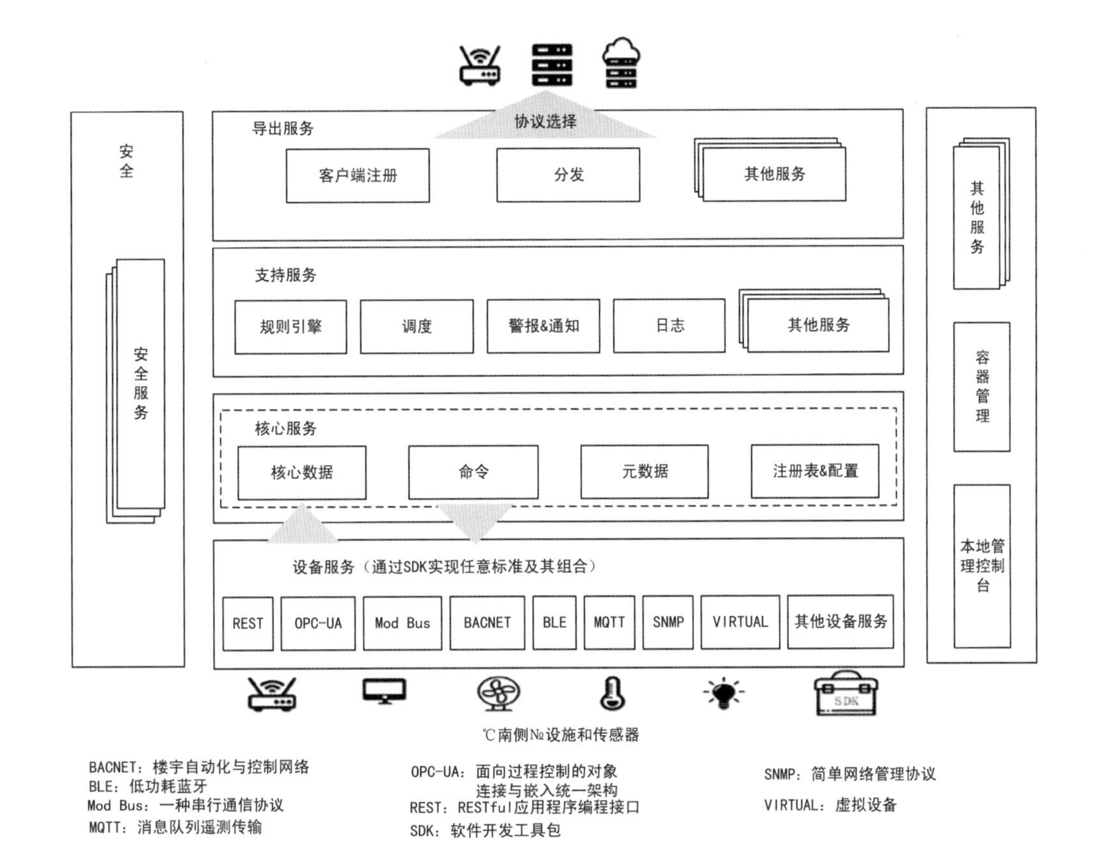


图 12-1 EdgeX Foundry 平台架构

通过图 12-1 可以看到，EdgeX Foundry 位于南北两侧设备和传感器之间，由基于微服务和通用 Restful 应用程序编程接口的 4 个服务层和 2 个底层增强服务构成。南侧面向所有物联网、传感器、边缘网络等终端器件，北侧面向云计算数据中心或大规模企业系统，以及通信网络部分。南侧直接面向产生数据的物联网终端，北侧则对南侧数据进行存储、聚合和分析。而东侧和西侧具备负载分组、网关同步等功能。

EdgeX Foundry 得益于其微服务架构，既可以部署在 Raspberry PI 等嵌入式开发板上，也可以部署在高性能服务器上。但是，EdgeX Foundry 的本地设备注册管理非常不方便，尤其命令行的控制方式对初学者来说使用较为困难。尽管目前仍有些不足，但随着开发进程的持续，EdgeX Foundry 的功能将不断完善与成熟。此外，其开源地址为 https://github.com/ edgexfoundry。

## 12.1.2　Fledge：独立开放互操作智能框架

2019 年 1 月，Linux 基金会宣布推出 LF Edge 开源国际组织（https://www.lfedge.org/），旨在建立独立于硬件、芯片、云或操作系统之外的统一开放、可互操作的边缘智能框架。其核心观点是物联网网关和边缘设备上运行的软件是从云端向下发展，而不是从传统的嵌入式平台开始。LF Edge 由 5 个项目组成，包括 Akraino Edge Stack、EdgeX Foundry、Open Glossary of Edge Computing、三星电子的 Home Edge 和 EVE。表 12-1 所示是 LF Edge 开源的 5 个子项目的基本定位和主要特点。

表 12-1　LF Edge 的子项目简介

| 项目名称 | 基本定位 | 主要特点 |
| --- | --- | --- |
| Akraino Edge Stack | 面向高性能边端服务的开源项目 | 包括用于优化边缘基础设施的网络和管理软件栈，可以满足边缘云服务的高性能、低延迟以及可扩展性等需求，已应用于边缘视频处理、智能城市、智能交通等领域 |
| EdgeX Foundry | 工业级物联网中间件项目 | 核心目标是简化和标准化工业场景中边缘智能架构，建边缘智能的互操作性组件生态系统 |
| Open Glossary of Edge Computing | 开放式边缘计算词汇表项目 | 旨在提供与边缘计算领域相关的简明术语集合，促进边缘计算领域术语达成一致 |
| Home Edge | 实时智能家居数据采集项目 | 致力于推动并实现强大、可靠、智能的家庭自动化边缘计算框架、平台和生态系统，可运行于日常生活中各中设备 |
| EVE | 云原生边缘虚拟化应用项目 | 提供基于云原生的虚拟化引擎，旨在成为边缘计算领域的“Android 操作系统”，并提供零信任安全框架 |

随后，LF Edge 又宣布了 Fledge 项目，该开源框架由 Dianomic 公司提供，以前被称为“Fog Lamp”。Fledge 是一个独立开放互操作智能框架（https://www.lfedge.org/projects/fledge/），以工业物联网为应用场景，专注于实现预测间隔、态势感知、安全和其他关键操作，可以提高工业制造效率、质量和安全性。此外，Fledge 可以利用通用应用程序 API 集成现有工业物联网领域系统。由于支持 5G 通信和专用 LTE 网络，Fledge 与高性能边缘云服务开源项目 Akraino Edge Stack 联系紧密，其工作流程为：

（1）从传感器等终端上收集数据；

（2）对所收集数据进行聚类分析；

（3）对数据进行关键字筛选、数据安全保护和传输；

（4）边缘化无法分析的数据；

（5）向多个目标终端提交整理好的数据。

此外，Fledge 的主要用户包括工业设备供应商、工业系统集成商、工业运营商、开源社区等四类，其具体价值如表 12-2 所示。

表 12-2　Fledge 的具体价值描述

| 用户群体 | 目　标 | 价　值 |
| --- | --- | --- |
| 工业设备供应商 | 制造下一代机器 | 学习<br>自我维持<br>与云服务集成<br>与现有和新兴数据系统集成<br>实现新商业模式 / 更高利润率 |

续上表

| 用户群体 | 目　　标 | 价　　值 |
|---|---|---|
| 工业系统集成商 | 为所有 IIoT 业务提供统一框架 | 加快部署<br>更多 / 更紧密的集成<br>拥有并重新使用增值代码<br>发展 AD/ML/AI 专业知识<br>增加交付价值 |
| 工业运营商 | 将数据放在合适的地方 | 所有机器的状态和预测性维护<br>具有成本效益<br>规范所有数据<br>扩展和扩大可管理的 IIoT<br>消除数据复杂性和碎片化 |
| 开源社区 | 推动新兴社区成长 | 促进物联网、电信、企业和云生态系统的跨行业合作<br>加快边缘计算创新步伐<br>促进 LF Edge 项目的协调 |

### 12.1.3　ioFog：Eclipse 开发的边缘智能平台

Eclipse 基金会的物联网项目包括 Kura、Paho、ioFog、Vorto 等十几个子项目，分别面向物联网不同层面的需求。其中，Eclipse ioFog 是一个完整的边缘智能平台，提供了在企业级边缘构建和运行应用程序所需的所有组件，包括控制器（Controller）、代理（Agent）、微服务（Microservices）等组件。ioFog 平台的基本架构流程如图 12-2 所示。

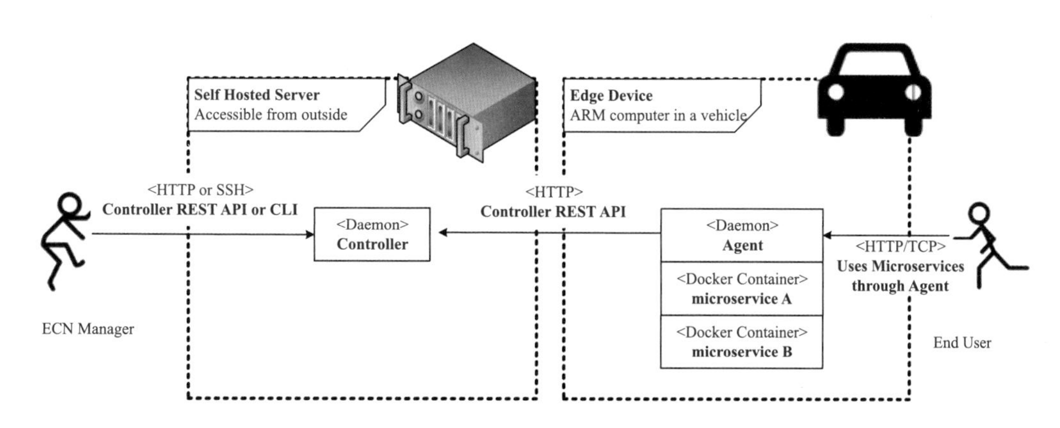


图 12-2　ioFog 的基本架构流程

在图 12-2 中，控制器是边缘智能网络的核心，可以协调所有代理、微服务、路由器等，并可通过网络访问的形式在所有边缘节点上运行。代理是边缘智能网络的工作节点，作为本机守护程序部署在边缘，可以运行微服务、装载数据卷、管理资源和 Docker 镜像，也可以直接向控制器报告，其中微服务的本质是在 ioFog 代理上 Docker 容器中运行的小型应用程序。

### 12.1.4 Edgent：Apache 开源的边缘智能模型

Apache Edgent 是 Edge 与 Agent 的结合体，与 Eclipse Kura 功能类似，都是网关 Agent 框架程序，可以部署于运行 Java 虚拟机的边缘设备中，进行连续数据流的本地实时分析，减少上传至后端系统的数据量，以降低传输成本，并解决边缘设备数据的高效分析处理问题。如图 12-3 所示，Edgent 应用的开发模型由提供者、拓扑、数据流、数据流的分析处理、后端系统 5 个组件组成，形成了由传感器和终端设备到云端服务的数据流通链路。

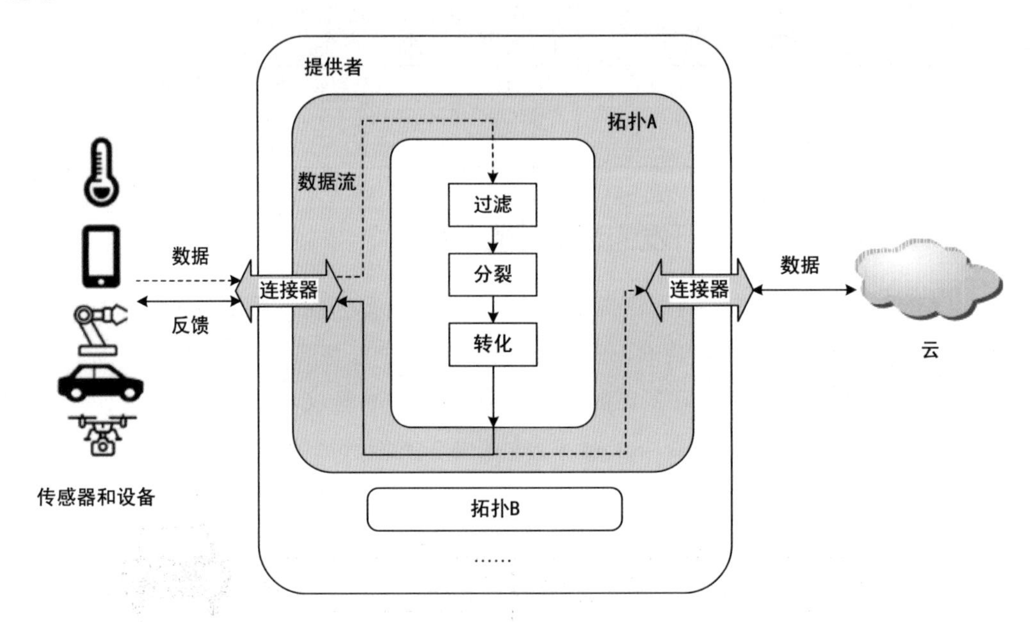


图 12-3　Edgent 应用的开发模型

如表 12-3 所示，在 Edgent 应用开发模型的具体组件功能描述中，提供者具有创建和执行数据流容器拓扑的功能，支持基于 MQTT、HTTP 和串口协议的数据流过滤、分裂、变换等操作，并支持通过 Kafka 等方式连接至后端系统以进一步数据处理功能。

表 12-3　Edgent 组件功能描述

| 组件名称 | 功 能 描 述 |
|---|---|
| 提供者 | 包含有关 Edgent 应用程序的运行方式和位置信息，并具有创建和执行拓扑的功能 |
| 拓扑 | 拓扑是描述了数据流来源和如何更改数据流数据的容器，并可以将数据的输入、处理和导出至云端过程都记录在拓扑中 |
| 数据流 | 提供了多种连接器，支持不同数据源的接入，比如支持消息队列遥测传输（MQTT）、超文本传输协议（HTTP）和串口协议等 |
| 数据流分析处理 | 提供一系列功能性的 API，以实现对数据流的过滤、分裂、变换等 |
| 后端系统 | 由于边缘设备的计算资源稀缺，Edgent 应用程序无法支撑复杂的分析任务，因此可以通过 MQTT 和 Apache Kafka 方式连接至后端系统或者云平台，进一步对数据做处理 |

**【思维拓展】面向末端物流的送货机器人——阿里“小蛮驴”**

物流配送的“最后三公里”一直是整个行业的痛点。据统计，最后三公里配送的每千克成本是干线物流的 8 倍，是同城十千米物流的 5 倍。“小蛮驴”作为阿里首发的末端物流送货机器人（如图 12-4 所示），可以根据不同客户的时间需求，设计最佳路径，并且能够自行应付一定复杂程度的道路路况，其核心竞争力正是源自于边缘智能“云 - 边 - 端”协同技术的融合支撑，是以智能硬件为依托，面向终端应用的新一代边缘智能项目实践。

与第 1 章介绍的快递包裹配送智能机器人相比，“小蛮驴”机器人更紧贴末端物流配送场景需求，尺寸为 2100*900*1200mm，算上激光雷达则高度为 1445mm。车厢可以自由根据实际情况定制与搭配，每车最多可以装载 50 件常规尺寸的快递 / 包裹 / 外卖。按照每天送货 10 次计算，峰值运力可达一天 500 单。

图 12-4　阿里“小蛮驴”

## 12.2　面向边端的边缘智能开源平台

蜂窝网络基站、小型数据中心等网络边缘是多种终端接入网络的位置，其计算、存储和网络资源也可用于部署边缘智能应用。面向边端的边缘智能平台着眼于优化或重建网络边缘的基础设施，以实现在网络边缘构建数据中心，并提供类似云中心的服务。代表性平台有 Linux 基金会的 Akraino Edge Stack 项目、开放网络基金会（ONF）的 CORD 项目以及 WindRiver 开源的 StarlingX 项目等。

### 12.2.1　Akraino Edge Stack：高性能边端服务框架

Akraino Edge Stack 隶属于 Linux 基金会的 LF Edge 开源国际组织，是面向高性能边端服务的开源项目，包括一套用于优化边缘基础设施的网络和管理软件栈，可以满足边缘云服务的高性能、低延迟和可扩展性等需求。目前，基于 Akraino Edge Stack 的使用案例应用于边缘视频处理、智能城市、智能交通等领域。

如图 12-5 所示，Akraino Edge Stack 项目涉及 3 个层面：

- 最上面的应用致力于打造边缘计算应用程序的生态系统；
- 中间的中间件和 API 接口可以接入现有互补性的开源边缘计算项目，例如 EdgeX Foundry；
- 最下面的基础设施包括一套用于优化基础设施的开源软件栈。

未来，Akraino Edge Stack 项目将致力于无线边缘云（REC）、边缘云集成（IEC）、高密度边缘计算部署、边缘轻量级网关、大规模边缘计算管理等方向的应用。

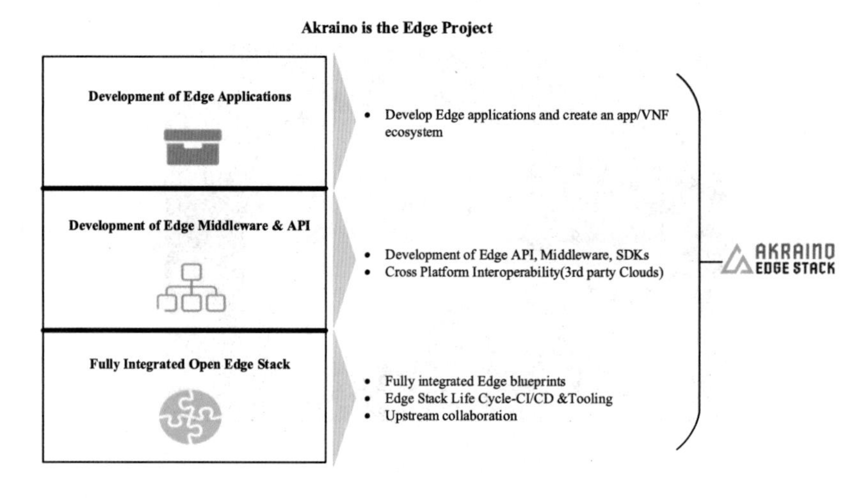


图 12-5　Akraino Edge Stack 项目

## 12.2.2　CORD：灵活重构的网络边缘基础设施

CORD（Central Office Re-architected as a Datacenter）是开放网络基金会（Open Networking Foundation，ONF）推动的开源边缘智能项目，旨在利用软件定义网络（SDN）、网络功能虚拟化（NFV）和云计算技术重构现有的网络边缘基础设施，并将其打造成可灵活地提供计算和网络服务的数据中心。其运营商场景又可细分为家庭接入业务（R-CORD）、企业业务（E-CORD）和移动业务（M-CORD）。

如图 12-6 所示，CORD 利用云平台管理项目 OpenStack 进行计算和存储资源管理，创建和配置虚拟机，提供基础设施即服务（IaaS）功能。开源网络操作系统（ONOS）为网络提供控制平面，用于管理网络组件并提供通信服务。此外，基于 NFV 和云计算技术可以将蜂窝网络功能进行分解和虚拟化，实现网络功能的动态扩展，同时增强资源利用率，为用户提供定制服务和差异化体验质量（QoE）。

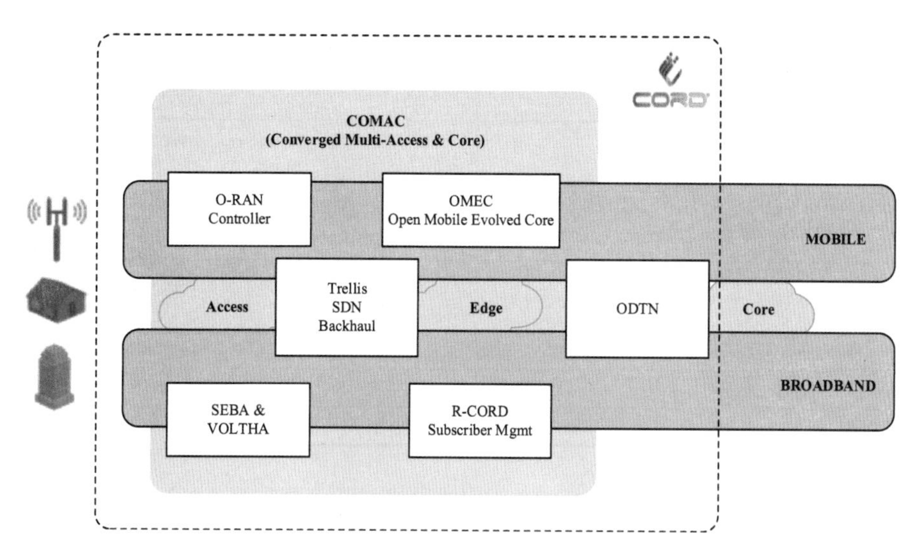


图 12-6 基于 CORD 的边缘智能解决方案

### 12.2.3 StarlingX：面向边缘智能的 OpenStack 集成平台

StarlingX 项目是面向边缘智能的 OpenStack 集成平台，其项目架构如图 12-7 所示；它源于 WindRiver 公司的产品 Titanimu Cloud R5 版本，并由 Intel 和 WindRiver 两家公司共同建设成开源项目，目前由 OpenStack Foundation 托管。StarlingX 主要面向的场景是工业 IoT、电信、视频业务等对延迟要求较高的业务领域。

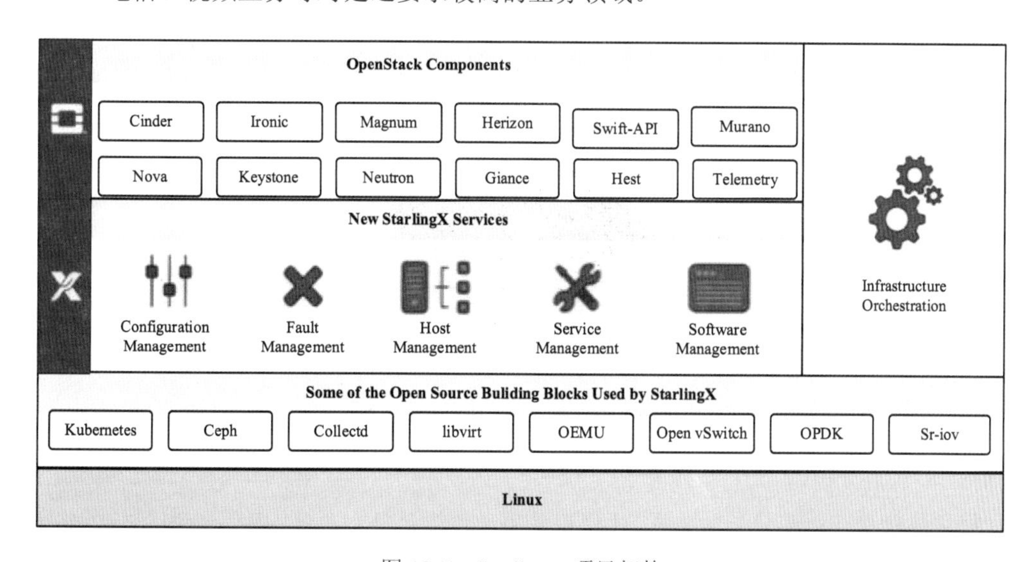


图 12-7 StarlingX 项目架构

2018 年 10 月，OpenStack 社区发布了首个 StarlingX 版本，最初的 StarlingX 主要是通过 6 大组件来完成对 OpenStack 裸金属环境的安装部署、监控管理等。StarlingX 组件名称和具体功能如表 12-4 所示。

表 12-4　StarlingX 的 6 大组件及功能描述

| 组 件 名 称 | 功 能 描 述 |
| --- | --- |
| 配置管理（Configuration Management） | 提供主机安装、资源发现、主机配置、系统级配置，以及 StarlingX 平台服务配置等 |
| 主机管理（Host Management） | 提供主机生命周期管理、运营管理、主机故障监控告警，并触发故障恢复处理 |
| 服务管理（Service Management） | 为控制节点的 StarlingX 和 OpenStack 服务提供高可用集群管理 |
| 软件管理（Software Management） | 提供软件补丁管理和部署、软件版本升级管理 |
| 故障管理（Fault Management） | 为其他 StarlingX 组件提供告警和日志报告服务 |
| 基础设施管理（Infrastructure Management） | 提供 VM 高可用管理、软件补丁和升级编排服务 |

## 【思维拓展】边缘智能硬件——华为 Atlas 500 智能小站

华为 Atlas 500 智能小站（型号：3000）是面向边缘应用的产品，基于华为昇腾系列 AI 处理器，具有计算性能超强、体积小、环境适应性强、易于维护和支持云边协同等特点，可以在边缘环境广泛部署，满足在安防、交通、社区、园区、商场、超市等复杂环境区域的应用需求。Atlas 人工智能计算平台自上市以来，已联合超过 50 家合作伙伴推出众多行业 AI 解决方案，加速千行百业的智能化进程。

华为 Atlas 500 智能小站是面向“云 - 边 - 端”的全场景 AI 基础设施方案，尤其是重点面向边端应用的一体化通信、智能计算、存储的通用硬件平台，覆盖人工智能中深度学习领域推理和训练全流程，如图 12-8 所示。

图 12-8　华为 Atlas 500 智能小站

华为 Atlas 500 智能小站具备以下特征：

- 边缘智能：业界领先的集成 AI 处理能力的边缘产品，支持 -40℃ ~ 70℃室外工作，无风扇散热；
- 小身材大能量：可实现 16 路高清视频处理能力，支持 16 TOPS INT8 算力；
- 边云协同：支持 WiFi 和 LTE 无线传输能力，可与私有云、公有云协同，云端推送应用、更新算法，云端统一进行设备管理和固件升级。

## 12.3 面向“云 - 边 - 端”协同的边缘智能开源平台

云计算服务提供商是面向“云 - 边 - 端”协同的边缘智能开源平台的重要推动者，致力于将云服务能力拓展至网络边缘。目前主要的面向“云 - 边 - 端”协同的边缘智能开源平台有百度的 OpenEdge、微软的 Azure IoT Edge、CNCF 的 KubeEdge、阿里云的 Link Edge 以及华为云的 IEF。

### 12.3.1 OpenEdge：百度云计算能力的智能拓展

百度边缘智能平台 OpenEdge 可将云计算能力拓展至用户现场，提供临时离线、低延时的计算服务，包括消息路由、函数计算、AI 推断等能力。OpenEdge 和百度云端管理套件配合使用，可以实现云端统一管理和应用服务的按需下发，边缘设备上个性化应用的效果，进而满足“云 - 边 - 端”各种边缘计算场景。

在架构设计上，OpenEdge 的各项主要功能都是独立的模块，整体由主程序模块控制启动和退出，确保各项子功能模块运行互不依赖、互不影响。图 12-9 是基于 Docker 容器模式的 OpenEdge。

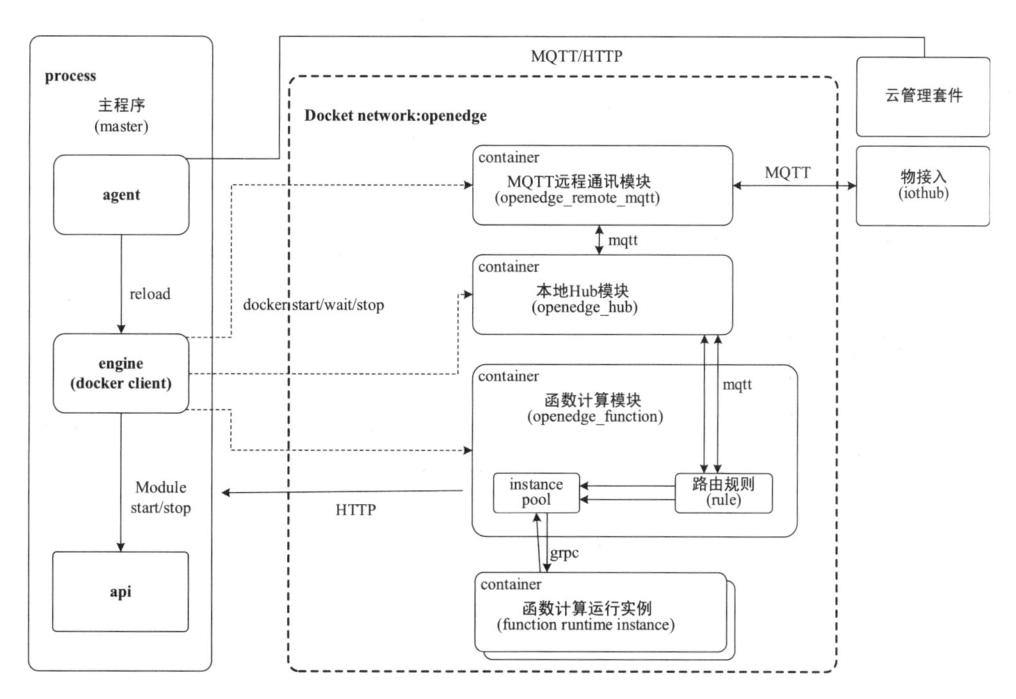


图 12-9 基于 Docker 容器模式的 OpenEdge

OpenEdge 的功能特征包括以下方面：

- 支持应用模块的管理，包括启停、重启、监听、守护和升级；
- 支持 Native 进程运行模式和 Docker 容器运行模式；
- Docker 容器模式支持资源隔离和资源限制；
- 支持云端管理套件，可以进行应用下发、设备信息上报等；
- 官方提供 Hub 模块，支持 MQTT 3.1.1，支持 QoS 等级 0 和 1，支持证书认证等。

## 12.3.2 Azure IoT Edge：微软云边混合智能框架

Azure IoT Edge 是一种混合了云和边缘的边缘智能框架，旨在将云功能拓展至路由器和交换机等具备计算能力的边缘设备上，以获得更低的处理时延和实时反馈。Azure IoT Edge 通过将业务逻辑打包到标准容器中，将云分析和自定义业务逻辑移到边缘设备。同时，如果想要降低带宽成本并避免传输 TB 级原始数据，可以在本地清理和聚合数据，然后只将处理结果发送到云端进行分析即可。

Azure IoT Edge 运行时允许在 IoT Edge 设备上使用自定义逻辑和云逻辑，其运行在 IoT Edge 设备上，并执行管理和通信操作；Azure IoT Edge 架构如图 12-10 所示。

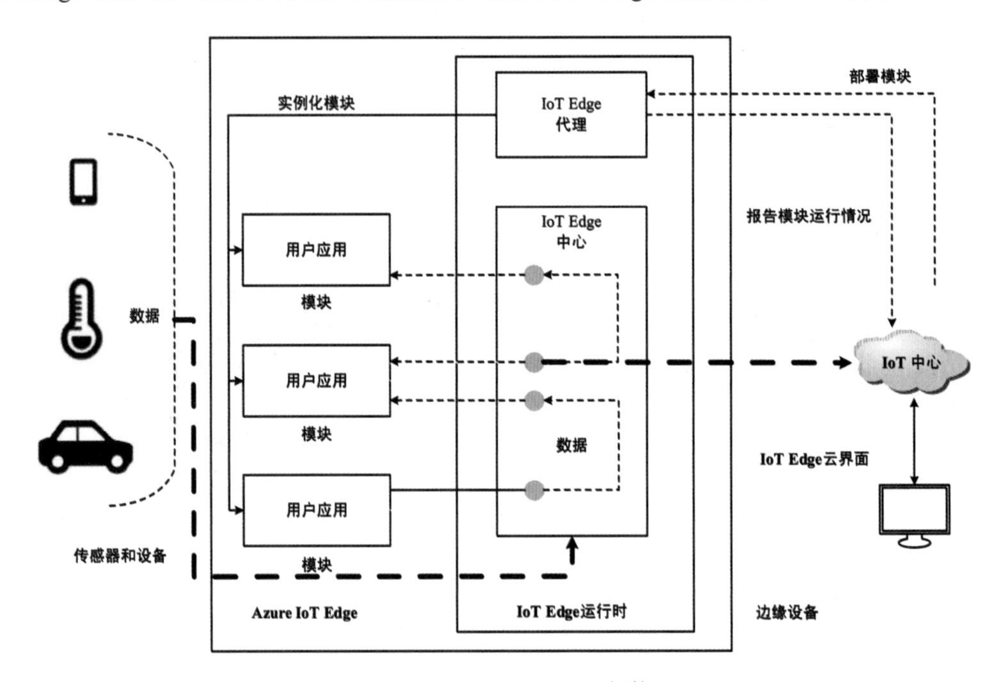


图 12-10 Azure IoT Edge 架构

Azure IoT Edge 架构包含三个组件：

- IoT Edge 模块是容器，可以运行 Azure 服务、第三方服务，并可以部署于 IoT Edge 设备中；

- IoT Edge 可在每个 IoT Edge 设备上运行，并管理部署到每个设备的模块；
- IoT Edge 云界面可以远程监视和管理 IoT Edge 设备。

### 12.3.3 KubeEdge：CNCF 云原生服务的边缘智能基础设施

KubeEdge 是云原生计算基金会（CNCF）的沙箱（sandbox）项目，旨在将 Kubernetes 从云端扩展到边缘，提供在边缘节点上部署和编排云原生服务的基础设施，以及边缘与云端之间元数据的同步能力。KubeEdge 旨在解决边缘智能中云端与边缘间网络可靠性、边缘节点上资源受限、边缘架构高度分散和扩展困难等挑战。

KubeEdge 的核心架构接口与 Kubernetes 的接口标准设计保持一致，主要包括云端组件和边缘端组件，如图 12-11 所示；其中：

- 云端组件（CloudCore）包括边缘控制器、云控制器和云集线器；
- 边端组件（EdgeCore）包括边缘集线器、EdgeMesh、元数据管理器和 DeviceTwin。EdgeMesh 充当边缘的服务网格，确保边缘到边缘和边缘到云之间的服务发现是一致的。

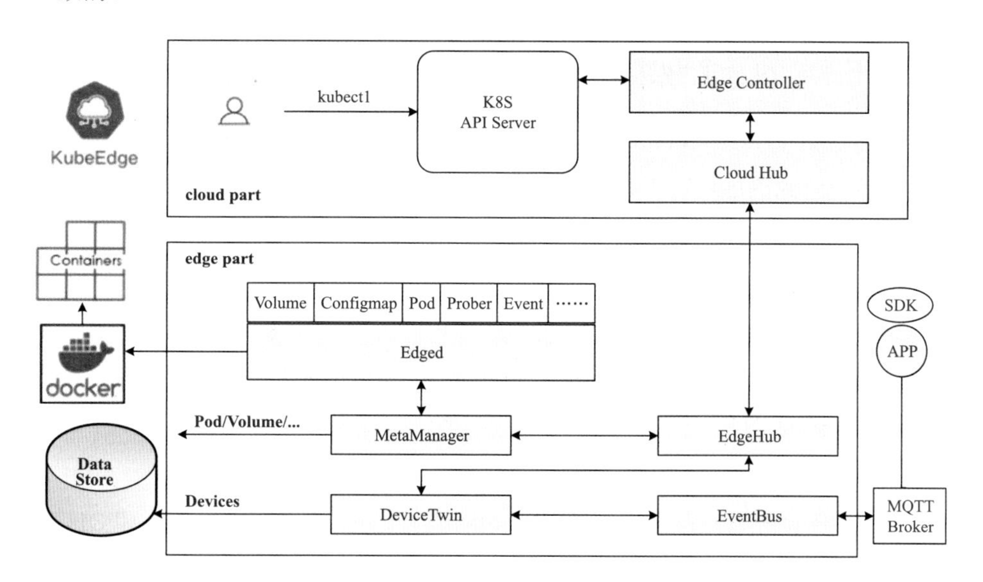


图 12-11　CNCF KubeEdge 架构

### 12.3.4 Link Edge：阿里云一体化协同计算体系

Link Edge 是阿里云首个边缘智能产品，将云计算、大数据、人工智能优势拓展到更靠近端的边缘终端上，形成“云－边－端”一体化的协同计算体系。Link Edge 可以在终端设备上运行本地计算、消息通信、数据缓存等功能，可部署于不同量级的智能设备和计算节点中，让其具备阿里云安全、存储、计算、人工智能等能力，其架构如图 12-12 所示。

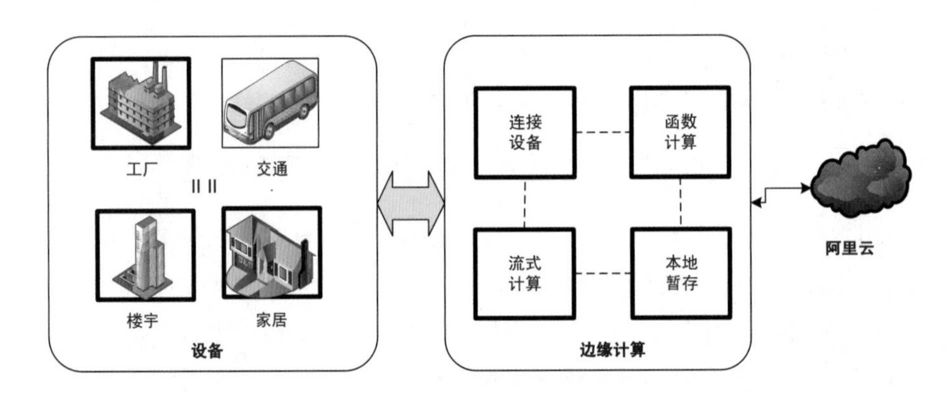


图 12-12　阿里云 Link Edge 架构

Link Edge 可以连接不同协议、不同数据格式的设备，并借助 IoT Hub 将边缘设备的数据同步到物联网平台进行云端分析，实现接收物联网平台下发的指令，并进行设备控制；同时，设备可以运行规则或者函数代码，可以在未联网情况下实现设备的本地联动以及数据处理分析。总之，Link Edge 可以提供安全可靠、低延时、低成本、易扩展的本地计算服务，以及云端平台、函数计算等协同能力。

### 12.3.5　IEF：华为云企业级边缘智能服务

华为云智能边缘 IEF（Intelligent EdgeFabric）作为 KubeEdge 的企业级云服务，满足客户对边缘计算资源的远程管控、数据处理、分析决策以及智能化的诉求，支持海量边缘节点安全接入和边缘应用生命周期管理，为用户提供高安全、低时延的“云－边－端”协同一体化服务。

图 12-13 是华为云 IEF 视频安防应用场景架构，通过架构图我们可以看到，IEF 平台支持海量边缘节点安全统一接入、原生 Kubernetes 与 Docker 生态边缘应用统一生命周期管理、丰富的边缘 AI 算法、云端训练 / 边缘推理的协同模式以及与华为自研昇腾（Ascend）芯片的深度集成，并可提供安全可靠的边云数据通道。

此外，IEF 支持设备连接到边缘节点，设备支持通过 MQTT、modbus 和 OPC-UA 等协议的接入，具有以下 4 个方面的优势。

（1）边缘智能

IEF 平台可以将华为云 AI/ 大数据的能力延伸到边缘，支持视频智能分析、文字识别、图像识别和大数据流处理，并就近提供实时边缘智能服务。

（2）多运行时

IEF 平台支持容器和函数两种运行方式，满足用户轻量化应用管理的诉求；原生支持 Kubernetes 与 Docker 生态，应用快速启动、快速升级；支持 Python、NodeJS 等函数引擎，快速响应边缘的事件。

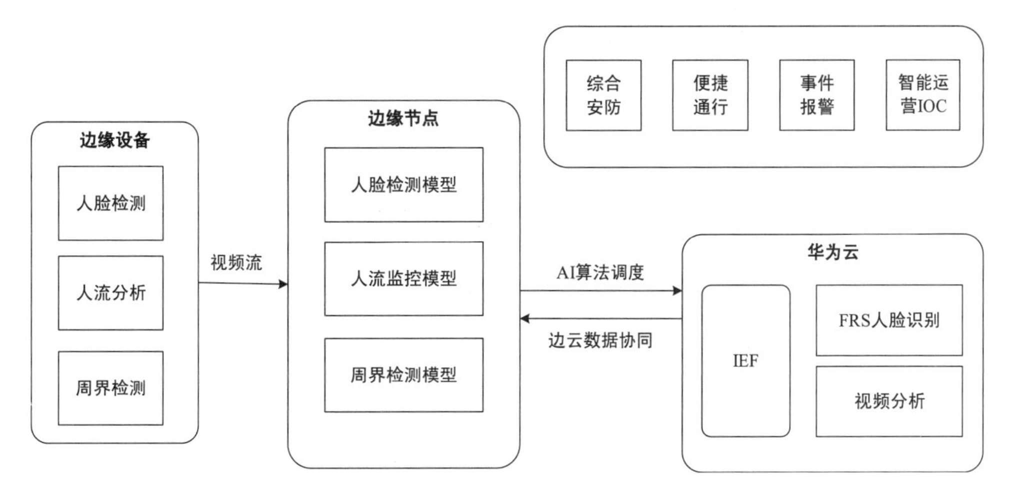


图 12-13　华为云 IEF 视频安防应用场景架构

（3）开放兼容

IEF 平台支持 X86、ARM、NPU、GPU 等异构硬件接入，已成为智能边缘计算领域的架构标准。

（4）安全可靠

边缘节点安全接入云端，提供边缘业务高可靠性机制，为边缘应用运行保驾护航。

## 【思维拓展】轻量级人工智能开源框架

开源项目是推动人工智能技术发展的重要力量，尤其，针对“云 – 边 – 端”边缘智能模型一体化应用场景，大量用于移动设备或嵌入式设备的轻量级人工智能解决方案为拓展云端智能向边缘智能的全链路发展提供了强大支撑。

（1）TensorFlow Lite

TensorFlow Lite 提供了在移动端（mobile）、嵌入式（embeded）和物联网（IoT）设备上运行 TensorFlow 模型所需的所有工具，保证了所使用的模型文件可以通过离线训练得到，并提升了跨平台执行速度。

（2）Caffe2

Caffe2 既可以满足训练大规模机器学习模型的需求，又可以在移动应用中提供智能驱动的用户体验，并可以在 iOS 系统、Android 系统和树莓派（Raspberry Pi）上训练和部署模型。

（3）PyTorch Mobile

PyTorch Mobile 框架支持在边缘设备上高效运行机器学习，允许在 iOS 和 Android 上部署端到端的轻量级工作流，如图 12-14 所示。

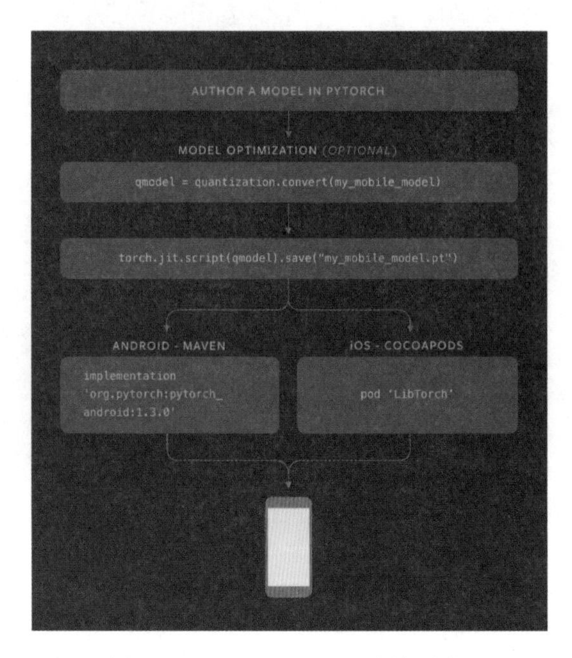


图 12-14　PyTorch Mobile 框架流程

## 12.4　本章小结

本章以开源平台为核心，对面向终端、边端、“云 - 边 - 端”协同的边缘智能相关开源平台资源进行梳理，并从面向末端的物流送货机器人、边缘智能硬件、轻量级人工智能框架角度对领域知识进行扩展。为便于读者理解，特将本章关键知识点凝练如下：

（1）面向终端的边缘智能开源平台部署于网关、路由器和交换机等边缘设备，致力于解决在开发和部署异构智能终端应用过程中存在的问题；

（2）面向边端的边缘智能平台着眼于优化或重建网络边缘的基础设施，以实现在网络边缘构建数据中心，并提供类似云中心的服务；

（3）面向“云 - 边 - 端”协同的边缘智能开源平台主要由云计算服务提供商推动，致力于将云服务能力拓展至网络边缘，形成全链路的智能应用体系。

## 参考资源

开源技术对企业、学术界均具有极大的吸引力；当然，在边缘智能领域也不例外。一方面 Linux 基金会主导的非营利项目 LF Edge 等强力推动着面向“云 - 边 - 端”全链路应用的边缘智能发展；另一方面，以 Google 等企业主导的 TensorFlow Lite 等开源轻量级人工智能框架为实现人工智能在“云 - 边 - 端”的多域协同发力奠定了基础。

尽管，不鼓励技术创新领域的“拿来主义”，但希望开源平台可以为新一代信息技术爱好者的技能提升提供帮助，尤其为边缘智能理论与实践的持续发展贡献力量。下面对面向终端、边端、“云 - 边 - 端”多角度的边缘智能开源平台资源进行梳理，以期为打破技术壁垒、共享技术红利提供有益参考：

（1）LF Edge 开源国际组织网站地址，https://www.lfedge.org/；

（2）Eclipse ioFog 主页地址，https://iofog.org；

（3）百度 OpenEdge 官网地址，https://openedge.tech/；

（4）微软 Azure IoT Edge 文档地址，https://docs.microsoft.com/zh-cn/azure/iot-edge/about-iot-edge；

（5）CNCF KubeEdge 开源地址，https://github.com/kubeedge/kubeedge/；

（6）Pytorch Mobile 框架地址，https://pytorch.org/mobile/home。

# 参考文献


[1] 张彦，张科，曹佳钰．边缘智能驱动的车联网 [J]. 物联网学报，2018,2(04):40-48.

[2] 陈宇飞，沈超，王骞，李琦，王聪，纪守领，李康，管晓宏．人工智能系统安全与隐私风险 [J]. 计算机研究与发展，2019,56(10):2135-2150.

[3] 李肯立，刘楚波．边缘智能：现状和展望 [J]. 大数据，2019,5(03):69-75.

[4] 周知，于帅，陈旭．边缘智能：边缘计算与人工智能融合的新范式 [J]. 大数据，2019,5(02):53-63.

[5] 高志强，崔翛龙，周沙，等．本地差分隐私保护及其应用 [J]. 计算机工程与科学，2018,40(06):1029-1036.

[6] 喻国明，李凤萍．5G 时代的传媒创新：边缘计算的应用范式研究 [J]. 山西大学学报（哲学社会科学版），2020,43(01):65-69.

[7] 杨凯，丁晓璐，刘俊萍．物联网智能边缘计算研究及应用 [J]. 电信科学，2019,35(S2):176-184.

[8] 方俊杰，雷凯．面向边缘人工智能计算的区块链技术综述 [J]. 应用科学学报，2020,38(01):1-21.

[9] 阮正平，佘文魁，李凯，周平．基于 KubeEdge 架构的边缘智能设备管理研究 [J]. 电力信息与通信技术，2020,18(02):63-68.

[10] 白昱阳，黄彦浩，陈思远，等．云边智能：电力系统运行控制的边缘计算方法及其 应用现状与展望 [J]. 自动化学报，2020,46(03):397-410.

[11] 乔露雨，钟耀慧，郭永安，等．基于边缘智能的感染控制平台系统 [J]. 电信科学，2019,35(S2):191-198.

[12] 朱光旭，李航．面向边缘学习网络的通信计算一体化设计 [J/OL]. 中兴通讯技术 :1-13[2020-10-08].http://kns.cnki.net/kcms/detail/34.1228.TN.20200709.1041.002.html.

[13] 赵羽，杨洁，刘淼，孙金龙，桂冠．面向视频监控基于联邦学习的智能边缘计算技术 [J/OL]. 通信学报 :1-7[2020-10-08].http://kns.cnki.net/kcms/detail/ 11.2102.TN.20200927.1000.008.html.

[14] 孙显，梁伟，刁文辉，等．遥感边缘智能技术研究进展及挑战 [J]. 中国图象图形学报，2020,25(09):1719-1738.

[15] 周旭，李泰新，覃毅芳，等．基于边缘智能协同的天地一体化信息网络研究 [J]. 电信科学 ,2020,36(07):71-79.

[16] 黄倩怡，李志洋，谢文涛，等．智能家居中的边缘计算 [J]. 计算机研究与发展，2020,57(09):1800-1809.

[17] 王志刚，王海涛，佘琪，等．机器人 4.0: 边缘计算支撑下的持续学习和时空智能 [J]. 计算机研究与发展 ,2020,57(09):1854-1863.

[18] 赛迪顾问．边缘智能发展与演进白皮书 [N]. 中国计算机报 ,2019-05-20(008).

[19] 王海川．面向边缘智能的模型训练服务部署和任务卸载研究 [D]. 中国科学技术大学 ,2020.

[20] 乔露雨，钟耀慧，郭永安，等．基于边缘智能的感染控制平台系统研究 [A]. 中国通信学会 .2019 全国边缘计算学术研讨会论文集 [C]. 中国通信学会 : 中国通信学会 ,2019:8.

[21] 施巍松，张星洲，王一帆，等．边缘计算 : 现状与展望 [J]. 计算机研究与发展 ,2019,56(01):69-89.

[22] 姜婧妍．面向边缘智能的资源分配和任务调度的研究 [D]. 吉林大学 ,2020.

[23] 马洪源，肖子玉，卜忠贵，等 .5G 边缘计算技术及应用展望 [J]. 电信科学 ,2019,35(06):114-123.

[24] 张开元，桂小林，任德旺，等．移动边缘网络中计算迁移与内容缓存研究综述 [J]. 软件学报 ,2019,30(08):2491-2516.

[25] 谢人超，廉晓飞，贾庆民，等．移动边缘计算卸载技术综述 [J]. 通信学报 ,2018,39(11):138-155.

[26] 刘国强．基于移动边缘计算的任务卸载策略研究 [D]. 哈尔滨工业大学 ,2018.

[27] 周悦芝，张迪．近端云计算 : 后云计算时代的机遇与挑战 [J]. 计算机学报，2019, 42(04):677-700.

[28] 项弘禹，肖扬文，张贤，等 .5G 边缘计算和网络切片技术 [J]. 电信科学 ,2017,33(06):54-63.

[29] 宁振宇，张锋巍，施巍松．基于边缘计算的可信执行环境研究 [J]. 计算机研究与发展 ,2019,56(07):1441-1453.

[30] 张超，李强，陈子豪，等 .Medical Chain: 联盟式医疗区块链系统 [J]. 自动化学报 ,2019,45(08):1495-1510.

[31] 王涤宇，付超贤．交通 2.0：智慧交通的关键 [J]. 中兴通讯技术 ,2014,20(04):11-15.

[32] 王静远，李超，熊璋，等．以数据为中心的智慧城市研究综述 [J]. 计算机研究与发展，2014,51(02):239-259.

[33] 陈真勇，徐州川，李清广，等．一种新的智慧城市数据共享和融合框架：SCLDF[J]. 计

算机研究与发展 ,2014,51(02):290-301.

[34] 曾毅 , 刘成林 , 谭铁牛 . 类脑智能研究的回顾与展望 [J]. 计算机学报 ,2016,39(01): 212-222.

[35] 焦李成 , 杨淑媛 , 刘芳 , 等 . 神经网络七十年 : 回顾与展望 [J]. 计算机学报 ,2016, 39(08):1697-1716.

[36] 周飞燕 , 金林鹏 , 董军 . 卷积神经网络研究综述 [J]. 计算机学报 ,2017,40(06): 1229-1251.

[37] 常亮 , 邓小明 , 周明全 , 等 . 图像理解中的卷积神经网络 [J]. 自动化学报 ,2016,42(09): 1300-1312.

[38] 杨强 .AI 与数据隐私保护：联邦学习的破解之道 [J]. 信息安全研究 ,2019,5(11): 961-965.

[39] 潘如晟 , 韩东明 , 潘嘉铖 , 等 . 联邦学习可视化 : 挑战与框架 [J]. 计算机辅助设计与图形学学报 ,2020,32(04):513-519.

[40] 王健宗 , 孔令炜 , 黄章成 , 等 . 联邦学习算法综述 [J/OL]. 大数据 :1-22[2020-10-08]. http: //kns.cnki.net/kcms/detail/10.1321.G2.20200821.1708.004.html.

[41] 朱立 , 俞欢 , 詹士潇 , 等 . 高性能联盟区块链技术研究 [J]. 软件学报 ,2019,30(06): 1577-1593.

[42] 谭海波 , 周桐 , 赵赫 , 等 . 基于区块链的档案数据保护与共享方法 [J]. 软件学报 ,2019, 30(09):2620-2635.

[43] 林闯 , 苏文博 , 孟坤 , 等 . 云计算安全 : 架构、机制与模型评价 [J]. 计算机学报 ,2013, 36(09):1765-1784.

[44] 王于丁 , 杨家海 , 徐聪 , 等 . 云计算访问控制技术研究综述 [J]. 软件学报 ,2015,26(05): 1129-1150.

[45] 张玉清 , 王晓菲 , 刘雪峰 , 等 . 云计算环境安全综述 [J]. 软件学报 ,2016,27(06):1328-1348.

[46] 冯朝胜 , 秦志光 , 袁丁 . 云数据安全存储技术 [J]. 计算机学报 ,2015,38(01):150-163.

[47] 罗亮 , 吴文峻 , 张飞 . 面向云计算数据中心的能耗建模方法 [J]. 软件学报 ,2014,25(07): 1371-1387.

[48] 崔勇 , 宋健 , 缪葱葱 , 等 . 移动云计算研究进展与趋势 [J]. 计算机学报 ,2017,40(02): 273-295.

[49] 施巍松 , 孙辉 , 曹杰 , 等 . 边缘计算 : 万物互联时代新型计算模型 [J]. 计算机研究与发展 ,2017,54(05):907-924.

[50] 陈海明 , 崔莉 . 面向服务的物联网软件体系结构设计与模型检测 [J]. 计算机学报 , 2016,39(05):853-871.

[51] 毛燕琴 , 沈苏彬 . 物联网信息模型与能力分析 [J]. 软件学报 ,2014,25(08):1685-1695.

[52] 陈海明 , 石海龙 , 李勐 , 等 . 物联网服务中间件 : 挑战与研究进展 [J]. 计算机学报 , 2017,40(08):1725-1749.

[53] 张玉清 , 周威 , 彭安妮 . 物联网安全综述 [J]. 计算机研究与发展 ,2017,54(10): 2130-2143.

[54] 袁勇 , 王飞跃 . 区块链技术发展现状与展望 [J]. 自动化学报 ,2016,42(04):481-494.

[55] 韩璇 , 袁勇 , 王飞跃 . 区块链安全问题 : 研究现状与展望 [J]. 自动化学报 ,2019,45(01): 206-225.

[56] 祝烈煌 , 高峰 , 沈蒙 , 等 . 区块链隐私保护研究综述 [J]. 计算机研究与发展 ,2017, 54(10):2170-2186.

[57] 薛腾飞 , 傅群超 , 王枞 , 等 . 基于区块链的医疗数据共享模型研究 [J]. 自动化学报 ,2017,43(09):1555-1562.

[58] 张俊 , 高文忠 , 张应晨 , 等 . 运行于区块链上的智能分布式电力能源系统 : 需求、概念、方法以及展望 [J]. 自动化学报 ,2017,43(09):1544-1554.

[59] 林立 . 云端融合环境下计算迁移机制研究 [D]. 华中科技大学 ,2019.

[60] 张文林 , 牛铜 , 屈丹 , 等 . 基于声学特征空间非线性流形结构的语音识别声学模型 [J]. 自动化学报 ,2015,41(05):1024-1033.

[61] 秦楚雄 , 张连海 . 基于 DNN 的低资源语音识别特征提取技术 [J]. 自动化学报 ,2017,43(07):1208-1219.

[62] 尹宏鹏 , 陈波 , 柴毅 , 等 . 基于视觉的目标检测与跟踪综述 [J]. 自动化学报 ,2016,42(10): 1466-1489.

[63] 张慧 , 王坤峰 , 王飞跃 . 深度学习在目标视觉检测中的应用进展与展望 [J]. 自动化学报 ,2017,43(08):1289-1305.

[64] 刘雅辉 , 张铁赢 , 靳小龙 , 等 . 大数据时代的个人隐私保护 [J]. 计算机研究与发展 ,2015, 52(01):229-247.

[65] 黄刘生 , 田苗苗 , 黄河 . 大数据隐私保护密码技术研究综述 [J]. 软件学报 ,2015,26(04): 945-959.

[66] 冯登国 , 张敏 , 李昊 . 大数据安全与隐私保护 [J]. 计算机学报 ,2014,37(01):246-258.

# 致　谢

感谢荆波编辑，如果没有您的帮助，这本书可能还无法顺利出版。

感谢本书的合作者，如果没有你们的协助，这本书的撰写进度会大大延迟。

感谢我的妻子，如果没有你的谅解，节假日、下班后等时间不可能成为这本书“孕育成长”的黄金时刻。

感谢我的父母及所有家人、朋友，正是你们的期许与支持，才有这边书所思、所悟的知识沉淀。

——写在前面

写书是一次磨炼，也是一场修行。

从起初的思维火花萌发，到落笔记下的第一个文字，再到敲下的最后一个按键，回想起来，一切仿佛昨日重现，历历在目。

分秒必争地修改书稿，却牺牲了与家人、朋友相伴的时间；追求着知识、成果、荣誉，却又不得不以熬夜、加班为代价；在三十而立的年纪，完成了从橄榄绿到孔雀蓝的变化，追求着家庭、事业的平衡，在这场磨炼与修行中，标志性的发际线也许是最好的答案……在追求心中梦想的同时，不断地折衷取舍、妥协、奋进，才能做到“舍得之间方得始终”。

孔子云：“君子不器。”

曾国藩说：“谋大事者，首重格局。”

余秋雨也说：“人的生命格局一大，就不会在生活琐碎中沉沦，真正自信的人，总能够简单得铿锵有力。”

人生的大格局，与边缘智能体系“云－边－端”多域协同、多技术共同推进的全链路融合模式是何其相似！

海纳百川，有容乃大。

既然选择了远方，便只顾风雨兼程。

在这里，只想对父母说，愿你们身体健健康康，这是儿子在外最大的牵挂。感谢妻子的鼓励与支持，你和家人的未来是我最大的动力。

再次衷心感谢所有关心我、鼓励我、支持我的人！

看着书稿即将完成，回想起2020年所有难忘的经历，恍如昨日，时间过得太快！书稿即将结尾，曾经的无比焦虑，现在的从容与坚毅，要感谢所有的过往，感谢这段经历。

重整行囊再出发，继续探索未知的可能。

二零二零年十月

高志强记于西安